城市设计、空间与社会
URBAN DESIGN, SPACE AND SOCIETY

城市设计、空间与社会

URBAN DESIGN, SPACE AND SOCIETY

[英] 阿里·迈达尼普尔（Ali Madanipour） 著

边兰春 秦铭煊 陈明玉 等 译

清华大学出版社

北京

北京市版权局著作权合同登记号　图字：01-2022-0308

图书在版编目 (CIP) 数据

城市设计、空间与社会 / (英) 阿里·迈达尼普尔
(Ali Madanipour) 著；边兰春等译. -- 北京：清华大学
出版社，2025. 1. -- ISBN 978-7-302-67540-2
　Ⅰ. TU984.11
中国国家版本馆CIP数据核字第2024G3H581号

责任编辑：张　阳
封面设计：边书瑶
责任校对：赵丽敏
责任印制：丛怀宇

出版发行：清华大学出版社
　　　　　网　　　址：https://www.tup.com.cn，https://www.wqxuetang.com
　　　　　地　　　址：北京清华大学学研大厦A座　　邮　　编：100084
　　　　　社 总 机：010-83470000　　　　　　　邮　　购：010-62786544
　　　　　投稿与读者服务：010-62776969, c-service@tup.tsinghua.edu.cn
　　　　　质量反馈：010-62772015, zhiliang@tup.tsinghua.edu.cn
印 装 者：三河市东方印刷有限公司
经　　销：全国新华书店
开　　本：154mm×230mm　　印　张：18.5　　字　数：282千字
版　　次：2025年2月第1版　　　　　　　印　次：2025年2月第1次印刷
定　　价：139.00元

产品编号：091395-01

　　随着世界城市化的进程，大多数人口生活在城镇和城市中，城市设计作为塑造城市空间的、有目的的过程，变得比以往任何时候都更为重要。城市是复杂且多维的，城市设计也必然如此。城市不仅仅是建筑和道路的聚集，更重要的是人群、各种物体和其他形式的生命体的聚集。每个生活在城市中的生命体都有其独特的轨迹，这些轨迹在城市空间及其外部展开，与城市环境及其所包含的风险和回报相适应并做出回应。城市中的每一个物体都见证了许多故事，对制造它、使用它或改变它的人们来说，这些物体有着多重意义。城市中的每一个地方都有着多重历史，对于曾经路过或生活在那个地方的人们来说，他们经历、记忆并记录着这些历史。城市中的每一个空间簇群都影响着其内部和外部人们的生活。城市中的每一个空间都有一段特定的时间，将过去、现在和未来连接起来。在城市中，空间与时间、地方与经历、物体与意义、空间变革与社会条件，都是相互关联的。

　　城市设计不仅仅是物质变革的工具，因为城市的物质维度、社会维度和心理维度是交织在一起的。城市设计的任务不是为城市设想一个固定和终极的形式，而是一个不断改进的过程，以适应不断变化的环境和社会需求。这不仅仅是一种空间变革的技术性实践，还是一种涉及社会、经济、政治、环境和文化等方面的活动。它是一个将这些维度结合起来以改善城市居民生活条件的过程。这是一个需要关注城市多个维度的多学科社会-空间过程。城市是一个不断发生事件的地方，而城市设计是用来架构和塑造这些事件的过程之一。空间变革不会决定城市的社会条件，但它在这些社会条件的形成中有着重要的作用，并且有改变这些条件的潜力。城市设计是一个必然涉及城市所面临各种挑战的过程：技术变革、空间碎片化、经济危机、社会不平等和社会排斥、气候危机、市民的疏离感以及文化的多样性。本书试图阐明城市设计如何以及应该怎样应对这些挑战，以促进连接性、再生性、包容性、生态性、民主性和有意义的都市主义。

我非常感谢边兰春教授翻译了这本书，使其能够为中国读者所接触。中国凭借其悠久的城市历史，以及在一代人时间内以前所未有的速度和规模实现的城市化，拥有了世界上最重要的一些城市中心。这些城市中的城市设计经验无疑将对国家的未来产生重要贡献，并为世界其他地区提供宝贵的经验。

阿里·迈达尼普尔（Ali Madanipour）

2024 年 6 月于泰恩河畔纽卡斯尔

| 目录 |

第四章　连结的都市主义　057

第五章　再生的都市主义　082

第六章　包容的都市主义　**112**

第七章　生态的都市主义　**136**

第八章　民主的都市主义　**167**

插图地点和表格列表

插图

（所有照片均为作者拍摄）

表格

| 致谢 |

与所有学术著作一样，本书接受了多个组织提供的资金支持，借鉴了许多种出版物以及在不同受众面前曾提出的想法。我要特别感谢在维也纳技术大学担任维也纳市高级客座教授职位的经历，感谢在约翰内斯堡金山大学被授予威茨–克劳德·莱昂杰出学者奖（Wits-Claude Leon Distinguished Scholar），感谢联合国人居署、欧洲伊拉斯谟（Erasmus）、ESPON（爱普生）和FP7[①]项目，感谢佛兰德研究理事会（Flemish Research Council）、都灵理工大学、亚琛工业大学、巴塞罗那大学、康奈尔大学、鲁汶大学、里斯本大学、纽卡斯尔大学和诺丁汉大学、剑桥–麻省理工学院、克伦塔基金会（Kreanta Foundation）、马德里市、斯德哥尔摩市，以及意大利国家城市研究所。

阿里·迈达尼普尔（Ali Madanipour）

阿里·迈达尼普尔的其他著作：

《城市管理：新的城市环境》（*Managing Cities: the new urban context*）

《城市空间设计：对社会–空间过程的探究》（*Design of Urban Space: an inquiry into a socio-spatial process*）

---

① FP7（the EU's 7th Research Framework Programme）是欧盟第七轮研究框架计划项目的简称。自1984年起，欧盟的研究与创新活动被整合在一个名为框架计划（FP）的大型项目中，这是欧盟实施欧洲研究区（ERA）的主要财务和法律工具，也是欧洲资助创新研究和技术的最重要的工具。框架计划的设计周期为每4年为一个周期，FP7自2007年起延续至2013年，是该计划的第七个周期。——译者

《欧洲城市中的社会排斥：过程、经验、回应》（*Social Exclusion in European Cities: processes, experiences, responses*）

《德黑兰：大都市的形成》（*Tehran: the making of a metropolis*）

《地方治理：空间和规划过程》（*The Governance of Place: space and planning processes*）

《城市治理、机构能力和社会环境》（*Urban Governance, Institutional Capacity and Social Milieux*）

《城市的公共和私人空间》（*Public and Private Spaces of the City*）

《设计理性之城：基础和框架》（*Designing the City of Reason: foundations and frameworks*）

《谁的公共空间？城市设计与发展的国际案例研究》（*Whose Public Space? International case studies in urban design and development*）

《知识经济与城市：知识空间》（*Knowledge Economy and the City: spaces of knowledge*）

《欧洲公共空间与城市转型的挑战》（*Public Space and the Challenges of Urban Transformation in Europe*）

第一章　城市设计的论据

今天①，在网络上搜索"城市设计"将会检索到大约600万个网页，这个数字自2005年以来几乎翻了一番（Madanipour，2006）。这种增长可以用多种原因来解释，但它主要表明城市设计的主题在短时间内的惊人增长。但是，我们对"城市设计"一词的理解是什么？它是意味着仅限于城市环境的物质规划或美化规划的延伸，还是进行大规模设计的建筑学的延伸？或者是专注于建筑外部开放空间的景观建筑学的延伸？抑或它在这些领域之外还有其他实质性的核心内容？它与更广泛的社会、经济、政治和文化理论与实践之间的关系如何？城市设计师是做什么的，他们在社会中充当的角色有多重要？他们是既得利益者的技术部门，是负责为房地产行业锦上添花的吗？他们是通过城市营销为全球化的引擎提供动力，还是在应对社会和环境问题上发挥了作用？

经过两个多世纪的工业化、城市化和全球化，城市现在已成为世界大多数人口的家园。未来40年，世界人口预计将增长23亿，而城市将以26亿人口的更高速度增长，最终到2050年，将容纳全球2/3的居民（UN，2012）。在我们的城市星球上，人类面临的主要问题以及这些问题的解决方案主要在城市地区寻找。环境恶化和气候变化，全球化和不平衡发展，信息、通信和跨港口技术的增长和应用，工业化和去工业化，知识经济的崛起，企业家政治，城市治理的变化和公共服务的衰落，消费文化的出现，以及社会分层、不平等和差异的增加——所有这些都对于人们对城市空间的理解、改造和使用方式产生了不可避免的影响。建筑环境成为这些

---

① 今天指本书英文版出版时间2014年。——译者

过程的物质表现，是这些现象出现方式的一个组成部分，也是为解决这些问题而制定的对策的主要内容。作为塑造人类住区的社会−空间过程，城市设计在人类社会的未来中发挥着核心作用。

城市设计是有目的地塑造建成环境的过程，与所有相关的问题和复杂性紧密相连；因此，它在帮助解决这些问题方面发挥着重要的作用并承担这一沉重的责任，而不是通过狭隘的理解和不适当的解决方案来加剧这些问题。城市设计的理念和实践不能解决这些主要的结构性问题，但可以成为解决方案的一部分，因为这正是社会进程的空间表现形成方式的核心，因为城市的社会维度和空间维度是紧密相连的。本书通过讨论城市设计理念和实践所涉及的一系列问题，论证了城市设计在城市的未来中可以而且应该发挥的重要作用。

借鉴我以前在这方面的工作（Madanipour，1996，2003b，2007，2011a），并使用来自实践和学术研究的材料，我将努力详尽地阐述一种理论和分析的视角，以理解和变革城市设计。我将从两个目标入手：分析城市设计的本质，并探索城市设计如何应对当今城市面临的挑战。

分析城市设计的本质

我分析城市设计性质的第一个目的是研究当代城市设计的思想和理论，并对其范式和作用进行批判性分析。城市设计师的工作理念是什么，我们应该如何评价这些理念？城市设计理论与关于城市生活的更广泛的社会、政治、文化和经济理论之间的关系如何？这些想法所依据的范式和惯例是什么？它们是对探索和变革持开放态度，还是已经变成了代表僵化的框架和不容置疑的思维方式的正统观念？它们是针对不断变化着的城市环境做出的反应，还是仅仅作为传统主题的变体，无法弥合思想和现实之间的差距？我们能找到什么样的替代理论来克服当前观念的缺陷？我将概述城市设计的主要主题，并将这些主题放在城市不断变化的政治、经济和文化背景中进行讨论。

我在这本书中提出的一个关键论点是，城市设计是一种权力的行使——试图根据一系列不同的理由对城市空间和社会秩序进行安排，而这种秩序需要始终面对批判性分析和民主监督开放。城市设计是一个社会-空间过程，它阐明了社会关系和空间配置之间的紧密关系，而不是将这种关系简化为社会和空间现象之间的一个决定性联系。为了分析这个社会-空间过程，就需要理解其可能性的条件。因此，应该将批判性政治经济学和文化视角结合起来，以便更好地理解城市进程以及设计和开发对城市变化的贡献。我们将分析贯穿历史展开的秩序形式，并强调当前的城市条件。通过这种方式，城市设计将面对其固有的力量和局限性，为思想和实践的探索及转变开辟新的途径。第二章和第三章介绍了这个主题，然后贯穿全书。

在第二章中，我探讨了城市设计的含义，认为它应该最好被理解为空间生产的一部分，包括其所有的层次和复杂性（Lefebvre，1991）。我通过六个重叠的分析来研究城市设计的性质和作用：一个是文本分析，即探索城市设计作为一个语言术语的含义；一个是技术分析，即确定城市设计从业者的范围和方法；一个是关系分析，即研究它与其他学科的关系；一个是功能分析，即找出其理念和实践的用途；一个是环境分析，即发现城市设计与城市文脉之间的关系；一个是诊断分析，即探索城市设计面临的一系列问题。它们共同为城市设计提供了一种多层次的理解，即城市设计作为一种特定语境下的行动，具有以不同的方式改变这种语境的潜力。它们还表明，城市设计本身是一个更大语境的一部分——空间的生产，它被整合到不同层次的社会关系的生产和再生产中。它们为理解城市设计是一个社会-空间过程奠定了基础，然后在下面的章节中进一步展开。

城市设计是探索更好的城市组织方式的一部分，这种对秩序的探索可以追溯到几个世纪以前（Foucault，2002）。第三章追溯了四个可以被认定为具有鲜明城市设计特征的历史阶段，每个阶段都是对所处时代城市条件的回应，也是对以前想法的批判，它们的积累奠定了当前都市主义的基础。第一个阶段始于文艺复兴时期，应对被认为是混乱和无序的中世纪城市。第二个阶段是维多利亚时代，应对的是工业城市的混乱。第三个阶段是 20 世纪的现代主义规划和设计，这一阶段由新技术和理性主义思维方式武装起来，为资本主义工业城市面临的问题提供了更激进的解决方案。第四个阶段是对当前全球工业化的持续回应。当代技术范式的象征意义，从机械钟表到工业机器和计算机网络，激发了每个时期的设计理念，每个阶段都发展出更加复杂的管理和改造城市的方法。

应对城市变迁的挑战

我的第二个目标是探索城市社会所面临的经济、社会、政治、文化和环境的挑战，以及城市设计所做的和可以提供的可替代想法和反应。城市设计是城市经济、城市治理和城市文化的一个组成部分。它涉及城市变化的生态、社会、经济、政治和文化层面，因此，它被期望努力实现一个包容的、再生的、民主的和有意义的都市主义。一个好的城市的理想特征被认为包括空间自由、充满活力的经济、包容的社会、民主的政治、生态的可持续性以及文化上的丰富意义。这些特征的介绍和批判性评价构成了第四章到第九章的主要主题，并为评估和改进城市设计的贡献提供了一套实质性的标准。

面对社会-空间的复杂性、专业化和碎片化，城市设计和规划开始在人、地方和事件之间建立联系，以寻求从现象的多重性中生成整体的秩序。在第四章（连结的都市主义）中，我对这种连结性的途径进行了批判性的调查，重点是促进跨越空间联系的交通和通信技术，作为人员和产品流动的基础设施。我认为，这些通常必要的联系也可能导致新的形式的脱节，或出现对某些群体和活动有不利影响的僵化秩序。然而，城市空间不仅仅是一个工具性的过渡空间，也是一个社会性的空间。城市设计不是为了适应机动车而重塑城市，也不是通过数字技术的应用而分散城市的空间碎片，而是为了形成对行人友好的城市环境、控制小汽车和支持公共交通的发展而开展的行动的一部分。作为城市体验的主干，在城市再生和战略规划中，街道作为社会生活戏剧的舞台得到了新的强化，成为将社会-空间碎片结合在一起的黏合剂。

城市设计在经济变革中的作用是相当大的。在第五章（再生的都市主义）中，我概述了近几十年来经济转型的主要形式以及城市设计参与这种转型的方式。去工业化和全球化的进程导致了工业城市的再生，以及对作为全球经济转型核心的城市复兴的呼吁，使得城市设计成为关注的中心。

随着科学和技术以及艺术和文化活动等新领域的崛起，作为新的知识经济的驱动力，特别是在一系列聚集和强化这些活动的新的事物中，城市设计被用来促进创新性变革。同时，城市设计在房地产投资管理中的作用也很重要。城市设计在多大程度上是为全球经济力量和房地产投资者的利益服务的？城市设计能在多大程度上为振兴地方经济的创新实践作出贡献？经济复兴的需求在多大程度上可以优先于其他考虑？基本的论点是，城市属于它们的公民，城市设计应该主要忠诚于为了这些公民的利益而复兴城市。

然而，公民是一个广泛多样的群体，城市是社会差异和功能分工的地方，这导致了社会分层和碎片化，而技术革新和机构整合则助长了这一现象。土地使用区划是劳动功能分工如何分割城市空间的一个例子，而按照收入和种族进行的社会分层也有类似的碎片效应。社会-空间分散和碎片化的压力还伴随着集群和集聚的经济力量。在第六章（包容的都市主义）中，我讨论了对空间转型采取社会包容性方法的必要性，认为需要对长期以来将城市细分为不同区域和邻里的做法进行调查和质疑。虽然混合使用现在被广泛接受，但城市设计和规划仍然倾向于区别化的地区和邻里。邻里关系可能是对城市疏离状况的一种回应，并受到大型开发公司和社区政治的青睐，但它们也可能导致派系的飞地，并加剧社会不平等和排斥、绅士化和流离失所。城市设计在这些力量的相互作用中扮演着一个困难的角色，但是它的指导原则应该是包容和民主的共存。

建成环境和自然环境之间的关系是城市设计的核心关注点，这种关系已经被城市地区的增长所破坏。私人的回应一直是生活在乡村的想法，这对郊区的发展产生了影响，导致了城市的乡村化和乡村空间的城市化。另一个选择是开发公园和林荫道以建立城市内部的联系：绿色空间在历史上一直被城市设计用来恢复城市人口和自然环境之间中断的关系。然而，由于不断增长的城市越来越大的足迹，导致了自然环境的退化。第七章（生态的都市主义）的主要论点是生态思维，即物质世界的所有要素都是相互关联的，是环境友好型城市设计的必要特征。这就要求城市设计师认真关注诸如紧凑的城市形态、绿色基础设施和对水敏感的城市设计等措施。

在第八章（民主的都市主义）中，我讨论了公共空间和城市治理。公共空间的主题是城市设计的一个中心主题。像公共空间这样的公共利益与治理问题相契合且重叠，而治理问题是围绕着分裂条件下形成的集体行动者展开的。公共空间与家庭私人空间的区别及其相互作用一直是一个被长期讨论的话题，可以追溯到几个世纪以前。此外，公共空间是社会关系基础设施的一个关键组成部分，在民主政治中发挥重要作用，允许社会差异在公共领域发挥作用，并培养意识、信心和行动。然而，它的问题和模糊性也需要被讨论，为什么要生成公共空间，谁能从中受益？这些都是其中需要追问的基本问题。它是否为消费主义、精英利益和强势人物服务？实体公共空间在建立社会联系方面的作用是重要的，但它需要得到社会和制度措施的支持。在这一章中，我分析了公共领域和私人领域之间的界限，这一界限既是分离的空间也是交流的空间。我还分析了这种边界的衔接如何反映都市主义的特征。

城市设计在城市公共意义的建构中也发挥了相当大的作用，这也是第九章（有意义的都市主义）的主题。在现代城市中，旧的信仰体系和权力等级制度不再被接受，城市人口越来越原子化和多样化，城市设计师面临的任务是创造有意义的地方，并且比其各部分的总和更有意义。符号化的商业过程总是在发挥作用，为城市环境提供功能性的意义，这可能是对个性化的参考框架做出的回应。在城市中，大量集中的人群对自由的渴望可能采取社会和空间距离的形式，创造出消极的空间和分散的城市。作为回应，城市设计强调"场所"的营造是构建公众可理解的意义和价值的途径。这种说法在多大程度上可以被认真对待？城市设计如何通过使用物体、符号和关系在不同的人之间创造有意义的联系？一个共同的意义框架是否可能？本章的论点是，城市设计在创造这些潜在的有意义的共同基础性设施方面具有重要作用，尽管需要对关于场所营造的广泛主张进行批判性评估。

城市设计使用一系列空间工具来改造城市空间。空间特征既是活动的位置分布，也是四维的社会-空间过程；也就是说，如何在城市空间中组织活动，空间如何被制造、使用和体验。作为一项面向未来的事业，城市设计是而且应该是充满希望的、开放的和包容的。作为想象和塑造城市未来的活动，城市设计的作用是将受到碎片化离心力和复杂化异化力影响的城市组成部分联系起来，以改善城市人口的生活条件。在这个过程中，通过大量面临一系列社会和环境挑战的利益相关者的参与，各种碎片被整合起来。有观点认为，城市设计的社会-空间方法应该以一种整体而又具体 8 的方式来解决弱势的和缺席的利益相关者的需求。这些空间设计工具（即联系的建立和一系列事物的创造）在全书中得到了分析，并在第十章（社会-空间城市性：连接与断裂）中达到高潮，该章将主要的主题汇集在一起并对全书加以总结。

城市设计的社会-空间方法

因此，通过我的双重目标，我对城市问题及其设计理念、挑战和应对进行了批判性分析。我将城市设计介绍给社会和空间领域的学者和从业人员（城市规划师，包括地理学家和其他相关学科人员），并提供一个关于该主题的分析全景，同时还发展了对城市设计理论与实践的批判性参与方法。我向非设计人员解释和解读城市设计的性质和动态，并将其置于城市变革的理论和实践中。我探讨了城市设计与规划和建筑等相关学科之间的关系，并将城市设计与社会和政治理论、环境问题及不断变化的城市文脉联系起来。

城市是许多人聚集在一起的地方，他们有着各种各样的经历、需求和愿望。作为塑造城市的过程，城市设计应该通过兼具社会和空间方面的包容性来回应这些需求和愿望：它需要通过包容性的过程面对这些地方的可达性和建设；它需要把城市和社会作为一个整体来考虑，确保城市的所有部分都是好的，而不仅仅是在一些显要的地方。关键的论点是，城市属于他们的公民，城市设计应该主要忠诚于为了这些公民的利益而服务于城市生活。批判性的社会-空间方法从这个角度审视城市设计，以便了解这一基本原则是否已经并且能够在其理念和实践中得到体现，以及它是否能够应对构成城市的视角和轨迹的多样性。

这里采用的方法是社会-空间的，因为它结合了物质和关系、空间和社会。它并不是用一个取代另一个，而是将两者结合在一个单一的认识和行动框架中。它的重点是物质的，因为它涉及构成城市环境的物质现象，

9 从人体和所有形式的生命体到建筑、道路、开放空间和人居环境中所有较小的物体。然而，其重点并不局限于单体，而是它们以及由它们组合形成的一系列事物之间的联系。因此，它的重点同时是关系性的，因为它体现了构成城市的这些不同物质要素之间的关系。从某种意义上说，它也是关系性的，因为它强调了嵌入人类社会中的社会理念和制度。

我主张一种开放的都市主义，因为它是面向未来的，随着时间的推移而展开，而不是在寻找一种固定的安排和最终的目的地。在这个意义上，它是非本质主义的，因为它不持有城市的特定性质和本质，而设计和规划应以其为目标。在意识到它所处的社会和历史背景的意义上，它是有语境的（Taylor，1979；Bourdieu，2000）。它的关键在于意识到它的局限性和可能性条件（Kant，1993）；意识到它所创造和强加的秩序（Foucault，2002）；注意到城市设计和开发过程对人们生活所产生的变革力量（Lefebvre，1991）；以及在民主的意义上，这种力量始终需要接受公开质疑。社会－空间方法应该被看作是民主的、开放式的和不断发展的，而不是固化的和终极的，为人们和地方留出空间，以便在新情况出现时发展和改变，在每个时刻探索最佳行动方案。它们为创新和主动性留下空间，而不是以共识的名义和出于对试验的保守恐惧而关闭这些途径。社会和生态的必要性鼓励我们要有包容性和整合性，而不是选择性和排他性。因此，它也是综合性的，因为它结合了政治经济考虑和文化反思，旨在广泛了解城市进程和变革建议。

第二章　塑造城市环境

　　本章节基于城市设计的历史与当前的实践，探讨了城市设计的本质 和作用。作为创造和改造建成环境的手段之一，城市设计是一种对环境的干预；因此在本章中，我将调查这一行为的本质及其所干预环境的多个维度，并为在接下来的章节中研究它们对于城市设计的潜在影响做准备。在本章中，我采用了六种叠加的分析形式，分别为：文本分析、技术分析、关系分析、功能分析、环境分析和诊断分析；每一种分析形式都各自发展出了独特的分析城市设计的方法，而当它们合并为整体时，能够帮助厘清该领域的许多错综复杂的问题。

　　城市设计从社会、技术、美学的视角，为城市空间的转型提供指导和规范。它常常以建立空间中不同碎片之间的连接为中心，从而创造一个比局部更有意义且更有用的整体组合。因此，就城市设计本身而言，我们需要深入地理解它在城市转型过程中的作用和贡献，特别是在它不断地被修订和调整的情况下。城市设计与几个学科和专业都有重叠，而所有这些学科和专业都在寻求明确的范围和地位。我将分析设计不断变化的本质，并根据它所想要解决的城市问题，以及设计师的社会地位和角色，特别是他们对城市空间和人们生活施加的力量，来审视设计的作用。首先，我通过理解"城市"和"设计"两个词汇以及二者间的相互关系来分析城市设计的含义，并将城市设计作为一种多维度的过程放置在大的环境中进行调查。城市设计师们的工作是什么？他们使用什么样的工具？他们与其他学科或专业有什么关系？他们关注什么样的议题？不同社会团体如何利用城市设计？城市设计怎样处理城市问题？这些都是本章所涉及的主题。关键 的论点是，城市设计及其所有的复杂性和多层次的意义，都应该被理解为建成环境生产过程中的一个重要组成部分。

文本分析：“城市”和“设计”

　　若要理解城市设计，首先可以对“城市”（urban）和“设计”（design）这两个词汇及其相互关系进行文本分析。“城市”（urban）是一个模糊的词语，因为城市（cities）很难定义：“城市”（city）这个词语“意味着任何事物以及一切事物”（Caves，2005：xxi），而单一的描述无法捕捉它的含义（Mumford，1961：3）。城市是大的都市场所（urban places）（Johnston et al.，2000），但所谓的“大”在美国人口普查中，可以是任何拥有 2500 或以上人口的都市区域所形成的行政市（municipality）（Gottdiener et al.，2005：4）。在一些语言文化中，并没有对市（city）和镇（town）的明确区分，因而“城市”（city）这一词汇有时也会指代更小规模的定居点。除了规模之外，城市还会根据其人口密度和多样性被定义为“大量异质个体组成的相对永久、紧凑的定居点”（Wirth，1964：68）。城市也被其经济、政治和文化特征所定义。规模经济生成了城市（O'Sullivan，2012），把中世纪的城市变成了许多交易市场（Saalman，1968），把现代城市变成了制造业和服务业的集中地（Bater，1980）。从古代城邦时期（Aristotle，1992）开始，通过中世纪城市的城墙（Weber，1966）和现代城市的行政边界，城市也体现了其政治组织的性质。在文化上，城市是地位的象征，在古代，城市被认为是“高级文明的象征和外在证据”（de la Blache et al.，1926：472），而在今天的英国，城市是“君主授予的稀有的区辨标记”（Department for Constitutional Affairs，2002）。

　　“urban”一词来源于拉丁语“urbs”，即社区所占据的地方，与“city”一词的来源“civitas”（社区本身）有所区别。这些词语区分了定居点的社会和物质方面的构成部分，尽管它们的含义后来发生了变化。而最终，“city”和“urban”分别指代人和地方。这两组特征，即规模–密度–多样性和经济–政治–文化意义，都反映在城市空间（urban space）中，因为城市（cities）不仅是人和活动的聚集地，也是舒适生活所需的物品和构筑物的聚集地，如房屋、办公室、道路、学校和公园，以及身处其中的数以百万计的更小的物品和其他生命体。因此，城市（urban）是有生命的有机体和无生命的物体在空间和时间上的集合（图 2.1）。

图 2.1　城市是一种空间和时间的聚合，具有非常重要的规模–密度–多样性和经济–政治–文化意义（加拿大多伦多）

　　"urban"一词指的是城市（cities），尽管城市可以指代任何规模的定居点。为了简单并避免混淆，我将使用"urban"和"city"来指代所有规模的人类住区。此外，正如我们从城市设计的职权范围中看到的，它是相对稀有的将大城市作为一个整体来设计的手段。虽然城市设计师设计了许多大型的新城，如华盛顿特区、巴西利亚或阿布贾，但他们更多的是参与设计城市的一些组成部分，例如区、社区、街道或广场，以及更小的定居点，如新镇、花园城市、村庄，甚至郊区。因此，"城市设计"中的"城市"指的是一系列各种规模和情景下的人类住区，每一处都有自己独有的规模–密度–多样性水平，以及经济–政治–文化意义。

　　"设计"这个词同样复杂且难以定义。这个词的一般用法有时暗指着一种浮于表面的处理手法，就像蛋糕上的糖衣，通过包装一个物体并赋予它一种高质量、奢华的感觉，使它与其他事物区别开来。在充满批量化生产的物品的世界里，有许多类似的产品在出售，设计提供了一条用以区分的途径，一种引导消费者从拥挤的货架中选择产品的方法。但设计并不局限于外观，而是有关产出在一定程度上有用且有意义的事物。根据伦敦设计博物馆馆长的说法，设计是用以理解"现代世界的本质"的密码，反映出经济、技术、情感和文化的价值（Sudjic，2009：49）。

设计委员会主席乔治·考克斯爵士（Sir George Cox）在一份受英国政府委托的报告中，将"设计"定义为创造力和创新。根据《考克斯报告》（*the Cox Report*），创造力是"新想法的产生"，创新是"新想法的成功利用"，而设计是"将创造力和创新连结在一起的东西。它将想法塑造成对用户或客户来说实用且有吸引力的提案。设计可以被描述为具有特定目的的创造力。"（Cox，2005：2）因此，设计成了创造力与创新、理念与实践、艺术与实用之间的桥梁。

更具体地讲，设计是一种计划、目的或意图；是一种基于形式或行动的对于这种意图的清晰表达；是一种编写生产说明的活动。这些说明以线条和图形的形式被置于地面上、纸上、计算机屏幕上，或以三维模型，甚至以想法、公告、肢体动作、互动过程等方式存在。设计既是一个动词，也是一个名词，这种双重性可能带来所有的模糊性。正如凯文·林奇（Lynch，1981：290）所定义的那样，设计是"有趣的创造和对事物可能形式的严格评估，包括它是如何制作的"。

当我们将"城市"和"设计"两个词放在一起时，一系列新的含义出现了，这两个词之间的关系将我们带向新的方向。从表面上看，"城市设计"可以有三种含义："针对城市的设计""一种城市型的设计"和"城市中的设计"。

"针对城市的设计"为设计提供了一个特定的对象和目标，即城市，区别于其他同样可以被设计的东西，如汽车或椅子的设计。"城市"一词指的是这一行为的结果，一个创造和塑造城市空间的过程。它开启了对于城市空间以及潜在的空间组合的调查，这既是对城市形态的分析，也是一种标准化的细致观察。一个隐含的设想是，设计是一种具有普适模式的行为，可以应用于各种主体，在这里即对应城市结构。另一个隐含的设想是，作为动词的设计表明了设计者的存在，即与谓语相对应的主语。

另一方面，"*一种城市型的设计*"赋予了设计独特的特征，使其有别于其他类型的设计，例如工程设计或机构设计。这里隐含的设想是存在不同类型的设计，而城市设计只是其中的一种。这一含义指的是一种特定类型的活动，为探究其本质和特定的动态，从而将其与其他类型的设计区分开来打开了一扇门。

与此同时，"*城市中的设计*"是指城市设计发生的环境（context）。它不是一个独立的设计行为，而是一个位于城市环境中，直接或间接地改变环境的设计行为。这里隐含的假设是，在城市环境中有许多正在进行的进程，城市设计只是其中之一。它引领我们去观察这个环境的动态，而不仅仅是将我们自己局限于作为一种独立发生的表达行为的设计。"城市中的设计"表现了作为行动（action）的设计和作为语境（context）的城市之间的相互关系。

然而，这三种含义，这三种"设计"和"城市"之间的关系，都应该被宽泛地定义。设计的任务包括但不限于生成建造事物的指引。都市（urban）包括但不限于城市（cities），而语境（context）也可以是任何空间和社会尺度。因此，城市设计是一个有目的地完全或部分地改造人类住区的过程，尽管我们需要了解更多才能理解这一过程。

技术分析：城市设计师都做些什么

要想理解像城市设计这样的应用领域的本质和形态，可能的方法之一是进行技术分析，回顾其从业者所做的工作以及他们使用的工具和方法。英国建筑和建成环境委员会（CABE）列出了总体规划、住房市场更新和增长、城市中心的空地填充和混合功能区开发等领域，以及对城市宜居性的思考，这些都是城市设计师的技能。这是想象未来城市形态和管理城市空间转型所需的一系列的广泛技能。

浏览城市设计公司的网站可以更详细地了解城市设计师的工作。快速浏览一下英国城市设计集团（Urban Design Group）列出的咨询公司，就会发现一些关键词和城市设计实践的组织方式。大大小小的咨询公司都倾向于展示它们参与的部分和提供的服务，根据它们的规模，这些服务可以非常广泛，也可以非常详细。所有的公司都展示了他们所承担的项目的案例，因为他们网站的主要目的就是传递信息并吸引潜在的未来客户。一些公司会使用"都市主义"而不是"城市设计"，这与建筑、规划和景观行业有很多重叠之处。关键词和所提供的服务可以分为四个标题。

第一个标题是研究和评估，包括场地评估、环境评价、公众磋商、遗迹研究、特色评价、市镇景观评估、流动性及可达性评价，这些都是单独列出的服务。每个项目还将包括针对特定场地的研究和评估的其他元素，这对设计的进展是必要的。此外，设计提案在其经济效益、社会贡献和环境影响方面也会得到相应的评价。

研究和评估做法借鉴了人文科学、社会科学和自然科学的一系列方法，这些方法通常用于了解一个地方及其相关问题。初始阶段的研究项目可以被称为"为设计而研究"，并为设计实践提供必要的信息和分析。这里的一个例子是传统的场地分析先于设计（LaGro，2013）。设计实施后的研究可以反过来被称为"针对设计的研究"，选择设计实践的结果作为其调查的主题。它可以采取批判性和历史性的研究形式（Kostof，1999）或对建成环境进行环境方面和社会心理方面的评估（Bechtel et al.，2002）。上述两种形式的有关设计的研究，可以与"通过设计来研究"区分开来，"通过设计来研究"是指随着设计着手探索空间变化的新想法和可能性时，通过设计的各个阶段来逐渐形成新的知识（Klaasen，2007；Friedman，2008）。"通过设计来研究"声称要发展设计式的认知方式，创造各种形式的知识，并通过设计的实验性过程来检验这些知识，这些反馈可以从许多不同的利益相关者那里获得。

执业城市设计师列出的第二组活动是关于策略和方案，包括再生策略和总体规划、发展框架、设计策略和框架、公共领域策略和设计。这一组包含了大多数的设计工作，涵盖了一系列的空间尺度和情境上的复杂性，其中一端与城市和区域规划领域重叠，另一端与建筑和景观领域重叠。

"总体规划"是所有从业者最广泛使用的关键词，有时作为城市设计的一部分，有时也在城市设计之外相伴进行。总体规划有着悠久的历史，在不同的背景下往往有不同的含义。在20世纪中期的规划中，它们是城市规划者的主要工具，被用来指导一个地区未来的土地利用结构。这个词在一些城市中仍然有这个意思，例如新奥尔良市的总体规划在 2010 年被制定为"一个全面的、全市范围的规划"，在遭受飓风破坏后"将指导城市未来 20 年的发展"（Goody Clancy，2010：9）。然而，总的来说，美国和英国的规划系统由于各种原因远离了"总体规划"和"综合规划"的理念（Cullingworth et al.，2006；Cullingworth et al.，2013）。在社会和经济快速变化的背景下，非国家行为者的数量增多且重要性凸显，同时伴随着地方公共权力下降和作用减弱，使得他们发起和管理城市发展变得愈加困难。在这样的环境下，对于上述这些规划的批判主要集中在它们的僵化和对物质空间的过分强调上。

　　然而，新一代的总体规划有更详细的参与层次，包括更高层次的设计内容。例如，在佛罗里达州的海滨小镇（Seaside）的设计中，杜安伊（Duany）和普拉特 - 兹伊贝克（Plater-Zyberk）使用了一个总体规划，即"综合了城市规划中所有关键信息的复合图纸"（Lennertz，1991：21）。这个术语现在在英国被用作部分定居点的发展框架，例如谢菲尔德的城市中心总体规划（Sheffield City Council，2008）。空间总体规划的想法是由英国政府成立的城市任务小组（Urban Task Force）提出的，该小组由建筑师理查德·罗杰斯（Richard Rogers）领导，旨在为实现英格兰城镇复兴的最佳方式提供建议。通过提供"建筑和公共空间的三维框架"，城市任务小组（Urban Task Force，1999）认为"空间总体规划是以设计为主导的城市发展方法的综合"和"实现城市复兴的基本成分"。在为客户提供指导的情况下（CABE，2011a），总体规划有望成为协调战略性城市项目的关键工具。 17

　　其中许多项目的连接部分是公共领域，它将城市环境的不同元素结合在一起（图 2.2）。公共空间提供了将一系列碎片连接在一起的黏合剂，还提供了支撑大型城市项目的支柱。鉴于公共领域的重要性和对公共领域的强调力度，城市设计被广泛地等同于公共领域的设计，被视为处理建筑之间空间的活动。然而，这是对公共领域和城市设计角色的一种狭隘的解释，因为后者涉及许多各种不同的尺度和问题。

　　城市设计从业者提供的第三类服务可以被称为*工具和方法*，包括设计 18 规范、设计政策、设计指南、设计概要、标识指南和设计说明。这些工具

图2.2　公共空间是许多城市项目中的连接性要素（芬兰赫尔辛基）

是将总体规划或其他发展框架的更广泛的战略和框架转化为可操作的行动方案的更详细的机制。设计政策和指南为某一地区或某一问题的公共权力机构制定设计方法和目标，例如街道或商店门面的标识。设计和发展概要为特定场地或地区的需求提供了纲要，包括密度、土地混合利用情况和建筑形式等问题。尤其是设计规范，它已经成为一个三维总体规划的详细表述，它显示了所需的尺寸，甚至是材料、景观和混合使用权的情况。尽管CABE认为它们在新社区的开发中可能有用，在这里开发商可以设定一系列合同要求来维持某种类型的空间质量（CABE，2011b），但它们的作用尚未被普遍接受。

　　第四组主题主要围绕实施和管理，包括设计管理，并通过投资投标、推广和品牌运营、项目管理，甚至开发，以促进其实施。公共部分和私营部分的开发商分别扮演着不同的角色，他们需要管理复杂的设计和开发过程，这也是城市设计顾问承诺代表他们执行的事情。其中需要解决的问题包括交付机制和合作伙伴管理、成本和资金来源、实施的阶段划分及时间、风险管理、协调并监督项目交付、跟进策略所产生的影响并有针对性地进行修订和更新（Moughtin，1999；Ahlava et al.，2008）。

关系分析：从有争议的分工到交叉学科

确定一个领域状态的第三种方法是分析它与相邻领域的关系，以此找出能将城市设计师与其他相关知识和工作领域区分开来的思维及专业分工特点。建筑、景观、规划和城市设计之间的学科界限并不清晰明确。而涉及多学科的活动可能是学术研究和教学中所期望的。如果我们看看专业机构定义这些学科范围的方式，我们是否能更好地理解它们的相关领域和边界？专业人才之间的分工是否会更明确？

城市设计小组（Urban Design Group）成立于1978年，旨在推动将城市设计纳入专业和政治上的议程。城市设计小组一直有一定影响力，因此它对这一问题的定义值得分析。该小组将"城市设计"的定义总结为"以塑造城市、城镇和乡村生活的实体环境为目标的具有协作性和多学科性的过程；一种创造场所的艺术；是位于城市环境中的设计"。这是一个"包含建筑、建筑群、空间和景观的设计，并涉及建立促进成功发展的框架和程序"（UDG，2012）的过程。早期"城市设计"的狭义定义趋势已经过去了，取而代之的是一个更广泛的新概念，以包含空间的组织及美学品质。英国政府认为城市设计旨在解决"场所的运行方式及外观"（ODPM，2005：23）。在规划体系的改革中，英国联合政府一直强调设计的价值，尽管它避免定义"设计"或"好的设计"的含义："好的设计是可持续发展的一个关键方面，是与好的规划不可分割的，好的设计应该积极地致力于为人们创造更好的场所"（DCLG，2012：14）。当与相关领域进行比较时，学科重叠就会变得非常明显。

根据皇家城镇规划研究所（Royal Town Planning Institute）的说法，"规划涉及两项活动——对空间竞争用途的管理，以及对有价值和有身份的场所的营造"（RTPI，2012）。美国规划协会（American Planning Association）将"规划"定义为"政府官员、商业领袖和公民聚集在一起，以建立丰富人们生活的社区"（APA，2012）。英国景观学会（British Landscape Institute）宣布："我们与政府合作，改善城市和农村景观的规划、设计和管理。"（Landscape Institute，2012）美国景观建筑师协会（The American Society of Landscape Architects）将景观设计的领域描述为"对自然和建筑环境的分析、规划、设计、经营和管理"（ASLA，2012）。英国皇家建筑师协会（Royal Institute of British Architects，RIBA）并没有定义建筑师是做什么的，但解释了他们的协会是做什么的——"RIBA 通过建筑学和我们的会员来倡导更好的建筑、社区以及环境"（RIBA，2012）。

20　　　在填补建筑师、城市规划师和景观设计师之间的空间时，城市设计与这些学科产生了许多重叠，在确定一个学科所涉及的领域的重点和其他学科的起点方面似乎是模糊的。一些关键点可以帮助我们理解这一领域（图 2.3）。

　　在复杂的城市社会中，专业化和分工是社会组织的主要特征之一。从 17 世纪科学革命以来不断发展出的新分支科学中可以看到这一点（Hollis，2002）。这也存在于工业生产中，这里的劳动分工与更高的生产力挂钩（Smith，1993）。在城市发展中，也可以观察到类似的专业化过程，这需要不断地调整劳动分工。在 20 世纪初的某个时期，像勒·柯布西耶

图 2.3　通过专业细分、规模、维度、工艺/产品的特点以及艺术和科学之间的关系，可以分析城市设计及其相关领域之间有争议的分工（比利时安特卫普）

（Le Corbusier）这样的建筑师可以设计从门把手直到整个城市的一切事物。然而规划和设计建成环境的过程现在已经被分成了许多分支，每个分支都参与了各自分支中漫长而复杂的过程。城市设计应当关注其中的一个分支，以及一系列其他领域。同时，作为总规划师的城市设计师的角色应该是协调这些领域的专家（Urban Task Force，1999）。

　　与此同时，劳动分工可能导致任务碎片化，在过程中出现新的空白，使个人和群体彼此之间疏远，与他们的工作疏离，因为每个人可能都只是机器上的一个齿轮，而缺少对产品的整体感知。专业化的过程可能会导致学科和职业数量的激增，每个学科和职业都可能发展出自己的概念、语言和文化，就像一个部落一样，有自己的进入仪式和排斥他者的方式（Bourdieu，2000）。这就是为什么我们经常听到有关部门和机构之间必须进行协调，以及必须对复杂进程采取全面办法的论调。在20世纪后半叶，随着城市规划对政策过程越来越感兴趣，建筑退守到单一的场地和建筑物，设计城市未来的任务就无人参与了。而城市设计的发展正好填补了这一空白。

　　城市设计和建筑之间的分界线一直是建筑物设计。城市设计师通常认为，他们应该把建筑的设计工作交给建筑师。城市设计可能会处理建筑的位置和面向公共的外观，包括高度、尺度、体积、体量，甚至立面的一些特征，但通常不涉及建筑的详细设计。虽然建筑仍然是建成环境设计中最古老和主要的学科，但城市变革中的社会和空间进程需要更多的知识和技能——这些都来自城市规划与设计。

　　城市设计和规划之间的分界线是过程和结果的分离。城市规划，曾经作为建筑学的一个组成部分（Sert,1944），已经放弃了对物质环境的参与，现在它只把物质环境看作是一个结果，而把注意力集中在管理城市变化的过程上。然而城市变化不仅仅是一个社会性的过程，它还涉及物质世界的改变，而这一点现在已被排除在城市规划的关注之外了。当将目光放在环境的物质性时，规划使用了"物质规划"这个术语，仿佛某些形式的规划是针对非物质世界，仿佛物质和社会是可以分割开来的。而城市设计是将过程和结果、社会和空间结合在一起的活动，它弥合了建筑和规划之间日益扩大的分歧。

城市设计所弥合的另一个鸿沟是艺术和科学之间的空白。虽然建筑是多维的，但它与艺术世界有着紧密的联系，尤其注重建成环境的美学，而这通常是通过人文学科来研究的。与此同时，规划已然转向科学，特别是社会科学，城市发展的文化和美学方面已被视为不确定因素，因为它们会给规划希望通过以可复制的知识及稳定的操作为特点，将其本身确立为一项科学和技术的努力带来困扰。因此建筑和城市设计有时会被讽刺仅仅关注美学问题，而这些问题被认为是品位和风格的问题，而非实质问题。然而环境美学及其发展过程的文化维度并不是锦上添花，它们是城市发展过程中所有利益相关者思维和行为方式的组成部分。通过同时注重城市的功能和美学两个方面，城市设计避免了文化上的分裂。

另一个存在空白和重叠的领域是空间的尺度。对于一些建筑师来说，规划似乎是一个抽象的过程，通过文字和二维地图以及分析图来表达，规划关注大尺度，直到城市和区域层面。相比之下，城市设计似乎更具体，即以三维的表现形式来表达，并专注于社区或更小的尺度。与此同时，对于一些规划师来说，建筑似乎过于细化，用图像而非文字来表现，专注于单个建筑，而没有对环境投入应有的关注。相比之下，城市设计则显得注重环境，在沟通想法时会同时运用文字和图像，并将注意力放在战略空间的层面上。因此从细节的尺度和表现形式来看，城市设计似乎处于建筑和规划的中间位置。

城市设计和景观设计在尺度和细节层面上存在重叠和分界线，景观设计师关注的是开放空间更细节的元素，而城市设计师则被认为对更广泛维度的公共和开放空间更感兴趣，尽管景观设计师同样可能参与总体规划和大规模社会−空间变化进程。此外，景观设计师也被认为在自然环境的生物学变化上有特殊的专业知识，这使他们有别于建筑师和城市设计师。

然而，许多这样的特性描述都可以被视为刻板印象。有的建筑师会对社会进程和城市环境感兴趣；也有对城市变化的美学和实体方面非常敏感的规划师；有制定空间总体规划的景观设计师；也有介入各种空间尺度的城市设计师。刻板印象有助于在脑海中构建一幅可以巩固分工的领域地图；但是由于这些学科和专业之间不可避免的重叠，以及这些领域中存在的个人特殊兴趣及专业知识，所谓的边界，有时更像是虚构的而非真实存在的。建筑、景观、土地利用和城市空间可能是这些相关领域的核心描述符号，但它们都超越了各自狭窄的界限，在不同的尺度和位置产生作用，介入管理和设计与开发，并采用不同的沟通交流方法。

当这些从业人员在城市发展过程中协作时，他们往往在多学科的基础上工作，每个学科都会对一个漫长而复杂的过程的一部分作出贡献。然而，鉴于城市设计介于二者之间的特性，它可以潜在地超越多学科的合作，并参与交叉学科和跨学科的工作（Madanipour，2013c）。当多学科合作发生时，来自不同学科的代表作为一个小组或按指定的角色顺序在一起工作，每个人都带来了一个特定领域的专业知识，他们通过相互补充，进入一个复杂的过程（Stokols et al.，2008）。所有这些都是为了寻求更高的生产力（Smith，1993）。然而，多学科过程中的参与者"常常自说自话"，他们工作的结果"不多也不少，正好是各部分的简单相加"（Wagner et al.，2011：16）。相比之下，交叉学科合作鼓励参与者通过将理论、概念、方法和数据整合到一个综合过程、跨越认知边界、有助于开发新概念和新方法，来促进对当前任务的共同理解。在这个过程中，每个学科固有的价值和假设可能会被重新审视和质疑（Tuana，2013），从而把它们从嵌入的局限性中解放出来，也就是变得"无纪律"（Beier and Arnold，2005）。深入的交叉学科工作甚至可能促成跨学科工作，在这里，参与者可以以一种连贯的新方式重新定义复杂问题，从而发展共同的概念框架和具有支配性的综合体，就像生态学的工作那样（Austin et al.，2008：557）。通过设计的创新特性，设计有潜力支持这些越界和整合的过程，不同的利益相关者可以通过合作产生新的想法和实践。对公共空间的关注作为城市设计的关键主题之一，已经成为使交叉学科和跨学科成为可能的工具之一。

功能分析：城市设计的角色

除了分析一个领域的从业者做什么以及他们与相关领域的关系之外，研究一个领域的第四种方法是通过功能分析，探索它所扮演的角色以及在它的思想和实践下的用途。城市设计的主要用途是指导城市环境的建设（Madanipour，1996）。建筑业是城市和国家经济的重要组成部分，城市设计在城市发展过程中处于战略性地位。通过调查城市设计与城市空间的生产者、管理者和使用者这三大类的关系，可以更好地理解城市设计所产生的功能性价值（Madanipour，2006）。

作为城市环境的生产者，城市设计在城市建设中扮演着许多重要角色。20世纪与21世纪之交，在公共和私人债务的推动下，长期的繁荣导致一些国家出现了爆发性的建设热潮。因此，早期对城市设计中成本效益的质疑被搁置一边（DoE/RICS，1996；Rowley，1998；Carmona et al.，2002）。这不是一个短暂的经济周期，因此必须通过空间和时间框架来管理这种繁荣。然而城市和区域规划师不再能够提供必要的技能，因为在20世纪60年代的最后一次大繁荣结束时，他们已经放弃了设计。与此同时，建筑师们对城市发展的社会和经济方面的兴趣有限。因此，城市设计在城市变化的关键时期填补了专业空白（Tibbalds，1988），成为空间改造和城市美化的工具。从更广泛的定义来看，城市设计应该负责总体规划的任务
25（Urban Task Force，1999），并协调开发的进程，在这之中还涉及大量其他的专业人员与机构。

协调生产过程的活动为不同角色之间的职责明确与合作提供了一个框架，并以此稳定了市场的状态。特别是在20世纪80年代放松管制之后，市场经历了一系列动荡时期，也因此需要一个能够为市场经营者提供一定程度稳定的框架。由于开发行业的长期投资，它们寻求一定程度的确定性来使风险最小化（Syms，2002）。开发行业还受益于城市设计对其产品的营销，因为设计被认为为其产品增加了一层质量及市场吸引力。设计是一种身份的标志，在一个富裕繁荣的社会中，设计的经济价值是深入人心的（Press et al.，2003）。而在一个复杂而拥挤的市场中，设计可以帮助开发商脱颖而出，并帮助消费者宣示或维护他们的社会地位。

对于城市环境的管理者来说，城市设计是规划的另一种形式，是规划之外的另一种管理城市转型的工具。在经济全球化中，地方政府表现得就像私营公司一样（Touraine，1995），与其他政府竞争，把他们的城市营销为吸引外来投资与旅游业的理想地点。这与战后一代的主要方式——公共部门直接投资不同，公共权力机构将自己的作用视为私人投资的促成者和促进者。通过设计重新塑造城市形象是他们营销城市并发掘经济竞争力的

工具之一（Ashworth et al.，1990；Smyth，1994）。

然而，设计不仅仅是图像创造，它还涉及空间转换。城市设计使得地方政府在塑造城市未来方面还保有一定的影响力，而非完全任由市场力量来决定。为地方制定的愿景和战略也因此通过城市设计实践转化为切实可行的改造方案。虽然从全面规划到战略规划的转变与城市发展市场化这一更广泛进程是一致的，但城市设计也使监管机构能够对这些变化的管理保持一定程度的控制。此外，城市设计还使监管机构能够围绕某一特定地点城市发展的具体过程，将各种利益攸关者和活动联系起来，以此帮助管理它们的辖区，尽管这比以前更具选择性和不均匀性。战略规划、区域再生、大型城市项目以及城市设计都是密切相关的，它们都是近几十年来占 26 主导地位的一种城市转型过程中的不同术语（图 2.4）。

第三类，也是最重要的相关群体，是*建筑环境的使用者*——为了生活、工作、教育、购物、娱乐等各种目的而使用城市空间的人。对于建

图 2.4 战略规划、区域再生、大型城市项目和城市设计都在主要城市改造项目中重叠（奥地利维也纳）

筑环境的生产者来说，交换价值往往是最重要的，而使用者则受到使用价值的驱动，虽然他们也可能在某个地方存在金钱利益。然而，使用者并不是一个同质的群体，每个人或群体在他们生命的不同时期将会有不同的身份、需求、愿望和限制。城市设计的关键作用是提高环境质量，从而提高人们的生活质量，这涉及城市设计如何发挥作用，涉及它在需要保障的那些相互交织的功能与表现价值方面给人什么样的感觉。根据 Vitruvius（1999）的观点，设计的作用还体现在一个地方建得有多好，有多坚固。

27   从基于汽车的设计向步行友好型设计的转变，从公共空间的营造和改善，残疾人和老年人的便利性的提升，到绿色空间和气候变化的预防措施的建立，这些都是城市设计对城市生活质量做出显著贡献的一些方式。此外，城市地区在视觉质量方面的提升使城市更具吸引力，有助于阻止城市的衰落。城市的人口在增长，在这个一直以来将城市与贫困和衰落关联在一起的社会中，居住在城市中已变得更加时尚。但与此同时，这些贡献也伴随着社会不平等的加剧、公共服务的下降、公共空间的私有化、债务驱动下的消费主义爆发、城市地区的绅士化以及建成空间的预期寿命缩短甚至用后即弃——所有这些都对于上述的改进提出了价值和公平分配方面的问题。我们将在后面的章节中更详细地讨论城市设计的这些用途以及围绕城市设计的争议。

环境分析：城市设计作为特定环境下的一种多维行动

对城市设计本质的探究将会提出以下问题：它是一种什么样的活动？我们如何解释并描述它的特征？它仅仅是一个美学方面的任务，还是一个功能上的操作，又或者它还包含其他方面？它是在真空中产生的还是在社会空间环境中发生的？分析城市设计的第五种方法是审视其与城市环境的关系。

一些作者将城市设计的时间追溯到美国 20 世纪 60 年代，然而城市设计并不是从那时才开始的。如果我们把城市设计看作人类定居点的设计，它肯定和人类定居点的历史一样古老。与普遍的想象相反，设计似乎被认为是一种高度主观性的表达，然而设计在现代早期却被认为是一种理性思维与行动的表现（Descartes，1968）。虽然中世纪的城市建设是通过渐进式的变化发生的，但设计一个完整的、令人向往的城市的想法是在文艺复兴时期兴起的，理想城市成为几个世纪以来城市设计的灵感，既可以用于创造全新的城市，也可以改善和装点现有的城市（Argan，1969；Rosenau，1974）。受机械钟发明的启发，现代思想家认为自然是一个综合的系统，具有不变的规律，在等待着被发现（Hollis，2002）。类似地，城市设计师和建设者希望创造完美有序的系统，其中所有部分之间都具有清晰且合乎逻辑的联系。设计被认为是实现这一目标的必要工具，它借鉴了数学的原理和方法，以及和谐美的理想，现在可以应用到人类的栖息地上——正如菲拉雷特（Filarete）和阿尔伯蒂（Alberti）在 15 世纪的论文中所反映的那样（Filarete，1965；Alberti，1988），而笛卡儿（Descartes）也将设计作为反映理性的主要例子（Descartes，1968：35），我们将在第三章中对他们进行进一步的探讨。

几个世纪以来，人们对突发变化和渐进变化的态度在谴责和赞赏的两极之间摇摆，正如 18 世纪和 19 世纪的理性主义者和浪漫主义者之间所表现的那样。到了 20 世纪初，对过去及其所累积的符号的不信任成为现代主义者的特征，他们受到现代汽车和引擎技术的影响，从工程师和数学家那里寻求灵感，现代主义者主张沿着理性主义和功能主义的路线重构城市。如果说文艺复兴后的城市像一个手工制作的钟表，则现代主义的城市现在看起来就像一个大规模生产出来的机器，这反映了它们不同的空间生产方法和审美（Madanipour，2007）。然而，这种科学和技术上的理性还不足以将街道和建筑的集合转化为一个有生命的城市。设计超越了秩序和乌托邦的概念。它还涉及提供一种人类定居点，使具有充分的多样性与自发性的人们都能过上充实的生活。正是在这样的地方，科学和技术的范式需要民主的范式与其相伴，在这民主范式中，当思考建设什么的时候，需要考虑为谁建设、如何建设以及会对社会与环境产生怎样的后果。

因此，设计是一个同时具备创造性、社会性和技术性的过程，旨在达成某些结果，满足表达和认可的需要，满足公平，并意识到设计可能对他人产生的影响（Madanipour，1997）。设计的理论理性需要与实践理性相伴（关于决定最好的行动路线）和成果理性相伴（关于如何最好地创造环境）(Madanipour, 2007)。然而，许多城市发展工作可能涉及在文化表达上的妥协，对社会和环境的要求只做口头上的承诺，或某种形式的推论和思考存在片面的偏好。

由于城市是人和物的集中地，城市的设计已经开始塑造物体的组织方式以及人类的安置方式。照此来说，城市的设计是一个强大的工具，可以通过空间转变来塑造社会关系。然而它并不能确定这些关系，那么认为物质环境可以决定社会行为的物质决定论就应当被避免。然而，正如战后的欧洲和美国，以及当前的印度和中国的城市化浪潮中城市更新的经验所显示的那样，城市地区的设计与开发会撕裂社会结构，使人们彼此分离，扰乱他们的生计，使他们的记忆和日常经历无处安放。通过提供新的生活与工作空间，设计与开发可以至少部分地改变人们的生活方式。因此，在这种程度上，设计与开发可以同时具有社会和空间上的效应。

通过深入城市环境，城市设计师可以意外地成为城市变化的关键角色，并发现自己面临着各种难以抗拒的、同时也是令人兴奋的挑战（Madanipour, 2003a）。城市是一种历史创造，也是一种人与物的集合，它们被编织在一起，形成了一张由意义、问题和承诺组成的网络。同时，城市也是经济活动的重要节点，是满足社会需求的聚会场所，是提供各种审美体验的环境。对城市的任何介入都牵扯到对多层意义的干涉，这可能会达到预期的效果，但也可能产生意外的结果。如果城市设计师要面对这一严峻的挑战，参与必然会带来一系列复杂问题的设计，他们该如何理解城市？

要理解所有这些复杂性，有必要了解城市中的设计是怎样在一系列参与者和若干构成城市环境的框架之间引导双方互动的（图2.5）。美学背景通常是由当代范式所设定的，设计师们倾向于在这种范式所生成的框架中工作，并对这个框架做出要么顺从、要么反抗的回应。主导一个时期的思想流派（如功能主义或后现代主义）框定了其他人的行为。除了这种文化和审美框架，物质和历史框架也在发挥作用，这是一种定义了一些限制和可能性的城市肌理，引发了许多感官上的反应，包括这个地方是如何呈现和被感受的，它是如何激活或阻碍特定的表现的，以及它是如何被记住、代表和象征的。城市肌理以一种特定的方式构成，具有独特的功能、意义

图 2.5 城市设计是对城市环境的干预，在改变这个环境的同时，也受其框架和条件的制约（西班牙巴塞罗那）

和价值，它还有一种与自然和社会节奏相对应的特定的变化节奏，如昼夜的时间，一周的天数，或一年的月份与季节。

城市设计是一种规范操作，其目的是根据特定的隐性和显性的假设生产特定的空间形态。它还是一种空间行为，因为它的目的是空间改造；然而，它的空间性不仅仅是处理物质环境，还涉及对场所的理解、使用和管理方式。这种空间性的内在是城市设计的社会与时间维度。

城市设计作为一种社会行为至少体现在三个方面：它发生在一个社会语境下，由许多人和组织承担，并具有某种社会目的。城市设计是在城市环境中进行的，在这里，土地已经被以各种方式利用，而个人与群体和他们所属区域及彼此相互之间都有着重要的关系。城市设计不是一种孤立的行为，而是一个交叉学科的过程，它包含与建成环境、政策制定者、投资者和当地社区打交道时，从业人员所具备的各种技能与兴趣。城市设计通常是一个旨在提高那些使用者相对较多的场所的质量的过程，因此它具备一定的社会影响与目标。根据马克斯·韦伯（1970：76-77）的理论，社会行动是"面向他人的过去、现在或预期的未来的行为"；它在"行为者的行为有目的地指向他人行为的情况下"得到了体现。调动多方利益相关者，并为人类住区空间的形态与组织结构提供解决方法，城市设计就是这样一种社会行动，体现了一种通过空间和制度安排来融入他人行为的行动。

31

　　城市设计也是一种时间性的行为，这一点至少体现在三个方面：城市设计是在一段周期内进行的；城市设计提出的方案往往需要在很长一段时间来执行；城市设计生产的场所将在更长的时间尺度中保留并发展。一个城市设计方案进行的不同阶段可能会很复杂，它们可能会持续数周、数月甚至数年，尤其是在旧的想法被重新激活并进行调整的情况下，实施的过程还需要更长的时间。由于城市设计牵扯到改造建成环境中的很大一部分，它的实施可能需要几年，甚至几十年才能完成。城市设计一旦完成，改变和适应的过程就会开始，因为城市肌理可以存在几个世纪，每一代都能找到新的用途和意义。城市设计的时间维度意味着它总是一个逐渐展开的过程，从关于一个地方的最初想法开始被讨论后会经历很长的时间。无论我们对一个地方的想法多么固定，在实践中它永远不会实现某个终极形态，因为城市生活及其结构是充满活力的、动态的且不断变化的。从这个意义上说，城市设计可以被认为是一个永不停歇的过程，一套想法和转变之后，另一套想法和转变往往紧随其后，处在一个不断重复的过程中。

诊断分析：城市设计与城市问题

　　分析城市设计的第六种方法是诊断。当我们试图阐明一个好的城市是什么样的以及我们应该如何设计它时，一种方法是寻找现有城市的问题，以及城市设计可以做些什么来解决这些问题。医学家使用这种方法来研究
32　疾病的案例，从而理解健康的身体是如何运作的，并开发出治疗的方法。正如神经学家安东尼奥·达马西奥（Damasio，2004：5）所指出的，"神经系统疾病提供了一个进入人类大脑和精神堡垒的特殊入口"。相比于从事物的外部进行调查，福柯（Foucault，1983：211）建议从事物的内部来分析："为了找出我们的社会所说的理智意味着什么，也许我们应该调查非理智领域正在发生的事情。"在社会和政治分析中，我们面临着复杂的现象，理解一个理想状态的途径可能也要经过对途中问题的分析。在处理城市问题时，去定义与健康的身体所对应的状态可能不容易，也不可取，因为太多这样的尝试导致了僵化的乌托邦主义；但是，找出问题及其潜在的解决

方案是可能的，也是必要的。

　　这就是勒·柯布西耶和其他现代主义者对待城市的方式。勒·柯布西耶（1978：v）在《走向新建筑》一书的开篇，就对他那个时代的城市状况发出了严厉的警告，当时的城市状况对于前几代人来说可能是一场噩梦："一个 18 世纪的人突然坠入我们的文明，很可能会产生一种类似于噩梦的印象。"城市设计的另一个主要趋势——田园城市的代表人物埃比尼泽·霍华德（Ebenezer Howard）也是如此，他坚持认为"人们继续涌入已经过于拥挤的城市是非常令人遗憾的"（Howard，1965：2-3）。城市设计的另一位早期代表人物卡米洛·西特（Sitte，1986）主张新传统主义、浪漫主义在中世纪城市设计上的回归（这一观点后来启发了后现代主义者），他也批评了他那个时代的城市中毫无意义的现代化以及审美品位的下降。这些观点在整个 20 世纪反复出现。例如，道萨迪亚斯（Constantinos Doxiadis）经常在他的书和报告的开头表达对城市问题的沮丧："我找不到比城市噩梦更好的方式来描述我们的城市。"（1963：19）在他的主要著作《人类聚居学介绍》（Ekistics）中，他断言"人类住区不再令其居民满意"，因为他们在经济、社会、政治、技术和美学方面都失败了（1968：5）。因此，这种激进的诊断是找到解决方案的先决条件，而解决方案往往以激进的治愈形式出现。

　　随着现代主义者对社会问题的激进解决方案的失败，我们似乎已经失去了这种诊断问题的能力，不再有对城市状况提出批判性评价的意愿。我们把城市视为理所当然，或者爱上城市。实际上，现在有一种对城市的狂热，许多书籍和电影都在赞美城市生活，广告和激动人心的图像吸引着年轻人来到大城市，而没有过多关注他们可能会面临的问题。这些人和物的大规模集中就像滚雪球一样不断增长，吸引着更多的人和活动，以至于现在世界上大多数人口都住在城市里——而城市注定会继续增长。过度的拥挤、情感疏离、交通堵塞、空气污染、贫穷、社会不平等和排外以及众多其他问题构成了 19 世纪和 20 世纪期间思考城市设计与规划的新思想的基础。为了应对新兴工业城市的恶劣条件，慈善家、乌托邦主义者、改革派和革命派都各自提出了另一种生活方式的想法。正是在这样的背景下，现代城市设计与规划的理念应运而生。但现在，大城市存在的生活问题似乎

33

被认为是理所当然的。我们没有听到改革派和革命派设计师就概述城市问题并提出新的解决办法发出关切的声音；相反，我们听到的是理论化的抽象声音，大公司的戏谑般的美学，以及那些引诱城市人口沉溺于自由消费的永远拥挤、浮华的场所。

但今天的城市问题是什么？所有城市地区都在不同程度上受到社会不平等加剧和环境恶化的影响（图 2.6）。此外，城市扩张、交通拥堵、地价高涨、公共服务的压力、住房的供给率和可负担性、公园和绿地的短缺以及城市地区的生活质量等历史问题仍然伴随着我们，并因全球城市的空前增长和全球经济危机的冲击而加剧（Madanipour et al., 2014）。这种浮躁不安的增长的另一面是农村的衰落和小城镇及其周边地区的萎缩，这些地区的人口和营生机会都输给了不断增长的巨人，同时还因其边缘化而受到指责。而越来越重要的是城市对地球气候具有不可否认的影响，这威胁着子孙后代和其他生物的生命。尽管环境的紧迫性和气候变化的挑战使城市生活问题成为关注的重点，但许多城市设计师似乎仍沉浸在幸福中而没有意识到这些危险。他们把大量精力花在美化城市的场景上，好像社会和环境问题不存在似的。这种态度本身就是城市中日益加剧的社会分化的表征，在这种分化中，人们关注的焦点往往会根据发挥作用的社会力量的不同而分异。

34

图 2.6　由于大多数人生活在城市中，社会和环境问题主要是城市问题（希腊雅典）

需要回答的问题是：城市设计师和规划师能够做什么，应该做什么？他们难道不是那种为客户服务、受合同约束、担心其他从业人员竞争的专家吗？如果他们坚持某些特定的想法，他们的客户可能会选择另一位设计师，把他们晾在一边。此外，难道他们不应该是那种政治技术员，对他们来说最好把政治和社会问题留给专家来解决？难道他们仅仅是能够解决空间问题的几何学家以及能够美化地方的美学家吗？即使他们确实想为这些问题做些什么，城市设计是否具备能够解决这些问题的水平？考虑到这些社会与环境问题的规模及全球性的范围，城市设计师有解决这些问题的空间吗？城市设计师不再能像他们的现代主义前辈们所宣称的那样成为社会工程师了，他们的一些工作不仅没有解决旧问题，还产生了新的问题。西方制造业的崩溃和东方社会主义乌托邦的消失，带走了激励前几代人的希望。

这些问题的答案可以在两个概念中找到：城市设计的专业本质和社会特性。专业人士往往受到一种行为准则的约束，这种行为准则超越了简单的雇佣关系，期望他们为社会服务，而不是仅仅成为"主人的奴隶"或一心一意地追求经济回报。在这一层面上，社会和环境因素构成了建成环境从业人员的知识与技能的一部分，这是不能也不应该避免的。第二个概念涉及城市设计的社会性，因为这不是单一个体的艺术表达，也不是单一投资者的个人利益。城市设计创造了城市的一部分，在设计和开发过程中调动了许多人的技能与资源，影响了城市中许多人的生活。因此它不能是一个没有社会考虑的私人计划，不能是为少数人的利益创造的专属的飞地；如果这样做，它将仅仅催生空间的碎片，而无法创造城市。城市及其部分应建设得适合人类居住，让尽可能多的人可以进入，并在其构成及发展方面具有包容性。城市设计师比其他许多人更具有这些双重作用，他们为解决问题作出贡献，而不是增加新的问题。下面的章节将讨论城市设计在处理这些问题时所面临的挑战。

结语

城市设计是一种社会-空间进程，是对城市环境的干预，是建成环境营造的组成部分，它在空间的生产、管理和使用中发挥着重要作用。在当前的情况下，城市设计的出现填补了建筑学、城市规划和景观设计之间的专业空白，并在不断变化的劳动分工中囊括了许多与这些学科和专业重叠的部分。城市设计师参与研究与评估、策略与方案（使用一系列工具和方法），以及实施和管理当中。设计师不仅通过加强他们的视觉技能来发展并交流空间概念，他们也依靠语言交流的形式来传递他们的想法。城市设计是塑造和管理城市环境的交叉学科活动。它利用的是：社会、技术及表达的力量；理论、实践和生产的理性；视觉与语言的沟通方式；并关注所有尺度下城市空间转型的过程与结果（Madanipour，1996；2007）。然而城市变革的挑战令人生畏，并且需要适当地应对，我们将在接下来的章节中看到这一点。

第三章　寻找秩序井然的城市

本章介绍了城市设计的四个历史时期，力图在城市空间碎片之间建
立联系，希望创造一个显性的空间秩序。尽管从文艺复兴开始并一直延续
到我们这个时代的四个时期有着巨大差异和重大历史变化，但我们仍可以
发现一些相似和连续性的线索。第一个时期发生在中世纪都市主义的背景
下。中世纪之后的世界认为这一时期是混乱且非理性的，而文艺复兴和巴
洛克思想正是对这一背景的回应，试图引入和谐与秩序。第二个时期连接
了第一个时期和第三个时期，是对维多利亚都市主义背景下自由放任的经
济和新兴的工业组织的早期回应，为此发展出了一系列空间改革。第三个
时期是在20世纪逐渐展开的现代主义规划与设计，它对工业城市提出了
更激进和全面的回应，倡导功能主义秩序和流动性。这三个时期是正在进
行中的第四个时期的历史前身，这将在第四章至第九章中广泛介绍。最后
一个时期发生在全球都市主义的背景下，其重新拥抱市场范式，并伴随着
巨量的人口、商品及服务流动。当前的城市设计与规划理念正是作为对上
述特征的一种回应而发展起来的。

每一个时期都伴随着技术范式的变化，这些技术范式以象征的方式
被用来重新想象和重塑城市：从手工制作的机械时钟，到大规模生产的机
器，再到看不见但无处不在的数字网络。每一时期都产生了一种新的将几
何想象成空间秩序表达的方式，并试图通过建立一种新秩序来回应现有城
市的明显混乱，尽管这些秩序本身对其有意或无意的后果的批判性质疑
开放态度（Madanipour，2007）。

第一个时期：建立中世纪城市的秩序

现代世界的故事往往是在否定中世纪世界的基础上讲述的，中世纪被视为一段无知、迷信和混乱的黑暗时期。从文艺复兴开始，一直持续到19世纪，城市在一种新的乐观主义精神和对人类理解和塑造世界能力的信念中开始转变。对于出现在中世纪末期的人文主义者来说，超自然的原因已经不足以解释自然的运行方式。重心已经从形而上学转移到人类资源，从神圣的经文和古代大师转移到探索和调查。对他们来说，大自然是一个综合的系统，具有一种完整的因果秩序，需要科学来发现。中世纪的宇宙论认为，超自然力量以神秘的方式统治着世界，而到了文艺复兴时期，这种宇宙论让位给了以人为中心的世界。在这个新世界中，知识的重点从"世界为什么存在"转移到了"它是如何运转的"（Hollis，2002：29）；行动的基础也从信仰转变为计划（Solomon，1988：10）。当科学在寻找一个有序的宇宙的潜在原因并发现其隐藏的秘密时，城市也在改变以反映这种秩序，并希望创造出秩序井然的社会。

最能代表这一时期技术发展的是机械钟。发明于14世纪的这些钟表改变了人们对时间的想象和测量方式，时间从一种基于自然的现象变成了另一种基于人造的"设备"（Aveni，2000）。在这项发明启发下，后人将宇宙想象成一个机械钟；在那里，一切都在其恰当的位置上，并无止境地重复着有序的事件。根据17世纪流行的比喻，时钟的表面就像世界的外观，而外观的背后则是飞轮与弹簧所构成的深层秩序（Hollis，2002：26-27）。

城市，是这个宇宙论的具象化模型，也是依照机械钟的意象被塑造的。上帝是一个钟表匠，城市的设计者也是。他以一种美丽而有序的方式连接着所有的部件，这样世界才能正常运转。在发条宇宙中，以人为本的世界的想法在城市设计中表现为以下几个特征：乌托邦式的思维；一种城市的统一概念；表现出设计的理性特征；由单一的城市设计师设计；以人体为基础；中央的规划；数学的使用；和谐与连通性。

一个城市不再是一个迷宫，在其中可以进行一些微小的干预；它现在可以被看作是一个单一的整体，所有的细节都可以预先考虑——这样就有可能设计一个全新的城市。菲拉雷特和托马斯·莫尔那样的乌托邦变成了对现有缺点的回应，以及一种阐明潜在替代方案的方式（More，1964；Filarete，1965）。始于文艺复兴时期的理想城市的传统为 19 世纪的社会运动及 20 世纪的城市规划与设计奠定了基础，所有这些都象征着一种对于可能的改善与改造的坚定信念，以及对于人类实现这些目标的能力的一种信念（Argan，1969；Rosenau，1974；Goodwin，1978）。

人文主义时代把人体作为宇宙的缩影，作为所有功能和美的概念的衡量标准。莱昂·巴蒂斯塔·阿尔伯蒂（Leon Battista Alberti）被称为"文艺复兴时期城市规划的第一个理论家"（Zucker，引用自 A. Morris，1994：170），他将建筑和城市比作人体。在他 1452 年的论文中，他主张建筑和城市的各个部分之间的和谐，就像身体的不同部分之间的和谐一样，从而避免让人不舒服的"不协调与差异"（Alberti，1988）。佛罗伦萨建筑师菲拉雷特也将人体作为完美几何形式的基础，这反过来也成为他设计理想城市斯福尔辛达（Sforzinda）的基础（Filarete，1965）。

为了应对中世纪城市建筑物的增加和脱节、无序的积累，和谐成为文艺复兴时期城市设计的首要考虑因素。和谐是通过引入拱廊来实现的，拱廊将不同的建筑连接起来，创造空间上的统一，佛罗伦萨的安农齐阿塔广场（Annunziata）可能是这一手段的第一个典范。同时，和谐也是通过系统的立面处理和单一建筑服从于街道和广场的整体特征来实现的。而数学的应用则是帮助创造视觉和空间和谐的工具——使用完美的几何形式，并注重比例和远景。

1464 年，菲拉雷特基于中央规划设计了完整的理想城市斯福尔辛达（Sforzinda）（Filarete，1965）。中央规划是一种复兴的罗马思想，在这种思想中，建筑物和城市有一个中心性的空间焦点（Pevsner，1963：185）。在斯福尔辛达，主要的政治、宗教和经济机构占据了市中心，并通过放射状道路与大门相连。透视法在 1425 年刚刚被发现，它强调了中心构图的可能性，提供了一个描绘世界的消失点，一个人体所站的点。佩夫斯纳（Pevsner，1963：182）认为，中央规划是理解文艺复兴和巴洛克建筑的关键，它是将人类观众置于建筑和城市中心的"一种世俗的概念"。阿尔伯蒂在罗马设计了一条从圣彼得教堂到圣安吉洛城堡的新街道，这是这一概念最早的城市设计实例之一，他在圣彼得教堂前三条宽阔大道的交汇处，放置了一座巨大的方尖碑（A.Morris，1994：169）。中央规划的一个变革性的例子是将纪念性雕塑放置在公共空间的中心，这是由米开朗基罗在卡比托利欧广场（Campidoglio）引入的，它改变了以前将雕塑放置在建筑物旁边，并将中心开放给各种活动的做法（Sitte，1986；A.Morris，1994：183-184）。空间的中心在那时被权力和秩序的象征永久占据（图3.1）。

单一权力来源这一思想与城市创造和管理的理性主义方法密切一致，与绝对君权制和现代民族国家的兴起相对应。马基亚维利（Machiavelli）倡导法律与政治设计的单一来源，以实现一个秩序良好的社会。正如他在15世纪末写的那样，一个共和国或一个王国无法很好地组织起来，无论是从一开始还是经过后来的转型，"除非由一个人组织起来"（Skinner，1981：63）。一个多世纪后，笛卡儿似乎也在他的理性主义哲学中重申了这一观点。他认为，由一位大师创作的作品，比那些由大量基于习俗与实例的片

图3.1　在卡比托利欧广场，米开朗基罗在公共空间的中心放置了一座纪念碑，改变了这个地方的特征和城市中权力和秩序的代表（意大利罗马）

段组成的作品要好，就像中世纪城市的情况一样：

> 因此，人们可以看到，由一个建筑师承担和完成的建筑物通常比那些由几个建筑师试图利用原本为其他目的而建的旧墙拼凑起来的建筑更美丽、更有序。所以，这些最初只是村庄的古老城市，经过时间的推移，变成了大城镇，但与工程师在平原上根据他们的意志设计的那些有序的城镇相比，这些老城往往比例很差，因此，尽管这些建筑分开来看，往往和规划过的城镇一样富有艺术感，甚至更具艺术感，但当审视这些建筑是如何摆放的——这里一座大的，那里一座小的，以及它们怎样使街道弯曲且高低不一——给人的印象是，它们更多是偶然的产物，而不是按照人类理性意志所营造的产物。（Descartes，1968：35）

设计越来越具有科学属性，从工匠的试错过程转变为对数学的合理运用，以达到理想与和谐的结果。数学是科学表达世界基本秩序的语言；这也是城市的设计者用来创造一个同时具有理想比例和相互联系的新城市秩序的语言。一系列的空间连接，将不断发展的城市的不同部分串联在一起，创造了一个综合的空间，其秩序以线、点、面的几何形式表达，在城市空间中具象化为节点、轴和网格（Madanipour，2007）。

在通过拱廊连接建筑的尝试性措施，以及通过引入和改进广场作为新的城市节点之后，完整的交通网被建立了起来，统一了城市的空间，并将其雕琢成了一件艺术作品。拱廊街道与广场，以及雕像、方尖碑和喷泉这样的固定节点，管理了远景并帮助创造了清晰的秩序和连贯的城市空间。这座城市被设想成一个单一的组织结构，而不是一个完全不同的碎片的集合。一个早期的例子是教皇西斯笃五世对罗马的改造，他的目标是通过一系列相互连接的轴线连接城市的七座朝圣教堂。丘陵被夷为平地，山谷被填满，形成直线和平缓的斜坡，主要的十字路口有方尖碑，所有这些都简化了在城市中的导航与移动（Morris，1994：179）。这是一次统一城市空间的尝试。

巴洛克式的城市设计与文艺复兴时期的都市主义有许多相似之处，尽管现在已经融入了某种程度的感官享受、方向感和运动感。文艺复兴时期的城市传达的是"有限的静止空间"，而巴洛克时期的城市则使用宏大的尺度和开阔的视野来创造"无限空间的幻象"（Morris，1994：160），这与政治权力的日益集中是一致的。巴洛克设计复兴了哥特式建筑的一些情感层面的内容，这与天主教反宗教改革的美学特征相一致。它运用了丰富的装饰、视觉上的错觉、弯曲的立面、椭圆形的平面、连贯的构图以及城市空间的运动，这种运动是由街道和广场相互连接而成的网络所促成的（Pevsner，1963：238）。它改变了街道与广场的关系，使广场成为纪念性街道的交叉点，强调了城市空间的戏剧性和纪念性（A.Morris，1994：192）。

在接下来的 3 个世纪里，始于 15 世纪和 16 世纪的意大利城市的创新逐渐扩散到其他城市。从让-巴蒂斯特·科尔伯特（Jean-Baptiste Colbert）梦想巴黎成为"新罗马"（Trout，1996：168）和路易·拿破仑（Louis Napoleon）对"大理石之城"的渴望（Horne，2002：265），到克里斯托弗·雷恩（Christopher Wren）对伦敦的计划（Downes，1988：51）和郎方（L'Enfant）对华盛顿特区的计划，所有这些作品的主要灵感都来自古罗马城。新的城市节点和轴线被创造出来，以整合城市的不同部分。古罗马人曾用点和轴来创造壮观的景象和自在的运动，这些想法被用来重塑16 世纪的罗马、17 世纪和 19 世纪的巴黎，以及 18 世纪末的爱丁堡和华盛顿特区，而以同样的方式重塑 17 世纪的伦敦的努力却以失败告终。

43

安德烈·勒·诺特尔（Andre Le Notre）的香榭丽舍大街为巴黎提供了支柱和方向感。在世界各地的欧洲殖民地，建立新城镇的想法蓬勃发展，它们借鉴了古罗马以广场为中心的网格状街道网络的概念。爱丁堡新城设计于 18 世纪，与中世纪的老城不同，它运用了文艺复兴后发展或发现的许多城市设计原则，旨在创造一种完整和谐的城市空间，是启蒙时代的典范（图 3.2）。在 1752 年的一本小册子中，爱丁堡市议会（Edinburgh Town Council）回应了今天的城市再生提案，提出城市扩张是改善苏格兰首都条件的一种方式，以达到伦敦所拥有的一些优势，同时通过吸引更多的"有用的人"、更高的租金和公共收入来刺激繁荣（Reed，1982：117）。爱丁堡新城是围绕三条平行的宽阔街道组织的，其中包括一条中轴线——乔治街，它连接着圣安德鲁和圣乔治两个根据一系列规则建造的广场，以确保建筑的一致性，并实现连贯与一致的目标。

44

图 3.2　爱丁堡新城与中世纪的老城不同，它运用了文艺复兴后发展或发现的许多城市设计原则，是启蒙时代的典范

第二个时期：建立革命主义下的城市秩序

19 世纪的工业革命及文化科学范式的转变，中断了把世界想象成一个机械钟形式的和谐实体的设想。随着工业时代的城市扩张，渐进式的、脱节无序的城市发展模式再次回归。理性秩序的观念受到了浪漫主义者和革命者的挑战，他们倾向于个人的表达和解放，而不是固定和必然的路径。固定秩序的概念也受到了科学新发现的挑战。新发现表明，世界可以朝着任何方向发展，而不需要预先设定任何特定的秩序。尤其是达尔文的进化论展示了世界无限变化的可能性，而后来爱因斯坦（Einstein）的相对论也挑战了牛顿关于宇宙基于机械秩序的观点。此外，交通和通信方面的技术发现（如铁路和电报）也促进了城市地区的迅速扩张，使城市地区成为充满活力，但也充满混乱的地方。

19 世纪出现的新背景是工业化和快速城市化。在一个世纪内，伦敦的人口从 100 万增长到 650 万，英格兰和威尔士的其他 23 个城市的人口增长到超过 10 万（Briggs，1968；Hall，1975）。19 世纪的伦敦是科学和工程领域重大成就的中心。这里有对新制度和社会运动的试验；而它的建筑和城市设计形成了一种历史风格之间相互争斗的场景。工业化和帝国主义扩张在英国城市积累了大量财富，但同时也将工人集中在贫穷的社区，使城市成为极度不平等的场所，以至于迪斯雷利（Disraeli）宣称现在有"两个国家"居住在同一个小岛上（Briggs，1968：17）。埃比尼泽·霍华德（Ebenezer Howard）写道："宏伟的建筑物和可怕的贫民窟，是现代城市奇怪而又相辅相成的特征。"（Howard，1965：47）新建造的住宅区是投机性且低质量的，通常是劣质材料在不安全的地基上的堆砌，缺乏给排水设施（Gibson et al.，1982：40）。那时的城市已经成为"过度拥挤、贫困、犯罪、疾病、不卫生和潜在革命的地方"（Thomas et al.，1973：6）。在工业城市，增长是一把双刃剑，一方面带来经济的活力与繁荣，另一方面带来许多社会问题。1945年的《曼彻斯特计划》（*The Manchester Plan*）描述了这座城市爆发式而不稳定的发展情况：

> 总而言之，19世纪上半叶的曼彻斯特处于一个前所未有的变革时代，在新工业力量带来的好处下，也充满了无情的、不受控制的力量和冲突，充斥着粗俗的物质主义和盲目的、非理性的冲突。曼彻斯特迅速从一个文雅而繁荣的省级城镇转变为恐怖的新工业主义的典型。它以牺牲美丽、健康和秩序为代价，换取在世界上占有重要地位。本应给人类带来美好希望的新机械时代开启得非常糟糕，它为少数人提供了奢侈，却给大多数人带来了痛苦。（Nicholas，1945：12）

随着革命在欧洲的蔓延，城市令人恐惧——尽管它们也受到赞赏（图3.3）。1858年，曼彻斯特被描述为"文明的象征、改进的先锋、进步的伟大化身"（Briggs，1968：88）。1877年，一位纽卡斯尔（Newcastle）的政治家写道："把人聚集成人群有一些缺点，然而，公民的集中，就像士兵的集中一样，是力量的源泉。"查尔斯·狄更斯（Charles Dickens）对这个时代的这种两面性进行了生动的描述，他提到了18世纪末，同时也描述了19世纪中期："这是最好的时代，也是最坏的时代……这是希望的春天，也是绝望的冬天……就像迄今为止的当前时代一样。"（Dickens，2003：17）

工业资本主义的一个主要特点是资源集中在少数人手中，这就造成了社会的内在矛盾。人口和物质资源前所未有地不平等地集中在城市地区，

图3.3 工业化改变了城市的社会和空间构成（英国纽卡斯尔）

这种状况形成的综合效应创造了一种一触即发的状态，偶尔会以革命及社会运动的形式爆发（Briggs，1968；Wilson，2002）。一方面，财富的集中和新技术的发展使城市成为创新、权力和骄傲的中心；另一方面，很大一部分人口的生活条件将城市拖到了动荡的边缘。这些新的状况催生了社会和空间中紧张与脱节的种子，这种情况一直持续到今天。为了应对这种快速的城市增长和由此引发的革命热情，涌现出了一系列城市发展的方法，从镇压和拆除到改革和转型，再到从城市撤离。

　　相比之下，革命和乌托邦运动的目标是通过彻底改写社会运行方式来克服这些脱节，寻找可以创建一个新社会的协议。法国大革命带来的激进变革试图创造一个国家性的市场和国家空间的统一，这些原则后来被用来改造城市空间。与此同时，一些革命性的变化更多的是在废除旧秩序，而不是创建新秩序。然而它们启发了许多社会和空间变化的未来场景，这些场景在20世纪被规划并在一定程度上得到了实施。

　　对待社会动荡的社会和政治反应可能是专制的，试图压制频繁出现的革命浪潮。在巴黎，豪斯曼男爵（Baron Haussmann）和拿破仑三世（Napoleon Ⅲ）的主要城市改造项目是在中世纪革命之后进行的，特别关注叛乱的热点地区。卫生和美学是重要的考虑因素，早期发展的几何语言与和谐的思想被大量用于林荫大道、环岛和广场的建设（图3.4）。然而，

图 3.4　由宽阔的街道和林荫大道网络重组并统一的城市空间（法国巴黎）

在一个以一系列革命运动为标志的城市，安全和秩序在处理城市空间的方式中是最重要的，这一点从豪斯曼的回忆录中可以明显看出：

> 我们把旧巴黎的腹地，充满暴动和堆满路障的社区撕开，在几乎无法穿透的迷宫似的巷子里，一点一点地开辟出一个大口子，置入了几处交叉路口，而我们的工作就是以这些路口的持续延伸为终点。图尔比哥街的完工最终帮助我们把特兰斯诺南街（1832 年那场难忘的大屠杀的发生地）从巴黎地图上抹掉了。（Horne，2002：267）

48

这种回应也可以是改革派的，寻求一系列的相互关联的实践，目的是在一个不平等和碎片化的社会中引入一定程度的社会凝聚力。工会将工人团结在一起，要求改善工作条件，而宗教运动则试图使无名的城市人群流入宗教社区。新的世俗公共机构，如剧院、学校、图书馆和公园，为社会化和建立密切关系提供了交流平台（Briggs，1968；Wilson，2002）。大多数城市人口的发源地——小城镇和村庄曾为他们提供了社会和心理的纽带，而现在这种纽带被完全打破了，并提供了新的自由与新的弱点（Tonnies，1957）。现在的压力在于建立社会和空间的桥梁，从而将不断增长但分散的城市人口重新整合成一个有凝聚力的社会。

在维也纳，内城和郊区被防御墙和大片开阔地带隔开，这片地带被用来抵御 1848 年的革命者（Schorske，1981）。1860 年，自由主义者控制了政府，他们利用可获得的空间创建了环城大道，将专制政权转变为君主立宪政体（图 3.5）。正如它的名字所暗示的那样，环城大道是一圈树木环绕的街道，有着巴洛克式的秩序感，连接着一系列建筑风格各异的宏伟建筑，这些建筑容纳着新的世俗公共机构，如议会、图书馆、剧院、大学和市议会。巨大的开放空间和巨大的建筑规模被用来创造一种纪念性的感觉。维也纳是崛起的资产阶级对城市转型的另一种表现形式，环城大道成为"一个社会阶层价值观的视觉表达"（Schorshe，1981：25），是一种文化自我投射的驱动，而非出于实用性。

巴黎的林荫大道和维也纳的环城大道重构并统一了城市空间，试图将这些不断增长的城市的破碎部分从外观和实践上整合成一个单一的整体。一排排的树木和同质化的立面创造了一种美学上的统一感，在这种统一感

图 3.5　环城大道建造在广阔的开放空间上，将城市中心与周边分隔开来（奥地利维也纳）

之下，现实是多样的，繁杂的，越来越浮躁的。在实践中，在城市中移动变得更加容易，同时为市民提供了社会联系的可能性，也为国家提供了军事部署和政治控制的可能性。随着铁路的出现，这些城市可以更好地连接其他城市和农村。因此，城市内部和城市之间的流动性成为城市转型的引擎。

在 19 世纪后期的维也纳，两个人重新提出了城市设计的主题，这一主题以现代主义和后现代主义之间的争论主导了接下来的一个世纪。奥托·瓦格纳（Otto Wagner）是一位成功的建筑师，他被赋予了设计和建造城市铁路系统的任务，设计了 30 多个车站，以及高架桥、隧道和桥梁。他批判了那个时代特有的历史主义和折中主义，主张在城市设计中使用实用主义、技术和流动性。一个好的解决方案的先决条件是"艺术和目标的和谐"，这意味着城市的形象必须适应现代条件，而不是相反（Schorske，1981：79，96）。他把老城留给了历史学家，而把注意力集中在位于外围的城市未来上。1911 年，他为城市的未来扩张设计了模块化结构和网格状的街道。

另一方面，来自传统手工艺背景的卡米洛·西特（Camillo Sitte），主张浪漫地回归过去。西特（1986）反对环城大道的无地方性和脱节感，他参考了中世纪城市设计的经验和教训，主张建立一个更连贯的城市空间。他并不反对在建筑中使用历史风格，但他希望看到这种历史风格也能扩展到城市空间，借鉴古老的集市、公共集会场所和中世纪的广场。对他来说，他的任务是恢复过去的社群主义城市；这个想法可以通过强调城市广场来实现。因此，他对环城大道开发的广阔空间，以及利用城市广场作为交通环岛而非城市生活中心的现代性态度持批判看法。

瓦格纳和西特之间的斗争是关于展望未来和回溯过去之间的斗争，是时间与空间、变化与根植、功能主义与唯美主义、理性主义与浪漫主义、静止与运动之间的紧张关系——所有这些都局部地映射在街道与广场的不同特征上。休斯克（Schorske，1981：100）写道："保守的西特害怕时间的运作，将自身对城市的希望寄托在被包围的空间中，寄托在人类与社交的广场范围中。"相比之下，对于理性主义下的功能主义者瓦格纳来说，城市必须服从于时间的法令。在他看来，广场从本质上来看太静止了，无法指明方向和定位；因此，"街道是国王，是人类活动的动脉"（Schorske，1981：100）。这是文艺复兴时期的空间平静和巴洛克式的空间活力之间矛盾的重复。这也是对现代城市在社会与空间中造成的脱节的诊断，以及对这些脱节所采取的不同方法的一次预演。对与过去的脱节是应该鼓励还是担忧？流动性是否足以克服大型现代城市的空间脱节？对节点和休憩场所的创造是否足以克服现代城市的碎片化与异化？瓦格纳和西特对这些问题给出的截然不同的答案，将在一个世纪后的现代主义与后现代主义之争中再次出现。

巴黎和维也纳的城市设计对 19 世纪城市问题的回答仍然借鉴了从 16 世纪的罗马到 17 世纪的阿姆斯特丹等更早几个世纪发展起来的解决方案。巴黎和维也纳的转型是城市现代主义诞生过程的组成部分，尽管它们仍然遵循前工业时代的美学。正如一位观察者在 1836 年所写的那样，"19 世纪的天才们无法独自前进……这个世纪没有决定性的色彩"（Förster，引自 Schorske，1981：36）。这就是为什么这个世纪的新制度与新空间需要通过对过去的模仿来表现："在奥地利及其他地方，胜利的中产阶级对自己在法律和科学方面相对于过去的独立性感到非常自信。但是每当这个世纪试图在建筑中表达价值时，它就退回到历史中去了。"（Schorske，同上）因此，直到 20 世纪才发明了一种新的表达语言。这些早期的回应利用了新的建筑技术，但正是大规模生产技术的使用和汽车的发明才催生了 20 世纪的回应，也正因如此，现代主义才得以成型。

第三个时期：建立现代大都市的秩序

第三阶段以对现代工业大都市密集的集聚过程的回应为标志，这在第二阶段就已经开始发展，但需要一定的时间来以一种新的空间语言进行表达。19 世纪的城市环境融合了集中与碎化、富裕与贫困、科学进步与社会动荡。对这一背景的空间回应体现在以下三个方面：改进、放弃和替代——它们创造了三种塑造了 20 世纪的都市主义的形式，并一直影响着今天的城市形态（Madanipour，1996；2007）。大都市都市主义旨在改善城市条件，即便是通过激进的转型；反都市主义放弃了城市，转向了郊区和农村；而微型都市主义旨在创建一些小城镇，作为大城市与郊区化的替代方案。

大都市都市主义：改进

大都市都市主义把注意力集中在城市上，承认城市是经济和社会生活的中心，现在需要通过工业技术和理性主义下的重构加以改进。大都市都市主义的主要形式是由现代主义运动发展起来的，但它的宿敌后现代主义都市主义也赞同城市改进，不过是从相反的角度。

现代主义者开始寻找社会问题的建筑学答案，但在某种程度上，今天看起来，最好的是天真的乐观主义，最坏的是物质决定论。正如勒·柯布西耶（1978：14）所写，"这是一个建筑问题，存在于当今社会动荡的根源：建筑或者革命"。现代主义城市设计为 20 世纪城市的创造与转型提供了最具影响力的一套理念。它的主要思想是在城市规划宪章中制定的，更广为人知的是《雅典宪章》，由一群建筑师和城市规划师在 1933 年制定，他们组成了国际现代建筑协会（CIAM）。他们的出发点是诊断城市出现了什么问题，而"机器时代的失控和无序发展"被认为是所有城市问题的根源（Sert，1944：244）。该组织的关键人物勒·柯布西耶在他 1924 年的《明日之城》（*The City of Tomorrow*）一书中写道，在城市中，"到处都是秩序的缺失……这令我们不悦；它们的堕落伤害了我们的自尊，羞辱了我们的尊严"（Corbusier，1987：1）。他的结论是明确的："它们配不上这个时代；它们不再配得上我们。"（Corbusier，1987：1）现代主义的解决方案旨在通过对我们所继承的城市进行激进的转型并与过去彻底决裂，从而在理性主义、功能主义、流动性和现代技术的帮助下重新组织城市，从而为这种无序状态赋予秩序。像笛卡儿一样，现代主义者看不起过去的城市，他们依靠理性主义来重塑城市；他们直接继承了早期对秩序的呼吁，通过用工业技术和生产能力武装自己，来在短时间内改变整个城市。柯布西耶在"三百万居民之城"的设计方案中寻求"从长久而可鄙的被过去奴役中获得自由"（Corbusier，1987：97），并承诺要走现代主义者"理性思考的坚定道路"（Corbusier，1987：xxv）。

现代主义思想批评维多利亚时代的城市过于拥挤，"缺乏便利设施，自然环境严重退化，没有能力去规划和构思整个城市"（Briggs，1968：17）。作为回应，《雅典宪章》将城市及其腹地视为一个整体，作为一个一体化的区域："每个城市都构成其发展所依赖的地理、经济、社会、文化和政治单元（区域）的一部分"（Sert，1944：244）。无论在研究上还是在行动上，把城乡分开已经不可能也不可取了。此外，这些区域的地理、经济、社会和政治层面都是相互依存的，并不断受到波动的影响。因此《雅典宪章》的起草者们提出了一个根据功能全面改组城市区域的方案。四种功能被确定为"现代城市规划问题研究的基本分类"：居住、工作、游憩和交通 53（Sert，1944：245）。

居住是城市的主要功能，但现有住宅的位置很差，要么是市中心的高密度和过度拥挤，要么是外围的低密度和混乱。《雅典宪章》建议，最好的土地应分配给居民区；应将密度限制分配到不同地区；要用现代建筑技术建造高层公寓楼；建筑物应该保证阳光照射的最少时间；它们也不应建在交通要道旁，以避免接触噪声和污染（Sert，1944：246）。在游憩方面，主要问题是缺乏开放空间，这些空间数量不足，位置不好，交通不便，且受到城市发展的威胁。解决方案是拆除贫民窟和高密度地区的其他建筑，以提供开放空间，并保护周边的现有空地。同样，工作空间在城市中被错误地安置，导致交通高峰期与远距离通勤。解决的办法是根据行业的特点和需求进行分类，并将其分配到一些特定区域，从而使其与住房的距离最小化，同时通过绿化带和缓冲地带将其与居住区分开。由于过去创建的过时的街道系统已经不能满足"现代车辆（小汽车、公共汽车、卡车）或现代交通量的要求"（Sert，1944：248），交通运输受到了交通拥堵的困扰。现有的解决方案（如拓宽街道或限制交通）都是无效的，因此必须在一个新的以机动车为基础的街道系统中寻找答案，该系统将根据机动车的类型和使用量进行分类（图3.6）。

现代主义城市设计师使混乱的城市恢复秩序的方法是借助工业技术对空间进行功能重组。功能主义的空间重组旨在使空间劳动分工合理化，它本身是工业生产方法中更广泛的劳动分工的一种表现，我们将在接下来的章节中进一步探讨。与此同时，工业技术涉及建筑技术和交通技术，前者使高层建筑成为可能，后者使在城市中的移动更容易、更快速。从美国和

图 3.6　现代主义下的未来景象融合了高层住宅、开放空间和多层级的道路（巴西巴西利亚）

欧洲城市早期的发展可以明显看出，这些工具并不局限于一小群现代主义建筑师；然而，现代主义者利用这些工具为城市问题制定了一套系统的解决方案。

54　正如勒·柯布西耶（1978：19）所主张的，风格和装饰不再相关，因为工程师们使用的是具有普遍吸引力的简单的基本形式，如立方体、圆锥体、球体、圆柱体或棱锥体，证明了功能和数学计算的首要地位。就像文艺复兴时期的建筑一样，它被认为是"应用数学"（Wittkower，1971：69），现代主义形式的灵感也来自几何。对现代主义者来说，就像在他们之前的文艺复兴时期的设计师们一样，数学提供了秩序与和谐："因为所有这些东西——轴、圆、直角——都是几何的真理，并给出我们的眼睛可以测量并识别的结果；否则就只剩下偶然、不规则和反复无常了。"（Corbusier，1978：68）因此几何学是人类的语言；它是"我们自己创造的方法，我们借此感知外部世界并表达我们内心的世界"（Corbusier，1978：68；1987：xxi）。它象征着文明，正如"人走直线是因为他有一个目标，知道他要去哪里",反之则是"蜿蜒前行的驮驴"(Corbusier, 1987：5)。勒·柯布西耶欣赏现代美国城市,它们"生活在直线上",适合公共汽车、有轨电车 55 和小汽车的快速移动(Corbusier, 1987：10, 208)。相比之下,欧洲的老城则是基于驮驴的方式,保持了"它们最初的孩子般的形态"(Corbusier, 1987：10, 94)。

　　现代主义者的分析方法是在城市中寻找一些基本的元素,这些元素可以用功能来表达,如居住/工作/游憩/交通。这些元素也可以表现在形式上。勒·柯布西耶(1978)以及他之前的文艺复兴与巴洛克建筑师们,将其定义为点、线和面,与城市空间中的广场、街道和街区相对应。后来的城市设计师就是在这种看法下分析城市的,比如凯文·林奇的五要素(Lynch, 1960),它是这些基本几何要素的变体。

　　然而文艺复兴时期的静态空间思想被非欧几里得几何和相对论破坏了,而它的透视规则也被20世纪的思想运动打破了,这体现为立体主义与未来主义(Giedion, 1967)。几何的感觉和它可以创造的秩序现在已经完全不同了,正如现代主义者对于废除"走廊街道"的呼吁(Corbusier, 1987：167)。文艺复兴时期和巴洛克时期的几何学依靠街道和广场来整合城市空间——就像诺利的罗马地图所描述的体量与空间之间的平衡——并运用建筑物来创造空间。这种几何学现在被抛弃了,取而代之的是一种自由流动的空间,其中的建筑被剥离开来,形成了所谓的"公园里的塔"。城市结构的空间连接现在被重新思考,因为小汽车成为跨越不断增长的城市空间的新连接工具。建筑物被赋予了最优先考虑的地位,他们由内在逻辑塑造,而"外部则是内部的结果"(Corbusier, 1978：11)。街道的废除将建筑物从道路中解放出来,创造了"一种有序的柱子森林,城镇在其中交换商品,供应食物,并执行所有缓慢和笨拙的任务,今天这些任务成了交通速度的阻碍"(Corbusier, 1978：58)。因此,城市为了速度而被重新组织:"为速度而造的城市就是为成功而造的城市。"(Corbusier, 1978：179)

　　随着这些想法的实施,现代城市的城市结构被撕裂,以便让步于速度和移动。与此同时,一种脱节的城市被创造出来,其中一座建筑与另一座建筑之间的关系是基于小汽车的使用,这导致空间关系仍然是抽象的、偶然的、模糊的和不安全的。对功能秩序的渴望创造了单一用途的区域,这 56

些区域只在部分时间出现在人们的生活中，仅在有限的时间和狭窄空间的基础上与城市的其他部分联系在一起。当去工业化到来时，工业区崩溃了，在城市结构中留下了巨大且几乎无法再弥合的空洞。而随着工人阶级的衰落，那些曾经被认为是解决社会问题的居住区开始劣化且备受非难（Madanipour et al.，2003）。

在所谓的后现代主义中，从 20 世纪 60 年代开始发展起来的那些对现代主义的回应在几乎所有目标上都与现代主义的趋势背道而驰，前现代城市的城市设计特征作为经过试验和测试的解决方案被复兴。现代主义的社会目标也被置于乌托邦和威权主义的一边，走向一种自由意志主义的态度，尽管在社会和经济领域有不同的表现形式，但所有的政治观点都持这种态度。许多城市制造业的消亡意味着现代主义思想赖以发展的基本前提的消失。人们越来越意识到工业技术对环境的影响，以及两次世界大战和随后的冷战对社会的影响，越来越关注社会是否有能力带来繁荣和幸福。关于这些问题，后现代主义者的信心丧失取代了现代主义者的乐观主义。街道问题重新回到了议事日程，小汽车问题被推到了边缘位置，而行人问题则被赋予了新的优先权。功能性被抛弃，取而代之的是休闲和消费主义；白色和基于规划的建筑，被色彩丰富而生动的立面取代；充满情感的形式取代了抽象几何形状；简单的直线被复杂的曲线取代；而带有装饰性的杂乱图案取代了朴素表面。城市的改善仍然在议程上，尽管这一次不是一个全面的工作，而是一个渐进式的、有选择性的且谨慎的保护与再生过程。而目标人群不再是穷人——作为社会改革的一种方式，政府向他们提供了大量住房——而是那些有钱重新点燃城市经济活力的较富裕人群。社会关注被经济关注所取代，大胆的创新中带着保守的谨慎。在一个世纪前西特和瓦格纳的思想之争中，西特如今成为城市设计的英雄。

在工业衰退的悲观阶段之后，通过全球化和债务为城市注入了大量资源，一些新的乐观主义的情绪又回来了，它们通过对新的通信和信息技术的情感投入，找到了新的文化表征，直到受到全球金融危机的打击。

反都市主义：放弃

反都市主义是对城市问题的私有化的、自由主义的回应，其表现形式为逃离城市，在市场和公共政策的鼓励和促进下，郊区向四面八方扩张。英国的郊区化始于 18 世纪；在 19 世纪末，利物浦、曼彻斯特、伯明翰、谢菲尔德和伦敦等英国主要城市已经开始郊区化并出现社会隔离，这得益于区域铁路的发展，使中产阶级居民可以通勤到城市工作。而美国的城市从 1870 年开始向外扩张，当时的美国城市仍然以步行街为主，结构紧凑（Thompson，1982）。从那时起，郊区化已完全融入土地和房地产市场的运作，融入城市人口的文化习惯和规范，以及公共政策的制定和执行。房地产开发商和他们的中等收入客户都受益于外围地区的廉价土地，受益于铁路和小汽车等新型交通方式，后来还受益于政府对高速公路建设的补贴，以及为购买郊区住房而提供的抵押贷款。今天，郊区化容纳了英语国家的大多数家庭，也是大多数其他国家新发展的主要形式。它仍然是市场驱动下城市发展的主要形式，征服了一个又一个国家。特别是在新自由主义改革的推动下，城市发展管理的规划规定日益放松，支持着市场运作。随着世界变得越来越城市化，郊区发展得越来越快，越来越广，覆盖了地球上越来越多的地方。

对郊区化的崇拜者来说，这个中产阶级乌托邦象征着"现代文明的精神和特征"（Cesar Daly，1864，引自 Fishman，1987：3）。然而它受到了社会和文化精英以及城市穷人的广泛批评，以至于它成为"一个肮脏的词汇"，吸引了"明显而十足的敌意"（Edwards，1981：1223）。资产阶级对农村的殖民统治受到植根于农村的贵族阶级以及大都市建筑师和规划者的憎恨，他们认为这是对城市和农村的侮辱。社会评论家认为，它们是"住房的荒地，沉闷、琐碎的生活环境，没有社会、文化或知识兴趣，这种环境培养了对过分做作的外在形象的关注，对文雅生活琐碎细节的过分关注，以及从小小的花园地块中变出乡土气息的荒谬尝试"（Thompson，1982：3）。郊区房子"单调，毫无特色，缺乏个性，彼此无法区分，看起来非常无趣"（Thompson，1982：3）；它们是"可怕的红色小陷阱"（D.H.Lawrence，引自 Oliver，1981：11），彼此分离，就像"一群发热的病例"（W. H. Auden 和 Christopher Isherwood，引自 Oliver，1981），这使设计城市变得不可能（Frampton，1992：7）。第二次世界大战后，规划系统的引入在一定程度上代表了这种不满，因为 20 世纪 30 年代的带状发展威胁吞噬着英国乡村。

尽管如此，郊区化仍在继续，尽管现在已转移到郊外住宅区和已经城市化了的村庄。

郊区的概念是基于单户住宅和中产阶级家庭。它体现了中产阶级的愿望，这就是为什么它被贴上"资产阶级乌托邦"和"英美中产阶级的共同创造"的标签（Fishman，1987：x）。它是一种"过私人生活的集体努力"（Mumford，引自Fishmon，1987），同时试图掩饰郊区的大规模生产性质和大规模通勤工作的日常情况。现代城市的社会与空间脱节，在一定程度上表现为郊区化，并由郊区化加以建构。通过房屋与城市的分离，郊区化将家庭与工作分离开来，强化了城市空间的性别属性，将妇女限制在私人领域，使她们远离工作和政治的公共世界。这些郊区空间是原子化的单元，每个单元都沉浸在自己的世界中，只通过功能性的道路网络与城市的其他部分相连。

反都市主义本质上是自由意志主义和个人主义，因此倾向于反对规划和城市设计。美国建筑师弗兰克·劳埃德·赖特（Frank Lloyd Wright）在1935年的广亩城市规划中提出了这种反设计思想的"设计"版本。他认为，机动车和电话将使这个庞大的大都市分崩离析。因此他提出了一个100平方英里[①]的城市，在这个城市中，城镇和乡村之间没有区别，宅基地被放置在至少1英亩[②]的地块上，这里的居民将他们的时间分配给农业和其他必要的城市功能（Fishman，1977：91-96，122-134）。

59　　然而，私人以郊区化来对城市问题进行回应，通过拉开距离的方式并依赖廉价的土地和燃料——这两者最终都是有限的——来避免这些城市问题，但实际上反而增加了问题。随着郊区发展成为常态，购物中心、办公园区、大学和科学园区都跟随住房迁移到郊区，使得中心地区的营生机会空心化（Fishman，1987）。随着早期郊区的成熟，它们已成为城市地区不可分割的一部分；但它们也在衰落，这使得振兴它们成为当地社区一项紧迫而昂贵的任务。随着核心家庭的规模和结构的变化，郊区住宅的社会基础也发生了动摇。正如彼得·卡尔索普（Calthorpe，1994：xii）所认为的，

---

① 1英里 ≈ 1600 米。——译者
② 1英亩 ≈ 4046 平方米。——译者

郊区是过时的："我们继续建设二战后的郊区，仿佛家庭还是大家庭，其中只有一个养家的人工作在市中心，土地和能源是无穷无尽的，高速公路上总有另一条车道来结束交通拥堵。"

微型都市主义：替代

　　对郊区化的一种解释是逃离城市，即一些群体和活动离开中心地区，到周边地区寻找更好的条件；另一种解释是将其视为城市边缘的扩张，不受控制且由市场驱动，或者由公共及半公共机构进行规划和管理。然而规划版的郊区化往往倾向于把郊区的房屋聚集成小定居点，这种趋势可能被称为微型都市主义。倡导这种解决方案的改革者认为，郊区化造成的社会和空间脱节现在可以通过这种方式被弥合。在过去的100年里，英国的花园城市和新城、美国的新都市主义及其他国家的各种趋势，都主张将小城镇作为大城市和向郊区扩张的替代方案，从而创造有凝聚力的社区，以平衡现代城市化的分裂力量（图3.7）。

　　微型都市主义的威权版本利用政府和规划的权力来废除或分散城市。另一方面，以市场为基础的微型都市主义在修辞上是社群主义的，但在实践上是自由主义的，此类微型都市主义倡导在这些新的发展中创建社区，借助每个个体的决定来实现以小城镇替代大城市的愿景。在社群主义的思

图 3.7　微型都市主义试图在城市和农村范式之间达成妥协（美国佛罗里达州庆典城）

想中，新社区的发展被认为是令人向往并可实现的，在那里，通过发展小定居点就有可能实现主体间的交流。在实践中，微型都市主义是都市主义和反都市主义之间的一种妥协，它吸收了两者的元素，就像霍华德认为花园城市是结合了两者的优点和两者的缺点一样（Howard，1965）。微型都市主义是改革派，这就是为什么它很难在主流城市发展的核心中占据一席之地的原因。其结果可能是对前现代思想和实践的一种浪漫主义回归，包含着一种潜在的具有离心作用的系统。这种微型都市主义还可能导致防御性与反动式的城市发展形式，就像封闭的社区一样，并将进一步将城市人口分隔到更小的空间。我将在第六章中回到这一点来讨论微型都市主义的潜在社会影响。

　　从文艺复兴到启蒙和浪漫主义的四个多世纪以来，乌托邦思想的发展为这三种形式的回应提供了理智与情感的基础：改进、放弃和替代。乌托邦思想的产生一方面是源于城市生活的严峻困难，另一方面是来自对人类有能力解决一切问题的信心。后启蒙思想家，如戈德温（Godwin）、傅立叶（Fourier）、欧文（Owen）和圣西门（Saint Simon）将社会乌托邦想象为对早期资本主义弊病的回应；这些思想是由马克思（Marx）发展起来的，后来被用作建设社会主义社会和福利国家的模型（Goodwin，1978；Levitas，1990；Beilharz，1992）。这些都是集体的乌托邦，其中，"在一起"是空间和社会组织的主要动机，需要国家的规划和支持才能实现，它们通常表现为大规模公寓建筑综合体的空间形式（Gilison，1975：152）。也有个人主义的乌托邦，它们以郊区别墅的形式出现，自19世纪后期以来，这一直是市场驱动下城市发展的引擎（Fishman，1977；1987）。

　　然而，这两种乌托邦形式都显示出了它们的局限性。随着东欧社会主义经济的消亡和西方福利国家面临的持续压力，集体乌托邦已经弱化或消失。与此同时，私人乌托邦除了导致社会原子化外，还成为自然界的诅咒和气候变化的主要驱动因素之一。当把乌托邦想象成未来的固定安排时，它被证明是天真和僵化的，是在希望借助有限的工具来实现不可能的事情。然而，当乌托邦思维被想象为一个开放的结局，一个方向而不是一个目的地时，它开启了思考另一种选择的可能性，并持续激发社会和空间创新。

在这三个历史片段中所设想的空间秩序与各种制度和社会秩序齐头并进，都是创造秩序良好的社会的手段。然而这些秩序并未一致地受到人们的欢迎，它们给个人和社区带来了新的压力。秩序的第一阶段在启蒙运动时期达到顶峰，在 18 世纪的设计中出现了高度几何化的城市空间肌理，如爱丁堡新城，但浪漫主义运动否决了这一阶段。浪漫主义运动寻求逃离城市，复兴中世纪哥特式建筑，并将不同风格折中并置，以适应 19 世纪的经济自由放任主义思潮。与此同时，作为我们故事第二阶段特征的工业秩序的出现，受到了新艺术运动下审美感受的挑战。当这些秩序被强加于城市人口，例如林荫大道和高速公路的建设，以及城市更新项目时，其后果是憎恨与抵制。随着技术的进一步发展，它们带来的秩序被强加于日益复杂的社会，要求自由和解放的呼声越来越高。一方面，现代城市空间和制度上的秩序为大量人口在城市集中空间中的生活提供了便利；另一方面，这些秩序为创新和实验，以及表达和认知制造了新的障碍，使得它们反而朝着将个体原子化的方向前进，而这些个体原本正要变成巨大机器中的齿轮。

第四个时期：建立全球都市主义的秩序

目前正在展开的最后一个时期，针对的是全球化对城市影响的回应，这将是下面几章讨论的主题。由于全球市场的运作为这个时期提供了范式，秩序的形式，且根本性地改变了对拥有一个设计良好、秩序良好的城市意味着什么的理解。过去被认为过于拥挤的地方现在被视为充满活力和吸引力的地方；过去人们认为不可接受的不同程度的社会不平等现在被视为理所当然的生活事实；过去以同质化人口的大规模日常活动为特征的事物被身份和生活方式的多样性与多元性所取代，所有这些都直接影响到城市的设计和管理。

第二次世界大战后的一代人努力将繁荣与资源的公平分配结合起来。然而，当重新分配的努力失败时，聚集的压力就出现了，城市也因此增长，特别是那些更能吸引新的人口与活动的较大城市。在过去 30 年里，市场范式的主导地位以效率和竞争的名义鼓励了财富和力量的集中。其结果是一个城市化的时代，其特征是获胜的中心地区和失败的边缘地区之间的区域不平等日益加剧。年轻人自然被吸引到活力的中心，一个庞大的广告和娱乐产业正在传播城市生活方式的诱惑。对当下和有形事物的投入输给了对未来的承诺，一个可能无法实现的承诺，一个可能永远不会实现的意象，一个可能只是海市蜃楼的愿景。

结语

在中世纪和维多利亚时代的城市中，活力与混乱并存。针对这些时期，文艺复兴时期和巴洛克的设计师以及现代和现代主义的设计师，都提出了将城市迥然不同的各个部分整合成一个有序整体的想法。这些设计师是塑造有序社会过程的重要组成部分，在这个过程中，个人自由、阶层分化和人口多样性将城市分裂成了许多部分。随着城市的发展和增多，它们成为充满活力的经济活动中心，同时也成为社会不平等和充满缺陷的地方。社会和空间的碎片化成为城市设计师和其他类似角色面临的主要挑战，特别是在渴望民主和公平的社会背景下。他们在这一过程中使用的空间工具是建筑物、街道、广场和邻里，依托的是几何和抽象的美学，以及如画风格的审美与偶然的多样性。城市的人口、市场和公共权力机构通过改进、放弃或替代城市，以不同的方式塑造了城市形态。城市环境的日益复杂增加了向各个方向扩散的组团和集群；作为回应，人们对秩序和清晰的渴望通过在每个时期的各种尝试表达出来，这些尝试都试图将城市设想成一个单一的整体，并在这些集群之间建立联结。这些联结表现为基本的几何形状——点、线和面，它们被转译为广场、街道和社区，旨在创造一个有序的空间统一体。为了在支离破碎的背景下建立联系，各种离心式的力量采取了不同的形式，我们将在接下来的章节中探讨这些内容。

第四章　连结的都市主义

　　在人、活动和场所之间建立联系被视为城市设计师和规划师的主要空间手段和制度工具。创建空间联系是设计师们几个世纪以来的主要设计手段，以期由此创造功能与审美的统一，并降低城市增长、空间专门化、社会分层造成的空间隔离和碎片化的负面影响。这种创建连结的方式能否为社会性目的带来成效？能否克服社会和空间的碎片化，把不同的人和空间通过城市空间联系起来，创造一个更大的连接良好的整体？在这一章中，我将研究城市设计在连接碎片化空间中的作用，特别是交通和通信技术对这些联系性的影响，以及这些空间和技术是如何同时处于连结与脱节状态的。城市规划和设计是功能秩序技术的一部分，是为了理解和管理城市的复杂性而开发的。然而由空间和功能的连接性所产生的秩序，需要被批判性地审视，因为它们可能仅仅是象征性和偶然性的。

社会联系的空间工具

　　城市设计作为空间工具可以通过三个广义的概念进行分析：奇点（singularity）、联系（linkage）和一系列事物（constellation）。奇点是一个区别点，在这里一个物体或活动成为一个独特的存在，可以被理解为一个参照点和身份标识。关于奇点的例子有许多，可以是一个城市的主要纪念碑或事件，为许多人创造了一个参照点；也可以是门上小小的划痕，这可能只是对一个人来说有意义。连接是两个奇点之间关系的空间表达，就像一组平行线或一条直线。这条线可以从一个点连接到另一个点，也可以将一边与另一边分开。一个典型的例子是街道，它可能同时是两端之间的连接，但也可能是道路两侧空间的分隔线，同时也是社会-空间的连结和脱节。一系列事物是一组奇点及其联系，一个组合构成一个场所，在那里可以观察到高强度的关联。例如一组类似的活动、一个住宅社区、一个商业区和一个文化居所。作为点、线、面，它们可以一起作为城市空间几何的字母表。以其社会意义和重要性，作为相似性和差异性的表达，既可以帮助转译城市的社会几何形态，也可以辅助城市的社会-空间规划和设计。我将对这些概念在城市规划和设计中的应用方式进行批判性评估，这些概念被赋予了经济、文化、政治、社会和环境意义，我认为这些概念需要被视为相互关联的，并嵌入到社会——空间的环境中，而不是独立存在的。根据环境及其创造和使用方式，这些空间工具可以连接或中断城市环境的不同部分，作为黏合剂将各个破碎的部分黏合在一起，或者成为一种干预手段，可以进一步碎片化这些破碎的空间并使其变得更为分散。

城市发展和衰落的持续过程，以及社会和空间碎片化的背景，一直是城市设计的一个难题，城市设计师是否应该接受碎片化作为无可争辩的事实并尝试在其中工作？或者他们应该试着用某种空间回应来战胜它？答案体现在对广场、街道和邻里社区的关注上，这些都是建立社会-空间联系的手段。

广场是一种关键的空间工具，通过使路径共存与交汇，它为建立连接提供了的可能性。广场是城市空间网络中的一个交会点，是人流当中的一个休息点，在历史上曾被用来推动社交和促进建立社会焦点。城市设计的历史表明，城市广场一直扮演着这种连接性的角色，它将人们聚集在一起进行贸易、宗教活动以及政治权力的表达，并抵制主导性的文化和政治力量。许多城市最初是在道路的交会点出现的，而城市中的聚集地就是城市广场。正如阿尔贝蒂所写的，"一个公共集会场所是一个扩大的十字路口，一个包括剧院、马戏团和角斗场的表演场，除了集会场所，没有什么地方会被台阶包围"（Alberti，1988：262）。广场是公共空间的常见形式，尽管公共领域会在不同类型的场所中展开。在许多城市设计和开发项目中，公共空间的供给是合理正当的，因为它有助于社会联系和融合。我将在第八章再次谈到广场，并探讨公共空间的政治和文化意义。

城市邻里社区和功能集群是人们试图通过构建具有联系性的一系列事

物，寻找一种借助强化和聚集来实现社会联系和空间联系的过程，以此促进更大规模的共同存在。人们认为，空间上的亲近感能使社会关系更加紧密，并能帮助人们建立归属感和独特的身份认同感。邻里社区在历史上被认为是城市形成的单元。城市设计者和规划者认为，通过重建邻里社区可以重塑在现代大城市中失去的社会凝聚力。因此，邻里社区的规划和设计已成为他们思考城市战略的一个不可或缺的部分，进而鼓励创造和提升邻里社区，成为一种积极的社会发展手段。我将在第五章到第八章从社会、文化和经济角度探讨如何设计簇群。

第三个元素是街道——最古老的创建城市空间连接的形式，我们将在本章进一步探讨。街道将一个场所连接到另一个场所，通过这种能力，它们可以帮助克服城市空间中的分离。城市主干道所提供的连接性已经随着交通技术的改变而转型。城市的空间结构通常由主要道路决定。这些联系可以用来克服空间的碎片化，但不一定能克服社会的破裂。以巴黎林荫大道为例，它们展示了城市空间是如何通过这些骨架的建立而统一起来的。它们连接在一起形成网络，将城市的空间碎片联系起来，但同时驱逐出了难以处理的地区，通过社会净化取代了政治问题。20 世纪的高速公路是另一个同时创造了连接和脱节的实例，它能连接长距离地区，却又在城市空间中造成了新的断裂带。今天，城市设计和规划项目使用空间骨架作为空间连接的一种方式，正如我将在本章后面的安特卫普（Antwerp）和都灵（Turin）的例子中所展示的那样。

奇点、连接和簇群这三种工具，分别以广场、街道和邻里社区的形式显现，这些工具似乎与点、线、面的几何形态相对应，很长时间以来都是 67 设计语汇中的一部分，特别是在文艺复兴之后，当设计被认为是数学在城市转型中的应用时。但严格来说，这些工具可能仅仅是存在于设计师脑海中的抽象的表现形式而已。它们被强加在城市复杂的现实中，以创造简化的秩序和想象中的联系。然而，广场、街道和邻里社区，从城市诞生之初就已经以各种形式或形状成为城市体验的一部分，并持续作为城市现状的一部分。它们是构成城市语汇的原型，是城市居民所知道的概念；因此，这些概念的运用有助于设计师与人们的体验建立联系。然而，根据不同的情况，这些空间工具可能有自己的负面作用，而不一定是单纯的工具。

从街道到道路，从道路回归街道

在空间中运动是城市生活的一个重要特征，只有通过连接不同场所的街道网络才能实现。因此，街道通过提供不同场所之间的通道和连接，对城市环境产生结构性影响。因此街道对城市设计具有重要的基础性意义。汽车对现代城市形态的影响表明，交通方式的变化在历史上塑造了城市形态。然而，一代人以来，重塑城市以适应汽车的现代主义议程一直面临着压力。城市设计是塑造对行人友好的城市环境的一部分，可以被用来控制私家车的发展并支持公共交通的发展。街道强加给城市社会的秩序和在车内体验城市的方式，都受到了来自行人漫步和自由流动的挑战，行人对城市有着完全不同的体验。街道不是车辆快速移动的轨道，而是一个社会空间，在这里，功能表现和社会联系得以被调和。现代主义者主张废除街道，但现在的城市设计正在寻求一种空间，在这种空间里，不同的运动模式可以以较慢的速度重合。高度的移动性会导致混乱和脱节，它们需要被妥善解决。

现代主义者废除了长廊式街道，改变了人们想象中的街道，引发街道向道路的转型，慢速运动向快速运动的转换，与周围城市环境的接触互动变成了匆匆路过和漠然一瞥。因此，城市环境的特征也相应地发生了变化，分隔了建筑物与街道和周围的空间，分离了快速行驶的旅行者与缓慢行走的行人，同时还有潜在的不同年龄、性别和阶级的人们。

勒·柯布西耶迷恋于汽车的力量，以及更广泛的工业技术，它们在他对未来图景的描绘中是作用显著的。而当他被困在巴黎的交通中时，他被说服了，未来的发展之路就是服从这种新技术：

> 小汽车开往各个方向，各种速度的都有。我不知所措，一种热烈的狂喜充满了我。不是闪耀的灯光下闪闪发光的车身设计的狂喜，而是力量的狂喜。在如此强大的力量，如此之快的速度中，简单而单纯的快乐。我们是它的一部分。我们是那个黎明时刚刚觉醒的种族的一部分。我们对这个新社会充满信心，它最终将实现其力量的宏伟表现。我们相信它。
>
> 它的力量像被风暴吞噬的急流，是一种毁灭性的狂怒。这座城

68

市正在破碎，它无法持续太久，它的时代已经过去了。它太老了。
（Corbusier，1987：3-4）

这种毁灭性的愤怒包含的力量和能量激励他和其他现代主义者重新思考城市的未来，在这个未来中，运动是主导力量，这将重塑城市，以适应汽车的使用。在 20 世纪初，时间的概念被重新思考并整合到科学和艺术领域当中。像爱因斯坦这样的科学家正在研究时间对空间的影响，并倡导像时空和四维世界这样的概念。同时，未来派和立体主义这样的艺术运动放弃了固有的透视概念，将运动和时间融入他们的作品中（Giedion，1967：443）。运动和时间的结合将速度和流动性置于首位，将城市构成从建筑和街道之间的传统关系中抽离出来（图 4.1）。

这种对汽车的迷恋是速度时代的一部分，这个时代始于 19 世纪火车的出现。当火车刚被引入时，类似的兴奋体验也被报道过。正如第一次

图 4.1 优先考虑速度和机动性改变了建筑物和街道之间的关系，破坏了行人的体验（日本东京）

乘坐飞机的乘客在 1830 年所描述的那样，"我们乘着风的翅膀以每小时
15~25 英里的速度飞行，消灭了'时间和空间'"（Gleick，2000：52）。从
69 那时起，千百年来不曾改变的时间和空间之间的关系开始动摇。速度对
地理位置和社会关系的影响变得意义重大（Johnston et al.，2000），社会
系统在时间和空间上得以延伸（Giddens，1984），包括时间和空间的融合
（Janelle，1968）和压缩（Harvey，1989），形成了"永恒的时间"（Castells，
1996）。

现代主义关于运动、技术和功能的思想在《雅典宪章》中汇合在一
起。正如宪章起草者所说的，"今天，大多数城市及其郊区的*街道系统*是
过去时代的遗产……专为行人和马车设计，不再能满足现代车辆的要求"
（Sert，1944：248）。他们的批评不仅针对中世纪与现代以前的遗产，而且
也针对 19 世纪的铁路（通常是城市发展的障碍）及当时宏伟的大道和广
场（这使交通问题复杂化）（Sert，1944：248）。他们所需要的是"为现代
交通工具设计的新街道系统"（Sert，1944：248）。在这个新的系统中，街
70 道"应该根据其功能进行分类"，从而使行人与汽车分隔，快速交通与慢
速交通分隔，住宅街道与商业、工业街道分隔。此外，"所有类型的建筑，
尤其是住宅，应该用绿带将其与繁忙的交通隔离"（Sert，1944：249）。

随着机动车数量和使用量的惊人增长，这些想法被转化为手册和政策
文件，从而重塑城市的形态。在美国，联邦补贴促进了国家高速公路网络
的发展，进一步加剧了郊区化（Keating et al.，1999；Cullingworth et al.，
2003）。在英国，著名的《布坎南报告》（*Buchanan Report*）（1963 年）为
重塑城市铺平了道路。它将城市重新想象为一个被称为"环境区域"的由
分散单元构成的集群，在这些区域中，交通只是当地的；这些区域被彼此
分开，并且仅通过一系列分支道路网连接。指导小组承认，北美国家已经
"有大约一代人进入了汽车时代"，为了赶上他们，"英国城市必须大量修建
城市道路"（《布坎南报告》：指导小组报告，第 18 和 19 段）。如果新的道
路要正常运行，它们需要"没有诸如十字路口和环形交叉口这样的障碍"，
由于所需土地的数量和所涉及的技术挑战，这些障碍很难解决；然而，"只
要有资金和解决这些问题的决心"，这些问题是可以解决的（《布坎南报
告》：第 20 段）。

　　这份报告表明，人们意识到了什么会限制人们自由地改造城市："我们英国的城市不仅由建筑物构成，同时也充满了历史，以美国的规模架设高速公路穿过这些城市区域，将不可避免地摧毁许多本应被保护的东西"（《布坎南报告》：第 22 段）。然而，这些想法的实施可能是激进的，比如在泰恩河畔的纽卡斯尔的改造中，布坎南报告指导小组的成员之一，议员T. 丹·史密斯（T. Dan Smith）支持对市中心进行彻底改造（Burns，1967）。尽管人们对城市改造在汽车交通方面的潜在负面影响越来越敏感，但政府官方建议继续倡导不同功能等级的道路建设。环境和交通部鼓励地方政府"根据其目标功能，为其道路建立一个等级结构"，其中包括主要的、地区的和地方的分支道路，以及邻里社区道路（DoE/D0T，1977：15）。

　　然而，钟摆又摆了回来，"从街道到道路"的发展范式转变发生了逆转。城市街道又一次成为发展范式，在这里，交通速度被管理和限制，行人被认为是街道设计的合理性基础（图 4.2）。交通部（Department for Transport）的官方建议现在倾向于行人和骑行者。正如具有影响力的名为《街道手册》（*Manual for Streets*）的序言所写，"长期以来，人们关注的焦点一直是住宅区街道的通行功能。其结果往往是产生一系列由机动车主导的地方，以至于无法对高质量生活做出积极贡献"（DfT，2007：7）。新的重点在于展示"良好的设计及优先考虑行人和骑行者所带来的好处"（DfT，2007：7）。世界各地的许多城市现在已经开始拥抱向第二种模式的转变，

图 4.2　城市街道再次成为城市设计的范式，在这里，交通的现状和速度得到管理，行人和骑行者被认为是设计的主要依据（丹麦哥本哈根）

为行人和骑行者制定了总体规划，并创建了行人和自行车优先区。相比于将汽车与行人分隔开来，在荷兰等国家实施的汽车与行人共享空间的概念得到了广泛的采纳。

72　　从许多例子中，都可以看到从道路到街道的转变。在纽卡斯尔，内环路的修建切断了城市的基础设施，将市中心与邻近地区隔离开，所有这些建设都是以城市快速运动和发展的名义进行的。然而，这条未完工的环路在几年后建成，它并没有成为一条穿过城市的快速路，而是一条便于人行、易于横穿的缓慢的城市道路，保持了市中心和邻近邻里社区之间的连接，而不是增加已有的脱节。这是一种从快速到慢速的连接方式的回归，它允许在城市空间中嵌入运动，促进那些移动中的人与周围地区的人和活动之间的联系。这是一种对追求速度与主导时间的欲望的掌控，在街道中注入了一些广场的特征，使移动与平静保持平衡。

街道作为新城市体验的主干

在城市的街道网络中，一些街道成为城市的中轴线，成为特殊的地方特色或成为城市重要活动的集中地。在英国的城市里，商业街是活动的集中地，是邻里社区或整个城市的枢纽。然而，除了商业街自身功能之外，街道通常被用作社会生活戏剧和政治展示的舞台。著名的街道，如巴黎的香榭丽舍大街（Champs-Elysees）、莫斯科的特沃斯卡亚大街（Tverskaya）或圣彼得堡的涅夫斯基大街（Nevsky Prospect），将这种社会和政治功能结合在一起，在这里，日常活动、纪念性建筑及高知名度公共活动共享同一空间。因此，一些街道为城市空间提供了象征性和功能性的支柱（图4.3）。

林荫大道在19世纪曾处于现代性的前沿，却遭到了20世纪现代主义者的批判。《雅典宪章》提到，"某种类型的'学术性'城市规划，以'宏大的方式'构思，主要致力于建筑、大道和广场布局的纪念性效果"，这使得交通状况复杂化（Sert，1944：248）。然而，正是对于这种现代主义

73　下的功能主义的拒绝，才使得林荫大道作为复兴城市的中坚力量的思潮重新回到城市设计和规划的议程上来。与塑造了城市道路的功能主义思维框架不同，街道被期待成为"人们休闲散步的地方"（Jacobs，1995：271）。

图 4.3 涅夫斯基大街是城市的象征性和社会性支柱（俄罗斯圣彼得堡）

过去伟大的街道及其优秀特质为未来城市的设计提供了参考标准。

其中一条伟大的街道是巴塞罗那的兰布拉（La Rambla）（图 4.4）。为什么兰布拉能成为一个每天都吸引着成千上万的游客，并在城市和国家之外声名远扬的成功场所呢？它看起来和其他人们可以来回闲逛的大街没什么两样。然而，它的不同之处在于，街道两旁的商店不是那种通常能在市中心找到的，相反，这些商店只存在于巴塞罗那老城周围大量的步行街网络中。兰布拉是一条林荫大道，宽阔的人行道两旁树木成荫，两侧均有一条较窄的机动车道和另一条步行道。它不是一条笔直的几何形街道：它时而变宽，时而弯曲。它是一个快乐的花园，街道两旁分布着：沿街餐馆和咖啡馆（冬天有煤气炉供暖，夏天有遮阳棚遮阳）、满是纪念品和报纸的售货亭、肖像画家、活人雕像和街头艺术家——一切看似都是针对游客的，他们大多携带相机或用手机拍下街道的照片。在外围，更多的餐馆、酒店和其他功能场所沿街分布。在街道中段的一边，有一个有棚的卖水果、蔬菜、肉类和海鲜的食品市场，这里有时拍照的人似乎比买菜的人更

74

图 4.4 兰布拉被用作许多城市更新项目的城市街道典范（西班牙巴塞罗那）

多。与海滨的连接强调了这种休闲愉悦的目的和氛围，从炎热的城市到凉爽的海水，在炎热的夏天里，把海边所有休闲气氛向城内输送。

街道的主要功能是使人们慢下来，而不是使他们加速走过。过去，宽阔的道路被用于大量的交通。但现在，它并不是匆匆忙忙地把 A 和 B 连接起来，街道本身成为一个目的地，一个可供参观和游览的地方。这是高密度的老旧城市肌理中最大的开放空间之一，穿过狭窄的中世纪小路，提供开阔的视野和光线。这条街道是老城区的主干，它将老城分成两半，建在中世纪城镇的城墙上，将中世纪老城与城市另一端的中世纪之后时期的地区连接起来。所有这些都是在它与巴塞罗那正在建设的北面主要公路网系统连接之前进行的。它勾勒了中世纪的城墙，把一个原本容纳边缘活动的边缘空间变成了一条中轴线，一条新的林荫大道，正如巴黎和维也纳把旧城墙的小路变成了宽阔的林荫大道一样。兰布拉是一条连接城市中心广场、加泰罗尼亚广场（Placa Catalunya）和海滨的街道。在那里，哥伦布纪念塔（the Monumnet a Colom）指向南方和港口（或者说，是这个曾经充满船只、仓库和码头工人的繁忙地方的遗址）。但现在这个港口已经变成了一个旅游娱乐的目的地，位于一个码头的尽端。一些大型船只仍在附近，但部分滨水区已经变成了游艇停靠区，显示出后工业时代的再生和绅士化的迹象。

对健康、环境质量和可持续性的担忧一直是给汽车交通施加压力、渴望慢行交通、将道路恢复成街道的首要因素。另一个因素是城市经济发生了根本性变化，从以制造业为中心转变为以服务和消费为中心。为适应这种转变，在建筑物和街道之间建立新的平衡势在必行。街道成为城市空间景观的重要组成部分，成为以消费导向和绅士化为基础的城市生活的组成部分。正如都灵和安特卫普的案例所展现的那样，街道也成为城市再生和战略规划与设计的载体。

街道作为城市再生和战略规划的媒介

街道的规划设计有助于衰退中城市的再生。在城市衰退地区的再生中，街道提供了一个新的支柱，来振兴城市生活，吸引新的活动，并成为城市发展和复兴的催化剂。在城市空间碎片化的背景下，功能和社会经济的驱动力一直在促使一个地区与另一个地区分隔开。街道被用作战略手段，作为城市轴线来连接被隔离的部分，以期创造一个各部分相互协调的城市整体。例如在都灵（City of Turin，2012）和安特卫普（Secchi et al.，2009）的城市再生中，人们期望通过将资源集中在围绕特定街道的特定轴线上，来解决城市碎化与脱节问题。

在都灵，城市的战略规划对 2006 年冬奥会的筹备起到了重要作用，加速了发展和再生项目。这座城市引入了一个新的区划，它以三条轴线为基础，作为城市新愿景的物质性和象征性标志。第一条是"Po"轴线，用于休闲，沿着波河（Po River）① 有公园、开敞空间和林荫大道。第二条是 Corso Marche② 轴线，它是城市蔓延的新重心，为知识密集型的新产业和服务的重新安置提供了场地。同时，这条轴线还连接了两个历史古迹和公

---

① 波河（Po River）是意大利最长的河流之一，流经都灵。它穿越城市，为这座历史名城增添了自然美景和休闲空间。——译者

② Corso Marche 是意大利都灵市的一条主要街道，街道上有很多商店、咖啡馆和餐厅，以繁华的商业著称。同时，Corso Marche 也是都灵城市基于直线和正方形的网格结构的一部分。它严格遵循着都灵的城市肌理，反映了都灵城市的典型特点：宽阔的道路、整齐的街区和壮观的巴洛克风格建筑。——译者

园。第三条是 Spina Centrale^① 轴线，这是城市再生过程的中心支柱。这条轴线通过掩埋将城市分割成两半的旧铁路，使其成为林荫大道变为可能。如今，由于汽车工业和铁路站场的衰落，空置场地的开发成为人们关注的焦点。现在，它被一所新的大学校园、一个新的火车站和其他一些主要的开发项目所占据（City of Turin，2012）。

在安特卫普，战略规划者认为，不同社会群体和不同土地利用之间的冲突已经将城市碎化、分隔，这违背了城市"开放性和趣味性"的传统特征，这是对城市问题的尖锐诊断。提供的空间解决方案是几条相互连接的轴线。一条"硬轴线"、一条"软轴线"、低层级的城市网络和市民中心、"绿色圣歌（the green Singel）"和"生活运河"为城市提供了一个清晰的空间结构。在这个空间结构中，城市可以通过定位高优先级的行动和战略项目来进行城市再生（Secchi et al.，2009）。

这些轴线和战略项目是空间战略的核心，超越了分区和场所，在结构意义上把城市的不同部分连接在一起。用轴线来塑造安特卫普城，与20世纪90年代制定的都灵战略规划有些相似，该计划被认为是城市意象成功改变的催化剂，从一个工业城镇转变为旅游目的地，并吸引冬奥会在此举办。这些轴线持续为城市再生提供支撑。但是在安特卫普和都灵，这些轴线与社会和经济问题之间的联系是不明确的。这两个城市的再生都显示出绅士化的迹象，与社会凝聚和融合的目标背道而驰。同时，在都灵的案例中，打造更加绿色的城市的承诺没有兑现，在这里多数轴线在现实中成为服务于汽车的宽阔干道。

在世界各地，都可以找到类似的战略规划与街道设计相结合的例子。一个例子是美国阿尔伯克基（Albuquerque）的（城市）廊道规划，该规划设想重建一条连接市中心和周边地区的5英里长的街道（Forester et al.，2013）。当地居民和商人最初表现出强烈的反抗，经过市议会的调解和参与，他们最终接受了这一计划。这条街道的联合设计使原本对立的双方共

---

① Spina Centrale 是都灵市的一条重要道路，位于意大利西北部。这条路是城市再生计划的一部分，旨在改造都灵的基础设施。它特别以直线形态和现代设计著称，连接城市的不同区域，并提供了高效的交通流线。作为都灵现代化的象征，Spina Centrale 展示了这座城市在结合传统和现代元素方面的努力。——译者

同努力，从而达成了共同的愿景。在这里，绅士化的威胁似乎也体现在抵抗团体对这项计划的评论中，尤其是那些商人，他们认为应该把整条街变成 5 英里长的咖啡店和书店，而不是保留现有的混合特征与活力。

街道作为充满戏剧性且令人兴奋的场所

戈登·卡伦（Gordon Cullen）在介绍他的开创性作品时，将城市设计描写为"关系的艺术"。一座单独矗立在乡间的建筑可能被认为是一件建筑作品，"但是把半打建筑放在一起，一种建筑以外的艺术就成为可能了"（Cullen，1971：7）。这些建筑聚集在一起，创造了一个更复杂的环境，并超越了其各部分的总和："事实上，有一门关于关系的艺术，就像有一门关于建筑的艺术"（Cullen，1971：7）。这门艺术的目的"是将创造环境的所有元素（建筑物、树木、自然、水、交通、广告，等等）编织在一起，像戏剧一样呈现。因为城市本身就是环境中的一个戏剧性事件"（Cullen，1971：7-8）。对卡伦来说，理解环境的主要形式是通过视觉能力——这些元素之间的关系是视觉的，而一幅视觉构图所要产生的主要意义是"兴奋和戏剧化"，而不是忍受"枯燥、无趣和缺乏灵魂"的环境（Cullen，1971：8）。因此，城市设计等同于管理城市景观，以便提供一个令人愉快的"系列景象"，城市景观在此过程中随着一个人沿街道行走而展开（图 4.5）。

图 4.5 通过对步行时的如画街景的管理，使这座城市成为一个充满戏剧性且令人兴奋的地方（英国林肯）

78   从批判的角度来看，所有的艺术和科学都可以看作是在现象之间建立联系的形式。我们如何理解这个世界，如何获得关于社会和物质环境的知识，以及如何塑造我们周围的世界，都是在以各种形式建立联系。对卡伦来说，建立这些联系的方式是感性而有目的的，即视觉体验引发心理愉悦。但这只是人们与周围环境建立联系的众多潜在方式之一。受到来自风景如画的前现代环境美学的启发，卡伦的方式是对现代更普遍的美学的一种批判性回应，这个时代已经被严格的几何学统治了几个世纪。

新世界的城市是在网格的基础上设计和发展起来的，遵循了几个世纪前罗马帝国扩张时使用的模式。圣多明各（Santo Domingo）是美洲第一座欧洲城市，建于 1502 年，由一个围绕中心广场的常规网格塑造。1515 年，费迪南德五世（Ferdinand V）在关于城市建设的指示中要求新城市从一开始就要有规律，以便从一开始就形成适当的秩序，这样他们就可以延续

79   这种秩序而不需要额外的代价，否则秩序永远不会产生。（Morris，1994：305）。西班牙的《1681 印度群岛法律》（the Spanish 1681 Law of the Indies）设计了以一个以主要广场为中心的街道网格系统，用于整个拉丁美洲新城镇的开发。由威廉·佩恩（William Penn）于 1682 年建立的北美洲的费城（the city of Philadelphia），就是由以一条大街和中央广场为中心的街道网格塑造的（Morris，1994：337-339）。旧世界的城市也在网格的基础上扩张，如 18 世纪的爱丁堡（Edinburgh）和 19 世纪的格拉斯哥（Glasgow）（Reed，1982；Walker，1982）。独立后，美国西部大开发的基础是一个巨大的格网，它无视了地形，但有助于建立产权边界并避免争端。当这些城市在 20 世纪向高空发展时，水平和垂直的网格、街道网络和摩天大楼的结合为现代主义的设计思想提供了灵感。严格的几何学提供了秩序美学，形成了那个世纪人类历史上最大的城市扩张。芝加哥和纽约上演的"戏剧"成为各地城市建设者的能量和灵感源泉。尽管年代久远，曼哈顿的天际线和街景仍然是现代的象征，世界其他大陆的新城市的发展仍然跟随他们的步伐。

正是对这种秩序感的回应中，如画运动、工艺美术运动的感性被放大并引入城市设计，回归一种乡村理想，它提供了在城市空间中创造戏剧的另一种方式。因此，正式和非正式的空间联系相互竞争着在城市环境中建立连接，创造出基于不同美学风格的秩序，但这些秩序仍然是管理城市空

间和创造秩序感的尝试。然而，空间之间的联系并不局限于人和物沿着街道的运动。

数字连接与城市空间

信息和通信技术使得城市的连接和脱节发展出了新的形式，对城市的设计和建设方式产生了越来越复杂的影响。从建设到城市管理，从交通到经济交流和文化实践，从提供服务到治安管理和政治斗争，这些新技术的应用正在改变城市体验。

公民与政府之间的关系通过电子政务平台获得在线信息和服务而被 80 转变，电子政务平台已经传播到世界各地，对服务的位置、与周围环境的关系及城市空间的整体组织有着潜在的影响（Millham et al.，2009；Tsai et al.，2009；Arpaci，2010；Rorissa et al.，2010）。2005年，英国政府实现了地方议会在线提供所有本地服务的目标，尽管使用水平仍然低于预期（Cabinet Office，2007；Damodaran et al.，2008；DCL G，2010）。公民与政府之间的关系在双方权力的行使过程中正在发生转变。一方面，以技术为媒介的监视和安全系统，如闭路电视摄像机和成像技术，被用于维持治安和预防犯罪，这引起了人们对隐私保护及通过这些系统和其他系统收集的数据将被如何使用的担忧（Home Office，2010；Liberty，2010）。另一方面，新的信息和通信技术被用于反抗权威的群众运动，中东的政治运动就是一个例子，2011年伦敦骚乱等各种形式的城市事件也体现了这一点。

数字技术与全球化密切相关。全球化被视为生产力增长和经济增长的源泉。正如哥本哈根市可持续发展负责人所说，"100年前，城市会修建道路以确保增长，但今天，城市应该开发数字系统来实现同样的目标"（Walter，2013：21）。电子商贸、电子市场和电子商务等不同的术语被用来表示数字技术在经济贸易中的应用（例如 Standing et al.，2010；McCloskey et al.，2010；Pastuszak，2010）。这些变化对城市空间的影响仍在持续展开。网上购物的增长及城外的大超市，对英国的商业街产生了毁灭性的影响，商业街在这些以技术为媒介的竞争对手下失去了大部分生计。以步行为基础的服务被以汽车为基础的超市之旅所取代，超市可以通过其全球化的生产和供应网络提供廉价的食品，网民还可以一键点击进入网上商店，从遥远地方的战略仓库将商品送到家门口。

数字技术也正在变革文化领域。文化产品通过在线的方式生产、供应和使用，文化产品也从图书馆、档案馆、博物馆、美术馆和大学中产生，推动了创意经济的增长。（Johansson，2001；Given et al.，2010；Sylaiou et al.，2010）。它们的影响是广泛的，但受到质疑。一个被终止的建议例子是关于现有大学将很快被数字化大学取代（Nienga et al.，2010）。因此数字技术通过无形的基础设施在人和地点之间建立了新的联系，尽管它也引发了新的分离，通过功能增强、空间压缩、时间加速和社会去情景化对空间组织产生了深远的影响（Madanipour，2011a）。

数字和运输技术的影响之一是压缩了空间和时间，减少了距离带来的摩擦（Dicken et al.，1990），因为空间上的阻隔和时间上的间隔很容易被跨越或完全忽略。分析人士开始认为城市不再是必要的（Weber，2003）。城市是人和活动的集中地，但是现在交通、信息和通信技术似乎分散了城市，因为人们可以在任何他们想去的地方定居。每个人都被认为生活在一个"流动的空间"里，在这个空间里，位置和距离已经不重要了，物理上的共同出现和面对面交流的需求已经成为过去。相反，城市的发展更为集中，尽管处于一种不均衡的模式。欧洲的研究表明，在一个发展模式相对稳定的大陆，较大的城市增加人口，往往是以牺牲农村地区和小城市为代价的（ECOTEC，2007；RWI et al.，2010）。全球情况与之类似，反映在世界各地城市化的规模和尺度上。规模经济曾在一定程度上解释了城市起初的出现，现在又以新的方式重新证明了自己。

通过新技术促进的离心力和向心力，分散和聚集同时作用于城市。因多样性和不平等的社会群体在城市中的高度集中而产生了离心力，通过离心力，有权做选择的人可以在城市外围或专属区域寻求另一种生活方式和质量更高的生活。同时，规模经济和集聚过程也在发挥作用，它将人们聚集在城市中进行复杂的经济和社会互动。新技术被设计出来以应对这一悖论，即火车、汽车、电话和互联网等，它们都是为了在长距离之间建立更快的连接，以便同时压缩空间和时间。城市在同时扩张和集中，以更加快速的节奏运行，这重新组织了它的节奏和空间排列。在这一过程中，日常生活被打乱，关系被修正，区域被重塑，城市文化也被重组。19世纪火车和20世纪汽车的出现，以前所未有的方式变革了城市空间和生活。数字技术的应用正在努力改变空间和社会的组织方式，并且在某些方面仍在展开。

截至目前，数字技术，像之前的许多其他技术一样，对房屋和城市的形态影响不大。过去，电话、冰箱和中央采暖设施都安装在旧房子里；同样，从马车到汽车的转变也可以在老街道得到适应。因此，似乎可以有把握地假设，这些新技术的空间影响很可能被整合到城市形态中，而不是激进地改变城市形态，至少在现有地区是这样。正如亚当·斯密（Adam Smith）（1993）所说，"技术是人类工作的一种简化形式"。我们时代的复杂技术也不例外；它们进一步扩展了人类的能力，将人类的作用提升到前所未有的水平。

增强现实连接了现实空间和虚拟空间，旨在通过将计算机生成的刺激与现实的刺激混合起来，帮助用户进行实时交互，生产一种计算机生成的对象来用作面对面和远程协作的实体空间线索（Billinghurst et al.，2002；Portalés et al.，2010；Lee et al.，2010）。这项技术的应用范围从外科手术（Hansen et al.，2010）到教育和学习（de Freitas et al.，2010），从产品设计和制造（Ong et al.，2007）到摄影测量学（Portalés et al.，2010），从遗产和文化（Sylaiou et al.，2010）到游戏（Tedjokusumo et al.，2010），它在城市空间中的应用，为环境的表现方式增加了一层信息，促进了规划和设计与未来场景之间的协作（Sareika et al.，2007；Wang et al.，2007；Ismail et al.，2009；Höller et al.，2009）。它被认为有助于更全面地看待城市空间，而不是局限于项目视角（Aurigi，2006：8）。

与水、电、电报和电话等以前的基础设施形式一样，数字基础设施的功能增强，无疑将有助于缓解和改善复杂的城市环境运作方式。然而，在这样的改变中，围绕这些服务形成的现有社会实践将被重新组织。对世界媒介化的体验减少了人类直接接触的可能性，它创造了功能性的联系，但也造成了社会性的脱节，这需要时间来将其重塑为一种新的形式。以技术为媒介的方式可能功能效用好，但社会参与度较低，它减少了人们的双手在现实中用来触碰物体和参与实践的机会。数字设备的使用可以提供一种与世界各地其他人交流的媒介，但它不能取代与他人和城市环境的多感官接触。这些自由主义的技术将个人从与他人相处、相互依赖的必要性中解脱出来，这同时也是将人解放和原子化。例如，中央采暖使一个家庭的成员从有供暖的共享房间中解放出来，使每个人都能待在各自的房间中，既能为每个人提供自由舒适，又实现了个性化和原子化。像其他这些技术一样，数字技术已经扩展了人类的能力，使得人们在相互独立于他者的同时，却又比以往任何时候都更加依赖于非人格化的系统。

城市设计连接空间碎片

城市化过程将人和物集中在城市有限的空间中。聚集在城市里的人在许多方面受益于与他人在一起，这就是城市持续发展的原因。然而，这种生活方式也有它的问题和挑战，尤其是在城市高度大规模发展的情况下，这种问题和挑战会更加尖锐。作为回应，城市居民产生焦虑，或个体反应表现为逃离城市，或集体反应表现为公众试图重新安排城市秩序使之适合居住。

城市设计的首要任务是将城市的各个部分连接起来组成一个城市环境，这个环境超越了各个部分简单叠加的总和。不间断的城市化进程创造了越来越大的城市住区，它们按照功能和社会的界限划分，在社会分层、文化脱节和空间碎片化上被反映出来。理性主义的规划过程也常常把城市想象成有序片段的集合，通过交通技术和道路的层次结构在功能上相互连接。在历史上，用于建立联系和连接碎片的空间工具是空间供给和流动的手段。然而，对于建立联系而言，休憩和运动同样重要；因此，逗留和社交空间对于连接性来说就像空间对于移动性一样必要。城市设计同时涉及运动和休憩（Bacon，1975），因为它们提供了不同尺度和速度的连接。如此一来，城市设计可以将这些脱节的部分相互连接起来，从而形成一个更加连贯的整体。

城市设计的核心围绕着连接与脱节、秩序与混乱，因为每一个设计行为和每一个空间的形成都可能同时引起碎片化和连结力。建立秩序和满足社会需求的目标可能是居住在城市中的人们所期望和接受的，但工具和结果可能会有不同解释，它们服务于不同的利益并建立服务于某些人而牺牲他人利益的秩序。每一种空间工具都通过规划和设计来创造一些社会和空间秩序，作为回应，其中存在着要求摆脱这种秩序的压力。这些离心力必须得到承认，以便看到它们内在的一些价值；因此，城市设计必须在离心力和向心力之间取得平衡。为了做到这一点，城市设计创造了空间联系和簇群，鼓励将人和地方联系在一起的连结性实践，同时势必会意识到并减少这些联系的潜在负面影响。从某个意义上说，城市设计的整个历史可以被视为致力于建立联系的努力，并通过这种联系创造某种形式的社会−空间秩序。同时，对这些秩序的抵制是不可避免的，因为每一种秩序都是某个人对世界的偏好看法，一种从某个角度提出并强加给一个复杂且不受控制的世界的制度，其代价是破坏或忽视其他观点，这可能只不过是一场争夺权力和控制权的斗争。这就是为什么这些既有秩序会不断地被测试其合法性，即被质疑、重新审视和修改的原因。

城市环境是一个集合，由不同的现象组成，并以多种不同的方式分割。土地利用的组织体现了按照功能分割的方式，而交通和通信基础设施反映了距离和流动性产生的分割。这些形式的碎片化是城市环境日益复杂和规模扩张的结果，也是通过组织和技术手段对其进行管理和排序的结果。然而，随着现代规划和设计的缺点逐渐被人们所认识，城市设计往往怀着融合的理想，试图重新思考这些破碎的秩序。正是在这种背景下，混合土地利用和对行人的优先考虑已经取代了单一化的土地利用和机动车的主导地位。 85

规划师和设计师不断地谈到一种整体性的方法。在这种方法中，所有相关的现象和所有相关的技能都被考虑在内，从而创造一个整体的结果，其中所有的组成部分都是相互关联的。这是一种极具技术性和功能性的考虑，所有起作用的因素都需要被考虑在内，以便理性地评估从前提到结论的最佳途径。城市设计师追求的一个目标是整合不同的功能，弥合差距，并在碎片中创造连贯性。从表面上看，这似乎是一个毫无疑问值得肯定的雄心壮志，然而我们不禁要问：我们所说的碎片是什么意思，我们如何设想一个连贯的城市？在一个人看来可能是连贯的，在另一个人看来可能是压迫性的；一个人对整合的想法可能在另一个人看来是不合理安排带来的纠缠。这种连贯性难道不是一种新的秩序形式吗？这种秩序形式与它想要取代的旧功能主义秩序一样僵化。

这些问题首先引导我们提出另一组关于各部分相互协调的城市空间是否存在的问题。我们所说的"城市空间碎片化"是什么意思？有没有一个统一的实体叫作"城市空间"然后被碎化成不同的片段？或者城市空间是否如规划师和设计师所设想的那样？城市是人和物的集合，它可能从来都不是也永远不可能成为一个统一的整体。一个城市是一个经验主义的统一体，只要我们给它一个名字，并假定它是一个单一的实体；但实际上，它总是一个多元体，而不是一个统一体。除了一个单一的名字，人类住区没有任何独特性。它始终是碎片的集合，每一个碎片都可能是其自身丰富组成部分的集合。任何一个人或一个地方都是许多事物的复杂集合。当这些现象之间的关系发生变化，我们对这种关系的解释也随之改变时，就会发生碎片化。最初设想的和谐、统一和连贯可能仅仅是如何解释的问题，现在正在被重新审视，以揭示可见的多样性。

在克里斯托弗·亚历山大（Christopher Alexander）的城市设计理论中，他主张将创造整体作为设计过程的中心目标。根据这一理论，城市设计过程应围绕"生长的整体"的理念展开。整体性，也等同于"连贯性"（Alexander et al.，1987：23），是基于一种内生的增长概念，即城市的每一个新增部分都是从其文脉和过去中产生的，而不是从外部植入的。"生长的整体"的意思是"增长是从它过去特定、独特的结构性质中产生的……这是一个自主的整体，它的内在规律，它的出现，支配着它的延续，支配着接下来出现的事物"（Alexander et al.，1987：10）。旧城镇的有机形态与生物有机体具有"自我决定、内部治理、增长的整体性"这些相同特征（Alexander et al.，1987：13）。整体性的概念被转化为一系列的原则，这些原则被用来发展一种新的城市设计理论："整体是逐渐增长的，一点一点增长的"，它是"不可预测的""连贯的"和"充满感情的"（Alexander et al.，1987：14）。

这一理论是建立在一个与自然有机体的显性类比之上的，这些有机体按照内在的逻辑发展，但忽略了这样一个事实——这些有机体在不断地适应外界的刺激。这一想法是对现代主义"从外部变化"观念的一种明显挑战，这种观念基于功能需求和技术可行性，而不是一个地方的内在动态。零零碎碎的变化是对当时的综合规划思想的直接挑战，而当时的综合规划思想已不可能也不再可取。然而整体性和连贯性的概念还存在争议。我们什么时候会知道某件事物已经达到了完整？我们是否应该在达到完整性之后抵触任何改变？连贯性和整体性能变得多么僵硬和保守？它们是否对外部世界及其自身内部不断演变的力量足够开放，还是会成为进一步改变的障碍，扼杀创新和实验？我们可以像亚历山大和他的同事那样回顾城市的历史肌理，并将它们视为连贯的整体。但这些肌理有许多内在的动力和不一致性，这些年来已经部分地消除了，并部分地保持了彼此之间的差异，但对于一个远处的观察者来说，它们可能还是显得连贯一致。一个古老城镇的景观给我们的印象是一个与其本身完全和谐的整体，但是如果 18 世纪的建筑被放置在中世纪的建筑旁边，或者替换它，那会是破坏性的，不成比例的。旧城镇的连贯性外观往往是在长期的改造过程中出现的，既有内在的压力，也有外部的力量。在设计城市的未来时，仅仅停留在内在变化中是不可能的，也是不可取的，因为外部世界及其可能的变化是无法被忽视的（图 4.6）。　87

图 4.6　从遥远的时间和空间来看，看似和谐的事物可能经历了许多冲突和矛盾（西班牙赫罗纳）

这些关于整体的存在或期许，或者现象的多元性和多样性的问题，塑造了现代主义设计师、规划师及其批评者的战场，这些问题直接将我们引向了社会学和政治哲学中的一些关键性辩论，这些辩论在同一时期内一直存在。整整一代思想家都在与理性主义原则的狭隘假设和令人窒息的影响作斗争，主张将差异和多重性视为现实的必要性（Lefebvre，1991；Foucault，2002；Deleuze，2004）。关于民主政治的辩论围绕着国家、市场和社会之间的关系，以及不同形式的合作和竞争如何总是同时发挥作用而进行。这些争论是关于一个社会如何被想象成一个个人的集合，一个团体，或者一个单一的统一整体。对这些争论和问题的反应部分依赖或取决于我们对良好社会及其形式的意象。接下来的几章中，我将阐述这些思想

88 对经济、社会、政治、文化、环境的影响。但我将在这里先开始对我们所建立的联系及其基本的可能性进行研究。

连接的偶然性

在现象之间建立联系的空间、技术方法是城市设计和规划的首要特征，旨在建立和扩展事件、功能及实践之间的空间、时间、制度和符号联系（Madanipour，2010a）。然而，这些联系可能是不确定和偶然的，没有表现出将一种现象与另一种现象基于因果关系联系起来的明确能力。任何对一个整体的定义将取决于其内在联系的质量，否则它将只是一个片段的集合。但是，如果这些联系都是偶然的，我们如何才能建立一个整体的安排？

尽管城市设计和规划致力于空间转型，但它们可能主要被认定为时间的过程：执行一个行动作为实现特定目标的前提条件，建立一系列事件，从而将前提引导到结论。因此，时间联系是规划和设计的本质。特别是，规划的定义包含了时间维度："规划是对所期望的未来和实现它的有效方式的设计"（Koff，1970：1）、"规划是对未来的思考"（Bolan，1974：15）、"规划是预先制定的行动"（Sawyer，1983：1）。例如，根据 Cullingworth 和 Caves（2003：6）的观点，规划的多种定义都有一个共同的想法，即"具有前瞻性并试图决定未来的行动"。城市设计也具有这种前瞻性的特点，因为它旨在引导事件的进程，从而达到一种理想的未来状态。因此城市设

计和规划依赖于事件的时间线和因果链，是一个跨越时间的具有目的性的连接的线性过程。

这些联系在本质上是理性的，因为它们基于一个计算过程，在这个过程中，所有的选项经过评估以选择一个偏好的行动方案，前提与结果相联系，原因与结论相联系（Madanipour，2007）。然而在一个复杂的城市环境中，许多机构和因素参与了长期的空间转型，因此很难保持这种因果关系链和计算的清晰性。时间的联系变得偶然，由于我们不确定也不能观察到最初的目标之后是否跟随着一个预期的结果，这就暴露出一系列问题，从认识论上的怀疑到实施计划的缺陷。时间的线性概念是这个事件链中固有的（Aveni，2000），但这个链的偶然性破坏了时间的线性概念。作为时间的线性概念是启蒙运动遗产不可分割的一部分，在经历了世界大战和环境退化的现代历史后，进步的思想受到了质疑，并被市场范式的优势所强调。在市场范式中，线性的进步被市场的周期性节拍所取代。在这种市场中，个体经营者的总体方向并不总是向上的，风险总是存在的。

现代主义的规划和设计正是基于这种进步的理念，对他们的解决方案在能够提供一个比过去更好的未来这一问题上充满信心，因此乐于参与制造一个时间的断裂，这将促使与过去彻底决裂。然而现代主义理想的消亡表明，这种线性的进步思想仅仅是一种欲望的表达，而不是一条安全的路径。无论是自信地与过去决裂，还是线性时间前进的消亡，都显示了时间联系的偶然性。

除了时间上的断裂和脱节，还有一种空间上的收缩。在这种收缩中，行动的规模和解决问题的抱负都被重新调整。在全市范围内建立联系是现代主义的《雅典宪章》和之后综合规划的目标所在。城市的全部空间都受到详细规划的规定和设计方案的制约。然而，这些目标被削弱的部分原因是提出的解决方案失败了，另一部分是由于公共部门在 20 世纪 70 年代经济危机后无力实现这些解决方案。现代主义的规划和设计因其欧几里得（Euclidean）和笛卡儿的抽象空间概念而受到批判（Descartes，1968；Cornford，1976）。取而代之被接受的是一个相对的空间概念，即空间是"共存的秩序"（Leibniz，1979：89），这与社会关系相吻合（Lefebvre，1991；Gregory et al.，2009）。空间性被用作对线性时间和进程的批判，对因果链的合理性的质疑，并提供了一个替代的视角，强调共存的可能性，而不需要存在于工具联系中的必要的权力关系（Gutting，1994；Foucault，2002；Perry，2003）。预计将在全市范围内建立的空间联系被调整为局部联系，缩小了规划和设计的范围和雄心，专注于单个项目和场所。

　　建立空间联系是空间规划和城市设计的核心。通过加强或变革一个地方和另一个地方之间的关系，通过将一项活动靠近或远离另一项活动，以及通过定位一个物体与另一个物体的关系，整个设计和规划过程通过计算，评估并提出一个地区未来的条件。通过这种方式，提出一种新的空间秩序，这种秩序在某种社会-经济-文化理论的基础上得到了证明。然而，在许多情况下，将这些现象与对它们更广泛的解释联系起来的能力，与其说是实际的，不如说是象征性的。在市场条件下，一个地方的合理性和实际用途之间可能存在差距，这可以从不同形式的私人开发项目广告或公共项目的使用评价中得到证明。因此预期的空间秩序可能会脱离其合理化解释的修辞，脱离使用者的体验，脱离城市的其他部分，并仅仅停留在构建一种叙事、一种体验或一种景观的层次上，而这些叙事、体验或景观被简化为视觉构图上的联系。除了空间和时间的脱节，还有制度的和象征的脱节，我将在下面的章节中通过研究一些被用来解决这些断裂、收缩和脱节的整体概念来探讨上述脱节问题。

结语

　　城市设计和规划致力于在人、场所和事件之间建立联系，从而在现象的多重性中建立各部分相互协调的秩序。一方面，这些秩序使城市的生活更有条理，更加宜居；另一方面，它们的合理性受到质疑，并因过于狭隘或过于僵化而遭到抵制。时间断裂和空间收缩与近几十年来的结构、社会和经济变化有关，在这些变化中，长期和综合的展望、抱负已被短期视角和选择性行动的更温和的抱负所取代，将综合规划转变为战略规划，形成规划和城市设计的交点。空间连接可以采取公共空间、邻里社区和街道的形式。通过对街道的关注，人们有关城市空间中不断变化着的运动认识变得清晰起来，并与城市经济基础变化，及其产生的对生活质量和环境的关注等结构性背景联系起来。街道成为战略规划和设计的媒介，连接城市碎片，为选择性投资和改善提供焦点。街道应当成为城市体验的支柱，而不是一个让人尽快通过的功能设施；街道应当是一个逗留和社交的场所，而不是一个独立的单一功能空间。街道首先变成了道路，然后又变回了街道：当汽车主导话语权时，街道变成了快速道路；当行人和社会生活成为焦点时，街道作为社交、战略决策、选择性投资和社会空间连接的多功能空间被重新激活，用于克服地方和区域的碎片化。尽管人们质疑以汽车为基础的交通技术是否有利于行人和骑自行车的人，但用于增强功能、压缩空间和时间，建立新的联系的数字技术仍在发展，这也导致了新形式的脱节。

　　城市设计建立了空间联系以寻找整体的解决方案，但整体的价值和存在以及联系的强度并非理所当然。这些联系和簇群放在一起是一种社会空间秩序的表达，这种秩序需要进一步的调查，以检验其在经济上的可再生性、社会上的包容性、文化上的意义、环境上的可持续性，以及政治上的民主性主张。

第五章　再生的都市主义

92 作为全球化的结果，一些城市的经济基础已经从制造业彻底转变为服务业，同时一些新的城市成为工业生产中心。从制造业向服务业的转变，与主导建成环境生产的力量由国家转向市场是同时进行的。随着城市不断发展并成为世界主要的居住和生活场所，城市设计承担了非常重要的再生作用，用很多不同的方式助力城市经济。城市设计成为上述演变的一个主要因素，有助于消除衰落的痕迹，并为新的活动创造新的场所（Madanipour，2011a；2006）。因此，需要对城市设计所使用的空间工具、这些工具的经济效益以及再生过程中的社会和环境影响进行分析。

城市设计在经济变化中的作用是巨大的。这一章节概括了近几十年来经济转型的主要形式，以及城市设计在转型中的作用。去工业化和全球化的过程引发了工业城市的再生，以及将城市复兴作为全球经济转型中心的呼吁，这使城市设计成为人们关注的焦点。随着科技、艺术和文化活动等新兴板块的兴起，城市设计成为了新型知识经济的推动力，被用来促进创新改革。同时，城市设计在房地产投资管理中的作用也十分重要。城市设计在多大程度上服务于全球经济力量和房地产投资者的利益？城市设计能对创新实践做出多大的贡献，从而振兴地方经济？经济再生的需求在多大程度上优先于其他方面的考量？本文的关键论点是，城市属于其市民，城市设计的首要出发点应该是为了市民的利益而复兴城市。城市设93 计中以经济再生为目标的空间策略倾向于围绕集聚并创造充满经济活力的簇群。在本章中，我将对簇群作为处理经济需求的主要空间工具进行评论。

一个城市星球：城市群的无休止增长

正如城市经济学家所说，城市是人群的聚集地，人群按照规模经济的逻辑聚集在一起，"如果没有规模经济，就没有城市"（O'Sullivan，2003：19）。生产者聚集在一起，从劳动力、信息和供应资源中获益；工人们聚集于生产地点周边以获取工作机会并降低出行成本；进而，大量服务设施出现在这些地方，为商品与服务的生产和消费提供支持。生产、运输和交易的规模经济发展，产生了以单一产业为特征或以制造业、贸易和服务业混合为特征的城市发展模式。

这是自工业革命开始以来城市如何发展以及如何继续发展这一故事的中心线索之一。19世纪曼彻斯特和利物浦这两座英国城市的历史就是体现规模经济的双重原理的典型案例。曼彻斯特通过纺织业的聚集发展为世界最早的工业城市之一，而利物浦则发展为一个贸易中心。与此同时，一些城市将这两种特征结合，今天许多发展中的城市就是例证，如中国南部的深圳市，在不足30年的时间里，从一个小渔村发展成为拥有1000万居民的大都市。服务业已成为一些失去制造业和贸易功能的城市的经济基础。西方的一些发展中的城市，如伦敦、斯德哥尔摩和维也纳，目前没有在贸易或制造业方面扩张，而是扩展了一系列通常被归为"服务业"的活动。这些大城市从很远的地方吸引人口，因此其发展是以其他城市为代价的。

技术变革的各个阶段都引发了关于城市消亡的猜想。火车、汽车和飞机的发明是出于对流动性的迷恋，但这些发明与城市的集中化相悖。到20世纪中叶，评论家可以说："城市时代似乎要终结了"（Martindale 1966：62）。后来，互联网的发展似乎预示着城市生活的终结，借此人们可以居住在任何地方，并通过新技术相互连接。不同阶段的文化和意识形态的变化也使城市面临分散和消失的威胁，首先是浪漫主义把田园乡村变得理想化，紧随其后的是郊区的居民，他们为了这样的乡村生活而放弃了拥挤、脏乱的城市。然而，城市抵御住了所有这些技术和文化形式的阻力，继续存在并发展，在一定程度上，进入21世纪这一时间节点已经被视为"城市星球"到来的转折点（绝大多数人生活在城市地区）。目前，有450多个人口超过100万的城市，其中有超过20个人口超过1000万的"特大城市"。到 21 世纪第二个和第三个十年，可能会出现"不可逆转的和历史上前所未有的现象"，即到 2050 年，世界城市化率将从现在的 50% 上升到70% 以上（UN-Habitat，2012：5）。尽管城市化曾引发前几代人的极大担心，但联合国现在将其视为一种积极的发展，并将城市视为"促进和追求可持续发展的最大财产"（UN-Habitat，2012：6）。

持续不断的城市化进程是工业资本主义向世界新地域扩张的一种历史性全球趋势的表征。两个世纪前，西欧工业资本主义的出现引发了一场城市化热潮，将大量工人从农业和乡村转移到工业生产的城市中心。这一趋势后来扩展到南欧和东欧国家。例如第二次世界大战后的意大利，该国北部城市的制造业得到了发展，吸引了来自南部和农村的移民工人。这种城市发展的过程现在正在世界各地重演。

然而，这种无休止的城市化进程的地方性变化绝不是同质的。当有些城市或城市的某些部分在衰退，并遭受人口和活动的损失时，另一些则在增长和繁荣。地方性变化不仅是空间上的，而且是时间上的：城市是随时间进行周期性的建设，而不是一直保持匀速建设。作为塑造城市空间的活动，城市设计在这些过程的加速和减速、繁荣和萧条、扩张和收缩、集中和分散、增长和衰退中的作用至关重要。城市设计通过在建成环境的生产中发挥作用，成为这些过程的组成部分之一；城市设计被用来填补空白，连接碎片，变革边界，以及创造新的场所。

全球化和城市经济变革

在发达的工业国家，城市经济的基础已经在很大程度上从制造业转变为服务业。这种变化首先表现为"一个垂死的工业文明"（Toffler，1981：19）和后工业经济的到来（Bell，1973）。这种变化的特征表现为，从制造业向服务业的转变，新型科技产业的重要性日益凸显，新技术精英的崛起和社会分层新原则的确立；换句话说，就是"从一个商品生产社会到一个信息或知识社会的转变"（Bell，1973：487）。逐渐地，"后工业"一词让位于"知识经济"，这是承认目前所做的事情已非前人过去所做的事情。知识经济是围绕"知识和信息的生产、分配和使用"而形成的（OECD，

1996：8），反映出一种"从敲打金属到知识生产"（Stiglitz，1999：15），从物质资本积累到知识的经济性应用（UNESCO，2005：46）的转变。

　　"后工业"一词被广泛使用，用来描述那些失去了制造业基础、如今被称为消费场所而不是生产场所的城市和社会。但是这一术语是有争议的，不受欢迎（Touraine，1995；Esping-Andersen，1999；Kumar，2005；Webster，2006）也不准确。首先，无论如何定义，制造业和服务业之间的关系已经被证明是一种劳动分工，而不是相互排斥的关系（Gershuny，1978）。生产和消费之间的关系也是相互依赖，而不是相互取代（Gershuny，2000）。事实上，交通、自动化、信息和通信等新技术已经使制造业与服务业、生产与消费之间的分工全球化（Madanipour，2011a）。

　　制造业的衰退已成为一个总体趋势，但衰退的速度和强度在不同国家有所不同，因此这一现象在英国和美国发展时间较早且程度更深，但在德国和日本则较晚且范围没有那么广泛（Nickell et al.，2002）。在每个国家内部，制造业衰退的步伐和模式也各不相同。去工业化不是一个普遍性和全球性的进程，而是局部的、渐进的和地方性的。新的全球劳动分工重新安排了制造业和服务业的地方，这种劳动分工不是凭空出现而是根据实业家和投资者所做的一系列决定形成的。发达国家中的生产成本较高，劳资关系复杂，这些都是投资者想要避免的挑战。战后的凯恩斯经济学在雇主和雇员之间建立了一种协议，发展了一种福利国家，使工人获得了前所未有的特权（Aglietta，2000；2008）。这是一种不再愿意屈服于工业资本主义并对它进行改良的尝试。自由市场和计划经济的支持者之间开始了一场意识形态的战争。实业家们对此的应对是发展新自动化技术，以及将生产转移到世界上低成本、监管不足的地区。从早期开始，全球化便是一个有意识的决定，而不是一个偶然的方向转变："美国的管理和资本在国外找到了它们最有效的利用方式，并为制造业雇用了外国劳动力"（Bell，1973：485）。随着这一变化，人们对税收的态度发生了戏剧性的变化，要求大幅削减税收，现在经济战争似乎已经结束（Galbraith，1992）。

　　因此，工业文明并没有消亡；它找到了一个空间性的解决方案，即将其活动分散到世界上新的地区，在那里可以避免高工资、劳资纠纷和环保运动。因此，世界上的新地区已经工业化和城市化，而以前用于工业生产的工厂关闭了，人口分散或减少了。这是一个生产空间重组的过程，导致了新集聚区的崛起和另一些集聚区的衰落。然而在这一全球化进程之后，去工业化的区域需要复苏。知识经济作为未来的方向的想法被提出，这是一个能够调动地方活力的议程和愿景。例如，"欧盟里斯本战略"（European Union's Lisbon Strategy）及其后续的"欧盟2020"（EU 2020）对欧洲的未来提出知识型经济的倡议。最近的经济危机加剧了全球化、气候变化和人口老龄化的挑战，这些挑战将通过发展一种"以知识为关键性投入"的经济来应对（EC，2009a）。

这一经济变化的特征是产品性质从物质商品转变为所谓的非物质、无重量的商品和服务，从物质的、有形的产品转变为无形的产品。这些产品不需要随身携带，而且可以同时被许多消费者使用。有些人称之为非物质的、无形的、无重量和非空间经济（Quah，2002），其以无形的数字流意象为特征，这些数字流意象形成了全球通信网络中运行的计算机程序和游戏。信息空间被想象成一个非物质的领域，在那里，图像和思想取代了物质实体：在那里，物质世界的规范和条件不再适用（Nayar，2010）。非物质性思想也扩展到社会和文化、艺术和建筑以及劳动过程（Diani，1992；Lazzarato，1996；Hardt et al.，2000；Hill，2006；Thomas，2008；among others）。在这样的情况下，地方和物质的重要性似乎消失了：位置、边界和距离似乎都不再重要——真实场所的设计可能不再需要。然而，这种分析和这种愿景是错误的；它们代表了一种理想化和唯心主义的解释。

生命过程的非物质性和非空间性只不过是一种隐喻。知识产品可能没有实体物体所需的传输成本，且电磁传输过程是不可见的——但它们和任何可见的过程一样是物质的。原子和亚原子世界确实是物质现实的基本构成要素，而不是一种想象的叙事。这些产品的生产、加工、传递、展示都是由能量和物质构成的物质过程，由人、机器、网络这些物质实体所执行，每一种都有重量、位置和与其他物体的距离等空间特征。连接这些人、场所和活动的社会、经济过程都是物质过程。如果以现代社会所拥有和消费的物质商品规模来衡量，变得显而易见的是物质性的程度而不是非物质性的程度。

当涉及生命过程的非空间性时，非物质性的概念显著消失。通过对隐性知识重要性的强调，个人和团队的作用被认同，这种作用远远超出计算机可以处理的编码信息。正如鲍威尔（Powell）和斯奈尔曼（Snellman）（2004：199）所说，"知识经济的关键组成部分是对智力能力的更大依赖，而不是对物质投入或自然资源的依赖"。这些个人和团体可能位于不同的国家，并通过通信网络进行合作，但他们的生活并不在信息空间中开始和结束。他们仍然生活在空间和时间框架内，为了购物、工作或娱乐、会见朋友、送孩子上学、看病以及其他一些构成城市的日常活动而出行。即使在工作方面，在数字通信出现后，城市里的人员和公司的聚集也有所增加。

尽管对知识经济基础设施的投资可能更倾向于研发（R&D）、高等教育和 IT 软件（World Bank，2008；OECD，2008），但对实体资本的投资并没有消失（Madanipour，2005）。一个重要的原因是，在全球经济中，知识是在城市中产生、管理和交换的（Sellers，2002）。另一个原因是，作为经济的组成部分，发展工业的重要性仍将持续存在，无论是基于制造业还是服务业。

周期性建造的城市

城市是随着时间一块一块建设的。每当地方或国家经济繁荣时，一波城市发展项目就会启动，当经济活动放缓时才会结束。正如市场经济以周期性的方式运行一样，城市的肌理也是在经济活动爆发期进行建设，随后进入一段平静期。因此，城市景观可以被解读为这些集中活动时期的标志。平静期可能是衰退和恶化的时期——在这一时期中，建成环境解体并屈服于熵[①]的力量；平静期也可能是巩固和微调整的时期，在这种时期，出现了修复和维护活动，而没有显著的转变。任何一个城市的城市肌理都是其经济史的证明，并与其发展历史相对应，在一系列相对有活力的间歇性时期中建造和重建。一些分析人士将这些经济周期与技术周期联系起 99

---

① 在这个语境中，"熵"（entropy）是指事物的常态是一种无序或混乱的状态。当用于描述城市环境时，它暗示着城市结构和功能的逐渐衰退和瓦解，反映出城市因缺乏维护和更新而逐步失去原有的秩序和效能。——译者

来，在这些周期中，主要的新技术推动了特定时期的经济发展。

研究人员一直在寻找关于市场经济的明显周期性行为的解释。苏联经济学家尼古拉·康德拉季耶夫（Nikolai Kondratieff）（1935）提出了一个时间模型来显示资本主义经济的结构性规律。研究显示，资本主义经济是可以自我组织和再生的，而不是如马克思主义者所预测的那样衰退和消失。他认为，这些经济体的行为是复杂且具有周期性的，而不是简单且线性的。大约平均 50 年的长波动期，重复着连续扩张、停滞和衰退，标志着高增长和低增长时期的波动。

一些较短的经济周期也被认为是长波的谐波：基钦周期[①]、朱格拉周期[②]和库兹涅茨周期[③]发生在 3~25 年的周期内（Korotayev et al.，2010）。基钦周期或"库存"周期（an "inventory" cycle）是一个 3~5 年的短期商业周期，显示出一个过剩生产和反馈的循环，即通过市场信号调节生产。当需求增加时，生产者就会向市场大量供应某种产品；当市场趋向于饱和时，需求减少，而这一信息传递到生产者需要一段时间，此后生产者才会相应地减少产量。生产过剩的危机就来源于信息到达供应商的时间过程中。朱格拉周期会持续 7~11 年。这种周期是投资和创新中的生产过剩危机所导致的商业周期。人们通过增加固定资本投资以应对可预见的需求，但应对危机的过程要比基钦周期慢得多，因为它无法通过迅速关闭生产来处理需求减少的问题。这一现象的结果是生产加速和减速的周期更长。

西蒙·库兹涅茨（Simon Kuznets）提出了 15~25 年的较长周期，用来解释社会变化的周期及其对建设活动的影响，诸如移民加剧和人口变化等变化（Kuznets，1930）。这些周期也被称为库兹涅茨"摇摆"（"Kuznets swings"）或建筑或基础设施投资周期（Korotayev et al.，2010）。当人口

---

① 基钦周期（Kitchin Cycle）：基钦周期是一种经济周期理论，通常持续约 40 个月。它主要关注库存水平的波动，认为这些波动是由库存管理不当或市场需求变化引起的，从而影响整个经济的短期波动。——译者
② 朱格拉周期（Juglar Cycle）：朱格拉周期是一种较长的经济周期，大约持续 7~11 年。这个周期强调固定投资（如设备、建筑）的波动对经济的影响，认为这些投资的周期性增减是引起经济扩张和衰退的主要原因。——译者
③ 库兹涅茨周期（Kuznets Cycle）：库兹涅茨周期是一种中期经济周期，持续时间约为 15~25 年。这个周期侧重于经济结构变化，如城市化和产业结构转型对经济发展的影响，反映了长期的经济增长和社会变迁。——译者

结构变化导致住房需求增长时，开发商开始通过建造新建筑来应对。然而，建筑的供给过剩和需求下降，会开启一段时间的调整和放缓。城市景观可以被解读为建筑和基础设施兴起时期的创造。一项关于"摩天大楼指数"（Skyscraper Index）的提案认为，摩天大楼是经济衰退的一个标志（Lawrence，1999）。这些建造在建设热潮的最后阶段，也是土地价格处于最高点的时期的最高建筑，是经济状况即将出现低迷的一个指标。一系列的例子表明了这种相关性，包括：1908 年建成的辛格大楼（Singer）和1909 年的都市生活大楼（Metropolitan Life），均建设于 1907 年的大恐慌时期（the time of the Panic）；1930 年建成的克莱斯勒大厦（Chrysler）和1931 年的帝国大厦（Empire State building）是在大萧条前夕建造的；最近建造世界最高建筑的热潮，正是处在 2008 年经济危机之前（Lawrence，1999；Thornton，2005）。

　　繁荣和萧条的周期表明，不同的生产领域都遵循着某种周期模型，但加速和减速的节奏不同。建筑和基础设施遵循与其他商品相同的逻辑，并且与投资和回报的流动、供求以及市场的波动有关，所有这些都服从资本主义经济的节奏。在经济的周期性特征方面，熊彼特（Schumpeter，2003）加入了"创造性破坏"的概念，这将成为理解城市空间发展的另一种工具。他将长波思想与他的"创新"和"创造性破坏"思想相结合，提出了一种历史变革的规律模型。

　　熊彼特的分析借鉴了生物学的思想，设想了一个进化的有机过程。这个过程会根据自身的内部动态而改变，而不是受到像战争和革命这样的外部事件的影响。他认为，这种内部过程的主要驱动力是创新、竞争和对旧事物的创造性破坏。作为"启动并保持资本主义引擎运转的基本动力"，创新来自"新的消费者"商品、"新的生产或运输方法、新的市场、新的工业组织形式"（Schumpeter，2003：83）。创新"不断地从内部变革经济结构，不断地破坏旧结构，不断地创造新结构。这种创造性破坏的过程是资本主义的基本事实。这是资本主义的根本，也是所有资本家关注的内容"（Schumpeter，2023：83）。熊彼特主张对经济学进行动态理解，而不是静态理解，他强调在一个固定时间框架下的价格机制"就好像没有过去和未来似的"（Schumpeter，2003：84）。对于他来说，经济活动遵循着一种时间逻辑，由长期波动和经济周期的规律所构成，具有内置的更新能力。

历史性变化的规律模式是一连串的周期，每一个周期都是一次独特的"工业革命"。这些革命的第一次开始于 18 世纪 80 年代，随后在 19 世纪 40 年代、90 年代和 20 世纪 40 年代掀起了后续的浪潮，这是生产方式、商品、组织形式、供应来源、贸易路线和市场创新的结果。每一次浪潮都变革了工业结构，开启了一段富裕时期，尽管会被较短的增长和衰退刺破，并以衰退和萧条的时期结束。每个周期都从淘汰过时的元素开始——一种创造性的破坏——这是一种"生产工具的反复复兴的过程"（Schumpeter，2003：68）。

创造性破坏在变革建成环境中应用得最明显。旧的建筑物和基础设施被认为是过时的，不能满足新一代和新生产方式的需要。它们被作为过时的事物、进步的阻碍而被拆除。这种复兴的压力绝不仅限于 20 世纪的现代主义者，在自工业革命开始以来的每一代人身上都可以观察到这种压力。这是现代性的本质特征，在这个特征中，旧事物的效用被不断地、系统地评判，被新的事物取代，同时旧有事物的残余部分被以一种新的语言重新呈现。

长期波动的整齐划一的规律性吸引了那些寻找历史规律的分析师们。然而，虽然较短商业周期的出现并不常受到质疑，但长期波动的存在却一直备受争议。同样受到争议的是创造性破坏的概念，它可以被解读为一个规范性概念，一个以经济需要和创新的名义进行自私的强制变革的处方，它谴责一切与这种具有破坏性的逐利风潮不相符的事物。

城市设计作为经济不可分割的一部分

城市设计是更广泛的城市发展过程的一部分；因此，可以根据城市发展过程中的经济动态对其进行部分分析。通过分析空间生产（Harvey，1985a；1985b；Lefebvre，1991；Madanipour，1996），我们可以从城市设计的经济作用中找到一些深刻见解。问题是，是谁在建造城市，通过什么机制、为了什么目的建造？众多机构都参与了城市发展过程，而不仅是设计师和规划者，尽管他们具有不可否认的重要作用。

"经济"一词指的是商品和服务的集合，以及涉及这些商品和服务的生产、交换和使用过程。从这个意义上说，城市设计是任何经济不可分割的组成部分，因为它涉及塑造和发展用于生产、交换及使用商品和服务的空间。此外，空间本身也是这些商品和服务的一种类型：它把社会过程具体化为一种具有使用价值的实用程序和一种可以在市场上交易的、具有交换价值的商品，对空间的所有权既能控制物质资源，又能标识社会地位及其区别。

因此，空间在经济中的作用可以从两方面来分析：第一种含义是根据经济需要而被创造和改造的空间，第二种含义是空间本身就是一种商品。在第一种含义中，空间可以被视为社会和经济活动的路径，由此新的地方被开发，旧的地方被改造以容纳各种功能。在第二种含义中，空间本身就是一种经济过程，在这种过程中，空间的生产和交换可以更多地被视为一种基于投机的市场过程，其目的是寻求投资的金融收益，而不是满足任何预先明确的需要。在第一种含义中，生产和使用之间存在直接联系；而第二种含义更加强调生产和交换之间的联系。在第一种含义中，城市发展满足了一种需要；而第二种含义中，空间本身被认为是一种需要，一种经济活动的驱动力，无论是为了利润最大化，还是为了资本流通和创造就业。

在响应需求时，城市发展进程将提供住房、道路、学校、办公室等。它与经济的联系是功能性的和响应性的。当城市发展本身处于中心地位时，空间塑造的过程则显示出其自身所拥有的动态。在此过程中，产业发展的需求可能与社会的功能性和文化性需求相适应，也可能不适应。建设部门在经济中的重要性可以证明这一点，它与提供必要资本的金融部门以及既作为客户又作为监管者对其进行支持的公共部门密切合作。因此建成 103 环境的生产在经济中扮演着核心的角色，其自身的内在逻辑驱动着它的行为（Harvey，1985a；1985b；Lefebvre，1991；Madanipour，1996；2006；2011a）。

21世纪初，在英国、美国、法国和德国，建筑业对国民经济的贡献约占国民生产总值的5%（Blake et al.，2004）。2005年，建筑业占英国国民总增加值^①的 6.3%（Dye et al.，2009：20）。1997—2002 年，美国建筑业机构的数量增长了 8%，达到 71 万家单位，雇用 710 万名工人。除了信息服务、专业服务、科学和技术服务以及教育服务外，相比于制造业（-3%）或采矿业（-2.9%）的下降，建筑业是一个在增长的行业。参与空间生产的其他板块也显示出强劲的增长：公用设施增加 10%；房地产、租赁增加 12%；运输和仓储增加 12%（US Census Bureau，2010a）。2002—2006 年，每年开工建设项目的价值增长了 1/3 以上，达到 1.1 万亿美元的峰值，直到 2007 年才开始下降（US Census Bureau，2010b）。

　　空间生产对国家和全球经济的非凡意义在 2008 年的金融危机中变得显而易见。信贷供应过剩导致了空间生产的过剩，而美国所谓的"次级抵押贷款"危机足以拖累全球经济，引发了几代人以来最严重的经济危机。从欧洲到美国，空间生产的过剩现象造成了严重的经济地震，表现为房价下跌和房产空置；也造成了许多个人悲剧，表现为美国大量的房屋丧失抵押品赎回权，以及在爱尔兰和西班牙拆除大片"鬼城"的呼声（图 5.1）。据英国政府商务大臣文斯·凯布尔（Vince Cable）称：

图 5.1　空间的供给与经济周期有直接关系（爱尔兰都柏林）

① 国民总增加值（National Gross Added Value）是衡量一个国家经济活动总体贡献的经济指标。它通过计算所有产业或部门创造的价值总和（产出减去中间消耗）来反映一个国家在特定时期内的经济产出和效率。——译者

我们建立在消费支出、房地产泡沫和不堪重负的银行体系基础上的模式彻底崩溃了——三家银行每家的资产负债表规模都超过了英国经济。这是一场蓄势待发的灾难，而它确实发生了。它造成了深远的损害，而且这种损害将持续很长时间。（The Guardian, 21 May 2011）

因此，空间生产在城市和国家经济中的重要作用，及其与其他部分的密切联系是显而易见的。凭借其规模和重要性的优势，建成环境的建造具 104 有其自身的内在动力，有着相当大的生产能力，这促使其从业者去寻求利用其生产能力的机会并谋取经济收益。此外，金融部门通过城市发展进程进行部分地资源循环，寻找资源出口和投资回报。因此，城市发展的议程可能是由生产或投机的逻辑驱动的，而不是由任何功能性需求驱动的。从广告和媒体中我们知道，对商品和服务的消费需求感知是可以被人为地创造和诱导的，而不是出于需要而出现的。强大的生产和投资能力加上鼓励和诱导机制的结合，可以创造并满足一种被感知的需求。这些生产能力可以根据城市自身的动态，在短时间内改变城市，从而创造新的市场，而不是等待社会需求的信号。空间的生产是由制造逻辑驱动的，而制造逻辑在某种程度上独立于情境的需求和需要（Madanipour, 2007）。

交换价值和使用价值之间的紧张关系部分反映了生产和使用之间的 105 矛盾。1776年，亚当·斯密（Smith, 1993）把使用和交换描写为两种不同的价值形式，它们可能是一致的，也可能是冲突的。使用价值与交换价值之间的紧张关系部分反映在性质与数量之间的紧张关系上。正如马克思（Marx, 1971：184）所说，"价值只存在于实用品中，存在于实物中"。对于有用的东西，可以分析它们的性质或数量：在交换关系中，只有物品数量是重要的，因为可以产生更多的货币；而在使用关系中，物品的性质才是决定性因素（Marx, 1971：2）。为了使不同物体之间的比较成为可能，交换价值被从使用价值中提取出来："作为使用价值，商品首先具有不同的性质，但作为交换价值，它们仅仅是数量"（Marx, 1971：4）。正是通过这种从质到量的转换这一抽象的过程，马克思以及随后的其他批判才得以存在。（Simmel, 1978；Harvey, 1985a；1985b；Logan et al., 1987；Lefebvre, 1991）。

在城市发展中，使用价值与交换价值、质与量之间的紧张关系无处不在。那些投资房地产的人可能主要对其交换价值和投资回报感兴趣，其他任何因素都微不足道。货币和市场的媒介作用允许他们与产品之间产生一种抽象关系，不带有个人或情感的投入。然而，那些使用这个地方的人可能主要对它的使用价值感兴趣，对空间质量感兴趣，比如一个公共空间、一个公园或一个游乐场。他们可能会在这个地方投入他们的情感精力，而这可能有或可能没有金钱价值，但可以形成一个社会结构和一个对于个体有价值的地方。当建成环境从一种功能转变为另一种功能、从一种所有权和控制形式转变为另一种形式时，这两种价值形式可能会发生冲突，特别是在转型时期。流离失所和绅士化、保护文化遗产和提供公共物品等社会问题可能会出现在这些冲突点上。

然而，这两组紧张关系绝不是给定的和必要的。例如，对于大多数买房人来说，使用价值可能是最重要的考虑因素，但他们可能对它的交换价值也有一些看法，但两者没有任何明显的矛盾。数量和性质之间的紧张关系也可以找到一种不同的非货币的表现形式。在战后的大规模住房计划

106 中，其重点是为更广泛的人群提供住房，并在某种程度上对住房进行去商品化。但强调数量的代价是牺牲了质量，这是一些计划失败的部分原因。这并不像马克思所说的那样，将数量等同于交换价值，而是将数量作为一种社会服务，为大部分人口提供大量住房。此外，当涉及塑造建成环境的复杂过程时，这些紧张关系可能不会表现在简单的二元对立关系中。正如我们稍后将会看到的，在文化框架内设定的象征性价值，可以与交换和使用价值一样重要。

然而，在城市发展过程中扮演核心角色的城市设计师们，需要对这些紧张局势有一个尽可能清晰的立场。他们仅仅是服务于最大化生产能力和投资回报的技术人员吗？他们是否仅致力于提供交换价值和空间数量，还是作为社会成员具有更广泛的作用，并期望将生产能力与使用价值和空间质量联系起来？学术教育和职业培训往往面向后一种价值观和期望。然而，在进入实践世界之后，压力迫使城市设计师转向前者。许多人指责设计和规划专业人士就是随波逐流，优先考虑更有权势的参与者的利益，认为这是务实的和现实的。然而，城市设计的本质就是架构并引导城市发展

的过程，这一过程涉及很多人的生活，因此需要拥有一个宽广的视野并关注诸多方面的利益。由于空间生产是经济不可或缺的组成部分，因此它会服从于市场的波动，在繁荣和萧条的各种周期中运转。城市设计既是对市场的回应，也被期望对市场经营者进行约束和指导，在空间生产中创造一定程度的稳定性。但如果是少数利益集团主导这一过程，上述情况便不可能发生（Madanipour，2006）。

通过竞争力实现再生

一种日益占据主导地位的城市再生和发展方法是，城市间的全球竞争是吸引资源的唯一途径。目前，全球化使得人力和金融资源相比以往更具流动性，城市行政管理机构正在寻找获取这些资源的途径。为了使自己对 107 这些明显不受束缚的资源更有吸引力，在政府官员自愿或在其他各级政府的压力下，采用一种具有企业家精神的、有利于市场的方法。他们把城市想象成参与全球市场的公司，搜寻能够促进当地经济发展的个人和企业。

城市设计与建成环境的其他专业一样，被视为市场营销和寻求竞争力过程中的关键盟友。具有衰退的消极形象的城市和地区希望设计师帮助他们重新塑造自己的形象，以便对潜在客户更具吸引力。为此，他们不仅聘请了设计师，还聘请了品牌专家，来改变一个城市的"品牌"。每个城市都将投入大量资金来制作一个官方标签，用于其广告宣传中。城市和地区在国际媒体上进行宣传，向游客和投资者展示他们是多么热情好客。建成环境的品质是这个营销行动的一个重要部分（图5.2）。

然而，这种方法存在一系列问题。首先，尚不清楚是否所有的城市都真正参与了彼此之间的全球竞争。尽管为了竞争力已经做了很多，但尚不 108 清楚城市之间的竞争到底有多激烈。在为特定类型的活动提供特定优势的地区之间，以及历史上视彼此为竞争对手的城市之间，存在一定程度的竞争。这种存在于城市、地区甚至国家之间的竞争形式是长期存在的。但一个城市不能简化为几种活动；同时，并不是所有的城市都能提供这样的细分市场。似乎有一种更普遍的氛围，在这里市场提供了一种范式，让公共权力机构在这种范式中对自身进行思考，无论这种思考方式是否适合他们

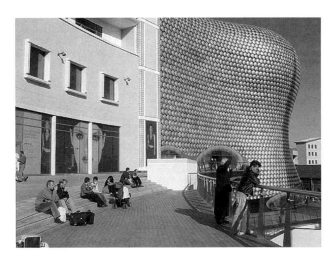

图 5.2　城市利用建成环境的设计来改变其形象，希望在全球市场上变得更有竞争力（英国伯明翰）

需要解决的一系列问题。在这种有利于市场平衡的变化中，许多其他可考虑的因素可能会输给市场，而这些考虑是一个民主选举的公共权力机构应该关心的。

　　城市设计当然不是品牌推广或美化形象的实践，尽管有些人认为它仅仅涉及美化。如画风格和城镇景观的传统延续，趣味性形式主义的后现代态度，以及以市场为导向的城市管理方法的物质条件，都聚集在一起，期待城市设计成为一种重塑形象的实践。然而，城市设计也是一个城市转型的过程，它不仅仅是表面的装饰，而是通过空间组织来解决严肃的社会和经济问题的途径。

通过创造性破坏实现再生

　　去工业化的过程对工业城市来说是痛苦的，主要经济基础和主要就业来源的消失留下了深深的疤痕。这并不是最近才发生的，因为来自其他工业城市的竞争以及旧工业领域缺乏新投资的状况已经持续了几十年。然而，20 世纪 70 年代往往被认为是制造业城市生命周期的最低点，在这一时期，能源危机、紧张的劳资关系、技术变革，以及全球化这一新阶段的开始使这些城市陷入困境。因此，在曾经是国家经济引擎的制造业集中地区，一幅衰败和工厂被废弃的景象开始出现，如在英国北部、在美国的铁锈地带、在意大利北部、在德国西北部和其他的工业化国家。20世纪80年代，在英国的玛格丽特·撒切尔（Margaret Thatcher）和美国的罗纳德·里根（Ronald Reagan）的领导下，倡导的应对措施包括休克疗法、与过去的工业彻底决裂、一波新的创造性破坏浪潮和一种新版本的现代主义。

在制造产业扩张阶段，工厂坐落于河岸，这提供了廉价的运输和工业废弃物的出口。现在，工业城市的再生集中于这些河岸，滨水再生因而广受欢迎。这样做的目的是消除物质上和社会上的衰败痕迹，这种彻底的决裂让许多社区都很难接受。

在这一过程中，许多曾经的工业城市发生了转型。这一过程的第一步是消除如今与制造业相关的衰落的形象。在公共补贴和直接投资的帮助下，许多场地被清理干净，被污染的土地被回收再利用。在英国，这是由中央政府策动的，这在政治上与那些捍卫制造业复兴，而非废除制造业的地方政府存在分歧。然而，处理这层层叠叠的历史在政治和文化上一直是有争议的。被删除的是工业工人阶级的景象，这是对制造业在国民经济中的相对重要性的进一步削弱。制造业城市是由工业工人阶级居住的，工党在全国范围内代表工人阶级并在地方层面控制工人阶级。对工业景象的抹除被中央政府视为必要的第一步，但在当地则被视为对令人自豪的历史和身份的一种恶意攻击，虽然这些历史和身份被评估为不再有用了。

这是创造性破坏的一个清晰而巨大的例子，它将过去的残余物视为障碍并进行清除，尽管再生的过程往往不知道接下来会发生什么。空间不是为特定活动或针对特定需求而创造的，因为衰退的经济会收缩而不是扩张，空间会是过多而不是过少。在衰退城市中的住房和房地产市场崩溃的情况下，问题不是创造新的空间，而是消除过剩的供应，以适应收缩的人口和活动。城市发展将变得灵活、强调混合使用和投机，因为未来的经济形态并不明确，而且对空间的需求也几乎不存在。空间转型本身成为一种经济活动，因此有人指责再生是由房地产开发利益主导的。公共部门投资将有助于重建已经崩溃的土地和房地产市场，翻新基础设施并创造一个新的公共领域，以此吸引私营部门的投资（图5.3）。

图 5.3 空间转型在经济发展中起着中心性的作用，提供用于使用的空间和用于交易的商品（英国诺丁汉）

城市设计在这一过渡中发挥了战略作用。通过提供改革的方案，并将各个部分整合到一个统一的总体规划中，它可以提供一个愿景，公共部门和私营部门可以围绕这个愿景进行合作。因此城市设计是城市再生过程中不可分割的一部分。在英国，当"城市再生"的术语让位于"城市复兴"时，城市设计在这一时期发挥了更加重要的作用。由建筑师理查德·罗杰斯领导的城市工作组（The Urban Task Force）主张采用"设计主导"的方法："成功的城市再生是设计主导的。在我们的城镇，促进可持续的生活方式和包容型社会，取决于物质环境的设计。"（Urban Task Force，1999：49）与前几代人被指责为物质决定论不同的是，城市工作组承认，单靠设计是不够的，需要与医疗、教育、社会服务、社区安全和就业等方面的投入一起展开。更确切地说，设计"可以帮助支持这些机构成功运作的市政框架"（Urban Task Force，1999：49）。

当然，问题是设计意味着什么。它是否意味着建成环境在空间需求产生前对建成环境的推测性开发，这从一开始就是城市再生的特征，还是说这意味着一个创新的过程，在为城市问题寻找新的创造性解决方案。难道就像许多非设计师所认为的那样，"设计"只是关注外观吗？甚至那些致力于城市再生进程分析的人也倾向于认为设计是锦上添花，是为开发行业想要生产和销售的任何产品而制作的漂亮衣服。然而，设计也意味着空间组织的变化，一些新的布置的出现。设计包括发展新的文化性表达和创新思想以及解决问题，通过功能和空间视角的结合来应对一系列特定的挑战。因此，以设计为主导的再生是否意味着一个创新、解决问题、文化发展以及提升城市空间和审美品质的过程呢？

城市工作组似乎在通过强调总体规划来回答这个问题。这表明设计师在调动思想、资源和技能以便使城市再生成为可能的复杂过程中，发挥着领导作用。它汇集了一系列被一代人所知晓并广泛讨论的城市设计原则，作为"可持续城市"的元素，以及通过公私伙伴合作关系来管理城市转型所需要遵循的方法。

虽然最后的质量可能存在争议，但确实有许多创新的解决方案来应对废弃和衰落的问题。但是这些解决办法所根植的总体政治和经济框架一直存在争议。正如我们将在下一章中讨论的那样，这一衰落进程是与加剧的不平等和部分人口的永久性边缘化同时发生的，而这些现象是由去工业化和全球化的结构性经济变化所造成的。去工业化城市的创新性转型也导致了投机性的空间供给过剩、消费主义、私有化和绅士化。

这些结果有一个特定的空间维度。经历了再生的地区主要是以前的制造业场所。这些场地在城市地区的位置往往是在大片工人阶级住房的中间，在这里，住房和就业之间的联系是城市形态的历史决定因素。现在，112住房和就业之间的联系被打破了，在住宅区中间留下了一颗生锈的心，而这些住房区服务的是一些意志消沉且失去工作的人口。在这些生锈的心脏中移植任何新的活动，要么不得不与周围的人口联系起来，要么冒着疏远他们的风险。而这种与周围人口的联系，在许多再生计划中却被忽略了。工业工人阶级被认为是强弩之末，因此在对城市区域未来发展的计算中才会被忽略。他们被简单地排除在外，被认为缺少必要的技能或物质资源，无法作为推动变革的驱动力。

　　与此同时，新的活动生产部门尚未落实。宽松的信贷供应催生了一波消费主义浪潮，正因如此，零售业和娱乐业引领了新的再生计划。金融、生物技术和高科技工程等日益增长的行业将被吸引到外围的新办公室，那里的租金更便宜，开车也更加便捷。一旦这些行业被吸引过来，它们的到来将使该地区绅士化，将当地人挤出或以高昂的价格赶走。

　　我们需要追问的一个关键问题是，谁能从城市再生项目中获益？如果他们被证明对经济发展有贡献，那么经济发展对一个城市意味着什么？在 20 世纪初期和中期，城市发展项目特别关注贫穷和低收入家庭，而且许多项目旨在改善他们的生活和工作条件，通过翻修旧住房和建造新住房，并提供必要的公共设施来实现。低收入人群状况是讨论该市未来经济状况的核心。现在，他们显然已经从这些讨论中消失了。低收入人群的工厂被清除，他们的高层公寓被拆除，他们的维多利亚式露台受到被破坏的威胁，他们的社会认可和政治代表性消失了，甚至他们的继续存在也被否认了。

　　人们做出努力试图保存和保护工业遗产，保留这一时期的一些遗迹作为文化的见证；有时还以旅游业的形式作为经济发展的手段。有些遗迹的确和古代历史上的遗迹一样令人印象深刻，比如德国埃森的佐勒韦林（Zollverein），或者意大利都灵的灵格托（Lingotto）。在这些地方，工业建113 筑被保留并整合到新的再生方案中，作为历史的见证以及未来新活动的外壳，例如将在意大利小镇伊夫雷（Ivrea），曾经的奥利维蒂（Olivetti）工厂变成了一座现代建筑博物馆。

　　然而工业景观的规模和范围意味着它们的再生还有很长的路要走。到目前为止，我们所做的只是沧海一粟，小范围的干预被大面积的废弃和衰败所包围，因此再生项目与其社会–空间环境之间并不匹配。这种与其环境不匹配的表现形式是，许多再生项目设有门禁和被看守的项目，现有环境和新来者之间的社会距离如此之大，以至于导致双方的怨恨和恐惧，这表现在将双方隔离开的物质边界和一系列社会和技术措施上。目前所面临的巨大规模的任务也反映在城市再生中出现的零散且不连贯的城市肌理上，就像卡迪夫湾的例子所显示的那样，这个区域的规模，使建立必要联系的不同干预措施变得异常困难。

塑造再生的集群

工业资本主义创造了一种工作场所聚集的特殊城市空间模式和严格的时间日程，旨在适应更高的生产力和空间与消费品的大规模生产。工业资本主义全球化的新空间格局及其在本地的影响是什么？通过创造性破坏来清除过去是不够的；被移出城市的东西需要被其他事物取代。

生锈的工厂和摇摇欲坠的建筑可能已经作为衰退经济基础的残余而被拆除，但未来的经济基础是什么，需要什么样的空间来支持和促进未来的发展？如果未来的轮廓变得更加清晰，城市设计可以在实现这些空间方面发挥建设性的作用。再生的都市主义不会仅仅是没有任何使用愿景地建立在创造性破坏和对土地及房产进行投机开发的基础上，而是可以尝试塑造一条特定的经济道路。

尝试勾勒这种未来经济是基于发现一种新的经济基础并努力将相关活动聚集起来，以便在城市经济中创造大量的生产性活动。在这里，规模经 114 济再次被视为这一过程的核心部分，而城市设计和开发正是这些集群创建的过程。城市经济学关注的是公司和家庭的位置，而不断变化的城市经济所关注的问题是参与知识密集型活动的公司和家庭的位置，这些活动被宣称为新的经济门类和经济转型的驱动力。高校和办公组团、科技园区及文化创意经济聚落都出现了新的生产和消费场所。

根据经济学家的说法，企业可能会基于自己的动态来决策，这被称为"内部规模经济"，即当生产规模增加时，平均生产成本下降。企业也从其他企业的决策中受益，这被称为"外部规模经济"，它产生的溢出效应鼓励企业在城市中聚集（O'Sullivan，2012）。19 世纪晚期，阿尔弗雷德·马歇尔（Alfred Marshall）试图解释为什么相互竞争的制造公司会聚集在"工业区"。他的解释是，企业的集中支持了专项化的本地供应商，产生并吸收了大量劳动力资源，有益于雇主和工人；同时，由于地理上的邻近性也促进了信息的传播（Fujita et al.，1999：18）。这种集中化在城市地区层面，以及整个城市地区层面都起到了作用。在这里，不同的公司和产业可以共享这些资源，包括运输、教育、健康、银行、保险、旅馆、安全和消防等更广泛的基础设施。这种集聚对工人也同样有利，他们可以在更大的就业市场内换工作。换句话说，公司之间的关系并不局限于竞争；它还通过共享资源显现出隐性的合作，包括供应商、劳动力和信息。在知识经济时代，这些集聚因素确实变得更加意义非凡，因为面对面的交流和邻近性被证明是雇主和雇员共同向往的。

集聚会产生乘数效应，这意味着它会引发其他活动的增长。经济学家将城市经济区分为基础生产活动和非基础生产活动。基础生产是指一个城市向其他地方出口的一系列商品和服务，而所谓的"非基础性生产"是指以当地人口为目标的其他一切商品和服务，包括了从面包房到书店等本地服务。乘数过程是指基础生产的增长将直接引发非基础生产的增长。随着出口的扩大，部分收入花费在当地商品和服务上，而城市的总收入增长超过了出口收入的增长（O'Sullivan，2003：120）。因此一个地区的基础生产被视为其经济的存在理由（Fujita et al.，1999：27）。与此同时，参与所谓的"基础活动"的人被认为是精英，或者用某些术语来说是"创意阶层"（Florida，2002）。在去工业化的过程中，人们认为它们存在的理由已经消失，且没有明显的替代品。如今，在2008年全球经济危机之后，英国也已经提出了类似的问题，关于金融业作为一种基础生产的角色，而在欧洲，人们更普遍地对其未来经济的发展方向提出了质疑。

这些经济分析说明了为什么国家和地方政府热衷于引进新的基础性活动，以及围绕这些基础建立新的活动集群。然而关于这一策略仍存在许多问题。基础性活动和非基础性活动的分离似乎把城市环境推到了次要位置，国家和地方政府没有认识到如果没有环境的支持，新活动的种子就不会发芽和发展。因此社会和空间环境的重要作用在这个概念化的过程中被忽略了。这种关系是双向的、相互依存的，而不是层级的、从属的。城市是现存和重叠的不同活动和潜能集群的丰富拼贴物。一组新的活动可能会利用这种密集的拼凑，而不承认已经发展了几十年、长期建立的物质和社会基础设施的作用。当地环境可能是市场本身，就像大城市的情况一样，基础活动可以出售其商品和服务，并相应地增长，也因此非基础活动可以产生一种新的基础，来吸引企业降低其运输成本（Pred，1966；Fujita et al.，1999）。创意阶层的想法同样是不合时宜的，因为它似乎在为一个等级森严的社会秩序辩护，在这种秩序中，精英希望被别人服务，因为它声称自己是一个城市经济活力的核心，却既没有证明自身的成功，也不承认自己从当地环境中汲取血液，对环境欠下债务。

此外，集聚过程并不仅仅是基于基础性或非基础性生产，以及外部和内部规模经济的独立决策和计算。有些公司可能只是基于投机目的，简单地模仿成功公司的产生而决定搬迁，这可能导致活动和空间过度集中和供给过剩，并反过来又导致经济危机和失败的集群，这样，企业由于缺乏新的投资，无论在任何地方都会长期徘徊。因此企业和家庭的选址决策可能会基于许多复杂的原因——而不是仅仅基于利润最大化和完全的自由选择或对环境的充分了解。 116

更重要的是，新集群的创建往往会通过将生产力集中在少数大型城市地区，加剧日益严重的社会不平等和社会分层，就像美国两个海岸的部分地区和欧洲一些城市，这些地区吸引了不成比例的创新和知识密集型活动（Simmie，2003；Simmie et al.，2006）。前几代人对集中化的不信任，如今几乎完全被对城市的迷恋所取代，而很少关心集聚可能带来的不均衡和不平等模式。这种聚集在城市内部的影响也可能导致城市内部格局的不均衡。

科技集群

关于未来知识经济的讨论往往聚焦在科学技术的经济应用上。这体现在政治家的演讲中，体现在国家和国际组织的政策文件中，并体现在关于创新的讨论中。例如，欧盟对未来的愿景"是去实现一个真正的欧洲知识区，由一个世界级的知识基础设施支撑，在那里，所有参与者（学生、教师、研究人员、教育和研究机构与企业）都将受益于人群、知识和技术的自由流通（第五自由，the 5th freedom）"（EC，2009：6）。

为了促进科学技术的发展，新重点被放在了大学和科技园上，在这些地方可以围绕一些锚点发展大量的创新。因此城市规划和设计在经济发展中的预期作用，体现在对空间的组织上，这在某种程度上起到了双重作用。规划与设计被期待创造一种空间，一方面将促进科学和技术知识的发展，另一方面，把科学和技术与能够找到知识经济应用的公司和个人结合起来。

城市和地区权力机构比以往任何时候都更加密切关注大学的作用，他 117

们认为，大学在地方治理和他们的经济发展场景中扮演着意义非凡的角色（Benneworth et al.，2010）。大学在城市的位置及其与周边地区的关系变得敏感且十分重要。大学的内向型形象，在历史上反映在回廊建筑和远离大城市喧嚣的位置，在近代也曾发生过转变以拥抱现代科技，并融入工业城市。他们现在被期望继续他们传统的教学和研究职能，同时也被期待能够更加具有创业精神，重视他们的知识产权和研究的商业化。通过信息和通信技术的应用，人们还希望，或者说预测，大学将发生巨大的变化。同时，关于市场和技术对大学教育的影响，人们也提出了批判性问题（Njenga and Fourie，2010）。

这些大学所面对的不同压力需要有不同的空间回应，这些回应不总是连贯或一致的。作为一个教学和研究的场所，它需要有一系列的场所来支撑它的主要任务，跟上技术和组织的频繁变化。作为一个让成千上万的年轻人度过人生最美好时光的地方，大学还需要成为一个社交场所，拥有支持一群充满活力人群的所有必需品。它也常常是更大城市区域的一部分，有着柔软和多孔的边缘，但这一边缘有时会因为与周围空间的不匹配而变得坚硬和具有防御性。尽管工业城市已经衰落，位于这些城市的旧大学仍然继续繁荣，造成了"市镇与大学"之间的差异，造成了一种知识分子和社会精英与城镇居民之间的紧张关系，这在年代悠久的大学中有着很长的历史。然而作为一个公共机构，即使是私有的，大学也不能关闭自己的大门，它需要成为一个良好的企业公民，成为城市环境不可分割的一部分。

创业压力也意味着，人们期望大学能帮助发展衍生公司，与工业界密切合作，并为其研究寻找商业渠道。有的时候，与工业的紧密联系、规模增长会使之缺乏足够的空间，这意味着将会有大学分裂成几个地点的压力。创新的商业化与土地和房地产开发是密切相关的。作为一个大型土地所有者，大学可以充当一个私人开发商，为筹集资金或其他目的出售或开发土地，比如建设新的实验室或住房。如果大学的活动破坏了城市正常生活的能力，大学和城市之间就可能出现紧张关系。例如，学生宿舍集中在英国的城市，引发了与当地居民的冲突。另一个例子是美国富裕大学的免税特权，比如马萨诸塞州剑桥市的大学，这给城市带来了寻找空间和收入来履行其职责的压力（图 5.4）。在中国，按照将家庭和工作场所结合在同

图 5.4 大学可以在当地经济中发挥重要作用，但他们的策略可能与当地的需求不一致（美国马萨诸塞州剑桥）

一地点的做法，大学本身可能成为一个城市，为员工和学生提供住房，以及支持他们所需的一系列服务。

大学和研究机构已经成为知识经济的工厂，知识就是在这里生产的。科技园区同样被视为知识生产和将其转化为经济价值的场所。在这些地方，大学的一部分可能同其他研究人员和技术公司一起出现。如果大学没 119 有所需的资金、组织能力和营销能力，经济发展政策制定者就会鼓励它们与产业共处一处，以克服这些短板。人们认为，通过将大学和产业聚集在一起形成聚落，信息的共享和创新就会出现。正如英国大学和科学部部长大卫·威利茨（David Willetts）宣称的那样，他是"聚落的坚定信徒"，他将聚落定义为"一种高风险活动的低风险环境"（Willetts，2010）。

由公共或私营部门专门开发的知识密集型组织的集聚聚落已经存在很长时间了，并被各地命名为技术城、研究园区、科学园区、知识园区、技术园区、创新中心和科学城市。政府和国际组织都提倡把发展这些聚落作为经济发展政策。十年来，联合国教科文组织（UNESCO）一直在推动在发展中国家建立科学和技术园区，作为一种加强大学和产业之间纽带的方式（UNESCO，2010）。这些园区被期待成为发展知识、共享信息和经济创新的肥沃土壤。

这些园区对创新和经济发展的贡献是喜忧参半的（Yang et al.，2009；Ratinho et al.，2010）。当大学参与进来时，他们的生产率和市场份额更高，同时产品质量更好，且成本更具竞争力（Malairajaa et al.，2008）。然而从统计上看，与大学的接触程度并不显著（Malairajaa et al.，2008；Squicciarini，2008），而且园区并没有在以知识为基础的区域发展中发挥因果作用（Van Geenhuizen et al.，2008）。尽管有这些不足，园区在世界各地仍然是一个受欢迎的政策，现在已经创建了 700 个科学园区（Malairajaa et al.，2008）。

　　建立科学技术"园区"的理念，揭示了其郊区性的根源和特征。加利福尼亚州北部的硅谷是许多园区的灵感来源，在这里，斯坦福大学和产业之间的密切联系创造了一个高科技公司聚落，成为信息和通信技术创新的中心。尽管硅谷由旧金山湾区南部边缘的许多城镇和城市组成，包括帕洛阿尔托（Palo Alto）和美国最大的城市之一圣何塞市（San Jose），但它在很大程度上仍是郊区，拥有郊区的布局和特征。它的发展遵循 20 世纪下半叶美国郊区的普遍发展模式，在补贴的高速公路网络和住房抵押贷款的推动下，房屋、商店和工作场所遍布在城市周围的乡村地区（Fishman，1987；Keating et al.，1999）。

　　世界其他地区开发的科学园区也遵循了这一郊区模式。然而，科学园区非但没有创造一个知识密集型活动的城市景观，反而促进了城市的分裂和分散。筑波科学城就是一个例子。它是日本领先的研究和创新中心。自 20 世纪 60 年代建立以来，它已经成长为容纳 59 个教育和研究机构、200 个私人组织并被认为是日本和世界领先的研究和创新中心（Anttiroiko，2004；Japan Atlas，2010）。尽管它具有方格网的肌理和未来感，但仍是一个基于汽车的郊区化地方（Japan-I，2010）。

　　当科学园区作为城市再生的一部分被安置在城市中时，新园区和周边地区之间的技能差距是显著的，这就产生了政策的困境和绅士化的压力（Burfitt et al.，2008）。在英国，戈登·布朗（Gordon Brown）政府指定了 6 个城市作为科学城市，旨在通过研究和应用之间的合作，促进创新型再生。纽卡斯尔（Newcastle）市就是其中之一。在那里，大学、市议会和区域发展机构聚集在一起，在市中心的边缘获取了 24 英亩的场地，现在被称为科学中心，这个项目由于任务的规模和经济危机而进展缓慢。这些科技聚落的城市位置和特征可能会避免城镇外园区的郊区性问题。然而就其周围城市的社会和经济结构而言，它们可能仍然是与周围地区脱节的，会遇到其他再生项目同样面临的不匹配问题。挑战仍然是如何将新的经济板块及其栖息的空间嵌入城市的社会和空间环境中，以一种赋能的方式，而不是脱离或扰乱那里的环境。

文化街区

除了科学和技术，文化和创造性活动也在经济发展中发挥越来越重要的作用，但这一作用很少被广泛承认。科学和文化一直被视为两个不 121 同的领域，二者均有助于创新，是知识经济发展的关键驱动力。艺术、文化与经济发展之间的联系往往是设计，设计被认为是艺术的实用型应用（Sudjic，2009）和创新标志（EC，20096：28）。2009 年，欧盟制定了一个设计、创意和创新的计分板（EU，2009b），其中创造力被定义为"新想法的产生"，设计被定义为"将想法塑造（或转换）为产品和过程"，创新被定义为"对想法的利用，即对这些新产品和过程的成功的市场营销"（Hollanders et al.，2009：5）。

欧盟对文化产业和创意产业进行了区分，其中文化产业致力于文化表达的发展而不考虑自身的经济价值，创意型产业从事具有功能性产出的文化活动（EC，2010：5-6）。英国文化、媒体和体育部（Department for Culture，Media and Sport）将创意产业定义为"基于个人创造力、技能和天赋的产业"。他们也有通过开发和利用知识产权创造财富和就业的潜力（DCMS，2009）。这些行业包括广告业、建筑业、艺术和古董市场、计算机和电子游戏、工艺品、设计、时装设计、电影和视频、音乐、表演艺术、出版、软件、电视和广播。然而在全球化和急于找到艺术和文化中的经济价值的过程中，人们担忧某些国家会以牺牲其他国家的利益为代价来控制局面（UNESCO，2009），也担忧表达的商品化可能会破坏和压制创造性工作的其他动机。

创新常常被认为是拥有不同观点和技能的人走到一起时思想碰撞的结果。因此在一些经济学家和政策制定者的心目中，聚集和创新是联系在一起的。正如我们所看到的，聚集发生在所有的活动中，一个活动的不同参与者趋向于聚集在城市的某些特定部分。艺术和文化也不例外，艺术家、展览、博物馆和艺术画廊聚集区的存在证实了这一点。这种聚集是一个长期的过程，可能会也可能不会涉及经济预估。艺术家或政府部门的选址决策可能不会遵循私人公司所进行的那种预估。但这些集群的出现确实是以活动的相似性为前提的，他们为了信息和资源共享、社会交往和认可、创造更大的规模、社交网络新节点的出现、特定设施的可达性、空间的可用性和可负担性以及各种有意无意的政策等目的，而简单地想要彼此靠近。

虽然科技园区往往位于城市郊区，创意集群却在城市中心蓬勃发展。城市氛围的活力，以及学习新趋势和被他人认可的可能性，吸引了那些从事文化和创意活动的人。正是在城市中心的文化环境中，举办了培训和教育活动，引发新思想和趋势出现并传播；而且在这里，艺术家们发现了孤独和社交并存。城市中心的创意集群可能会在人们意想不到的地方形成，在这些地方，剩余空间——租金低廉、各种设施方便、通常位于城市中心的低收入地区——成为艺术和文化的温床。这些角落的出现可能只是城市变迁潮起潮落的结果，其中一些地区由于人口流动而衰落，变得更便宜。这也可能是公共政策导致的意外后果。以都柏林的坦普尔酒吧区（Temple Bar）为例，那里的一个中心区域一直以来就被指定要转变为一个交通枢纽，由于该项目几十年还没有实施，规划陷入困境加剧了这一区域的衰退，低租金和优良区位的结合吸引了艺术家，改变了这一区域的特征和声誉，并成为其再生的引擎——但最终却成为艺术家离开该地区的推动因素。

创新的经济价值、创意产业的重要性与不断循环的集聚过程的结合，促使地方和区域权力机构尝试建立或促进这种创意集群的形成。那些曾经不被看重的地方和活动现在受到了公共权力机构的支持，他们见证了创意产业的增长，并且痛苦地意识到城市经济需要新的方向。与此同时，曾经局限于少数人的波希米亚生活方式，现在被更多的人所接受。艺术家们的居所给寻求波希米亚身份认同的人们提供了一个有吸引力的形象。公共权力机构和私人开发商都发现这是城市新区域再生的不可抗拒的途径，也是通过绅士化创造经济价值的一种方式。然而这种绅士化进程的第一批受害者可能是艺术家本身，他们被高昂的价格挤出了这个地区，尽管开发商和城市营销者们试图确保艺术家们为该地区创造的颇具吸引力的形象在他们离开后很长一段时间内仍然存在。

　　集聚可能是一种重塑品牌的做法，在这种做法中，城市政府或网络试图在城市之间的全球竞争中变得更加引人注目，表明它们拥有相当数量的文化机构。巴塞罗那、纽约、柏林和伦敦的文化区就是这类努力的例子。在伦敦，五个文化区中最大的是西区（West End）。它是一个文化生活的历史中心，聚集在四个主要广场周围：特拉法加广场（Trafalgar Square）、莱斯特广场（Leicester Square）、科文特花园（Covent Garden）和萨默塞特府（Somerset House）。区域内的八家主要艺术机构在此设立了伦敦文化街区（Culture Quarter London），包括：国家美术馆（National Gallery）、国家肖像美术馆（National Portrait Gallery）、英国国家歌剧院（English National Opera）、皇家歌剧院（Royal Opera House）、圣马田堂（St Martin-in-the-Fields）、当代艺术研究所（the Institute of Contemporary Arts）和萨默塞特府信托基金（Somerset House Trust）。这是为了响应政府对创意经济的推动而建立的合作伙伴关系，旨在增强这些机构之间的联系，增加游客数量，并改善他们的体验（Culture Quarter London，2010）。

　　中等规模的城市也设立了文化街区，作为经济和空间再生的一部分。在一些英国城市，发展新博物馆和艺术画廊的浪潮，与新型创意经济的建立和增强趋势联系起来，所有这些都借助于空间集聚、锚定开发和城市营销。一个例子是谢菲尔德的文化产业片区。它为了应对制造业的衰退和流行文化的日益发展，由市议会在 1988 年建立。音乐、艺术、电影和表演被视为"当地经济的一个新的增长门类，并有可能成为 20 世纪 70 年代传统行业失去的工作和业务的替代品"（CIQA，2010）。2006 年，该市成立了"创意谢菲尔德（Creative Sheffield）"作为英国第一家城市开发公司（Creative Sheffield，2010）。英国和世界各地的其他城市通过发展新设施，或通过对现有设施的重新包装及重塑品牌，发展了文化街区。另一个例子是昆士兰科技大学在布里斯班设立的创意产业区（Creative Industries Precinct），它被作为"澳大利亚第一个致力于创意产业的创意实验和商业发展的场地"（QUT，2010）。第三个例子是美国马萨诸塞州，人们认为将其品牌化为"创意经济之州"，将会吸引知识工作者来了解其历史、美景和文化（the Salem Partnership，2007）。124即使是通过工业化发展起来的中国城市，现在也在引进文化街区，以应对其工业衰退的紧急过程。武汉市文化街区的建立就是一个例子（图 5.5）。

图 5.5　在文化产业的驱动下，中国城市为后工业阶段做准备（中国武汉）

　　问题是，由政策和设计驱动的集聚过程是否真的能够产生一个创意集群，或者仅仅是停留在表面的品牌和营销行为。空间转型能在多大程度上成为经济转型的驱动力，而不会被指责为另一种形式的物质决定论和社会工程？

结语

　　根本经济的变化变革了城市。当一些城市遭受经济基础丧失的痛苦时，另一些城市却在增长，推动了一个无休止的城市化进程，凭借这一进程，目前世界上大多数人口生活在城市地区。全球化已将工业资本主义传播到世界的新地区，促进了制造业和服务业之间的一种新的全球性劳动分工。在去工业化城市中，物质遗迹和衰败景象通过再生被部分地消除了，人们已经找到了经济发展的新基础。科学技术、艺术文化的创新和商业化，被视作知识经济的前进方向。在世界各地的科学和技术园区以及文化区中，这些活动的集群正作为经济再生和发展的引擎而被推广。城市设计作为塑造城市空间、指引城市发展过程的活动，在城市经济再生中起着相当重要的作用。然而城市设计扮演着双重角色，既是对土地和房地产市场的支持，又为助力再生的都市主义提供空间和过程服务。

　　针对城市设计对城市经济再生的贡献，需要提出四个问题和四个挑战。第一个问题是：通过设计和开发的过程，是否可以创造出科技或艺术文化的创新型聚落？创新可以通过思想的碰撞而产生，但是通过空间安排，能在多大程度上鼓励这些碰撞呢？如果创新还有其他必要因素，城市设计与开发又能怎样作出贡献？

　　第二个问题是关于这些集群与更广泛的城市社会和经济之间的关系：这些新地方能够多大程度地被嵌入当地经济组成部分中，与其建立相互的联系而不是等级化和脱节的关系？知识精英的一个郊区地点，或者一个处于工业衰退中的波希米亚飞地，能够成为通向未来理想城市形态的道路吗？既然他们否定了城市文脉的重要意义和社会环境的重要性，那么关于基础活动和非基础活动的等级假设，以及关于创造性阶层存在的精英主义和不准确的假设，可以被接受吗？在碎片化和阶级化不是初始假设的情况下，如何创建融合的城市？

　　第三个问题是关于城市设计在经济发展中的本质和作用：城市设计是否只参与开发过程，致力于提高土地和财产价值，从而使该地区绅士化，还是它也在为更广泛的社区提供有用空间方面发挥着作用？这个问题涉及经济发展的更广泛的概念：驱动再生的主要是创造一种作为商品的空间，126还是创造作为社会和经济生活新模式所显现的部分空间？尽管这两个方面的空间转换可能在市场经济中密切交织在一起，但我们仍然可以看到，不同的行为者强调的重点不同。所以对于城市设计师来说，自问什么是他们的主要驱动，以及他们会将重点放在哪里，是非常重要的。

　　第四个问题是关于城市社会中经济发展与其他考量的平衡问题：是否应该以经济为主导，把其他政治文化考量推到次要地位？如果我们只把所有的精力都投入到经济发展中，我们会失去什么？此外，我们偏好什么样的经济发展模式：是一个利用了更广泛人群的力量并对回报进行更广泛分配的模式，还是一个乐于看到资源集中在更少的人手中并希望这些资源的一部分最终惠及更广泛人口的模式？将哪种特定的经济发展方法放在优先地位，意味着将对应支持哪种特定的城市环境，以及哪种设计这种环境的方法，由此回应那些基本的，并且往往是隐藏的假设。

第六章　包容的都市主义

　　如果规模经济和类似集群活动的过程是城市经济理论的一部分，那么社会集聚是否也有这样的驱动力？我在第五章中指出，被设计出来的经济集群可能无法与那些由长期历史进程所创造的集群相提并论，在这些历史进程中，任何活动的聚集都被嵌入到了更大的背景中。因此设计的集群是一把双刃剑，一方面促进了生产能量的累积，另一方面，却播下了社会脱节和分层的种子。如果城市也是由社会相似的集群构成，那么这会对城市社会产生什么样的潜在影响呢？城市设计师应该采取什么方法来实现社会和经济的聚集？他们应该按照城市设计的正统观念所建议的那样，接受并加强这一过程，还是应该试图扭转这一趋势？本章开始研究城市设计中社会性和功能性聚集在城市中的作用，认为相似的集群具有相同的矛盾特征，因此可能与包容性社会的愿望不一致。

城市空间的功能组织：从区隔到混合利用

　　在城市设计与规划的语言中，城市空间的功能组织通过土地利用被明确表达。在城市的规划和设计中，某些形式的土地利用差异从城市的早期历史起就一直存在。20世纪初，美国为了保护财产而采用了土地使用区划制度。为了管理世纪之交大规模移民浪潮对中产和上流社区的影响，土地利用区划将当地政府区域细分成不同的地区，每个地区对土地使用、建筑物允许高度和体量都有不同的规定（Cullingworth et al.，2003）。

　　现代主义城市设计出现在20世纪初，是对工业城市快速发展的回应。《雅典宪章》宣称："正是机器时代不受控制且无序的发展导致了我们城市的混乱"（Sert，1944：246）。然而，19世纪的设计师们为应对这一挑战所做的尝试，并不能满足汽车开始主宰城市的新世纪的需求。人们认为需要一种基于科学和技术而不是美学考虑的新控制系统。正如《雅典宪章》所坚持的那样，"纠正他们的缺陷所需要的，与城市的四种功能有关——居住、休憩、工作和交通"，这四种功能"构成了现代城市规划问题研究的一个基本分类"。为了寻求清晰和有序，城市必须在这些功能及其关系的基础上进行重组。因此1944年的"大伦敦规划"旨在通过在不同密度、土地使用、交通和公共服务的空间肌理上叠加一个四环结构，塑造"无序增长的自然演变……形成某种表面有序的设计"（Abercrombie，1945：7）。在这种城市空间的重新排列中，阿伯克隆比（Abercrombie）认为："边界应该被清晰地定义，而不是像失焦的照片那样模糊。"

半个世纪后，这种明显强加的边界以及沿着功能界线对城市空间的清晰细分的追求似乎已经失去了它的吸引力。城市工作小组（Urban Task Force）在1999年发表了一份建议书，成为新世纪早期英国城市的政府政策和城市设计实践的基础，这份建议书倡导了混合利用。城市工作小组认为，"大多数活动——经过精心设计和良好的城市管理——可以和谐地共存"，一些活动可能会产生令人无法接受的噪声或交通拥堵，但除此之外，"大部分商业和服务可以与住宅共存"（Urban Task Force，1999：64）。在同一社区，沿着同一街道或街区，或在同一建筑的垂直方向的混合使用是可取的，也因此，"良好的城市设计应该鼓励更多的人住在他们定期需要的那些服务设施附近"（Urban Task Force，1999：64）。为了重申这种混合使用的方法，城市工作小组的报告和随后的政府建议都着眼于巩固这个已经存在几十年的想法和做法。土地混合利用的呼吁已经被广泛采纳，以至于提倡混合使用现在已经成为城市设计的新正统之一。土地混合利用起初是作为对现代主义城市规划和设计的一种批判，现在已经成为主流的一部分：在英国，它多年来一直是政府发布的总体规划建议的一部分。甚至在 129 2012年的规划改革中，当规划建议被大幅削减到60页时，"混合利用"在新的国家政策框架中仍然作为核心规划原则之一被提及（DCLG，2012：6）。

一种正统观念取代了另一种正统观念，原本被认为是"失焦照片"，现在被认为是可取的，我们如何解释这种态度的彻底转变？（图6.1）对

图 6.1 人、地方、活动的混合是城市的历史特征，在现代主义者看来，这是一种需要锐化和赋予秩序的失焦景象。(比利时布鲁塞尔)

这个问题可以给出很多答案，如单一功能城市结构的失败，经济基础的变化，生态担忧的崛起，城市生活的回归和新生活方式的兴起，以及更广泛的社会和空间分工的转型。

劳动分工和社会碎片化

130   劳动分工是城市化最古老的特征之一。早期城市的出现是由于农村农业生产过剩，解放了部分劳动力从事其他活动，使得诸如贸易和手工艺等其他类型的活动成为可能。随着活动的大量增加，城市人口发明了劳动分工，令不同的技能可以相互补充。然而，劳动专业化和分工是一个在经济和社会领域产生不同影响的分岔过程：一方面，它提高了生产力；另一方面，它导致了社会碎片化和分层。不同技能的范围是有限的，在古代社会可以被分为几类，这些类别反映了广泛的劳动分工，因为它被以种姓或社会阶级的形式进行了固化。农民、工匠、战士、官员和祭司之间的劳动分工显示了经济、政治和文化生活是如何组织起来的。古代城市的空间组织映照并巩固了这种功能和社会阶层的划分。在城市的发源地美索不达米亚，人类聚居地会有一个核心区，牧师和统治者就居住在那里的寺庙和宫殿中，由围墙将其与周围的城镇隔开，其他人就居住在那里，而城镇地区与乡村又被另一堵墙隔开（Vance，1977；Benevolo，1980；Morris，1994；Southall，1998）。劳动分工和社会分层反映在空间的组织上，而空间的组织反过来成为巩固和维持这种等级和功能秩序的手段。

希波丹姆斯（Hippodamus）为古希腊城市比雷埃夫斯（Poraeus）设计了一个街道规划，将规划的城市设计与功能主义和分层的社会与政治哲学联系起来。他所设计的城市有 1 万人，由三种类型的人组成：技术工人、农民和士兵。这座城市有三种类型的土地（宗教的、公共的和私人的），以及三种类型的法律（分别针对强暴、破坏和杀人）。城市土地也被划分成几个区域：农民控制的私人土地，士兵从公共土地获取食物，而技术工人没有土地。然而对亚里士多德来说，这是一种为了人与土地功能分隔的僵化死板的规划，他主张对所有公民进行更平等的安排（Aristotle，1992：134-135）。亚里士多德还批评了他自己的老师柏拉图在他的理想城邦共和国中僵化死板的功能主义。柏拉图将城市社区的形成描述为分工合作的结果，因为个人无法自给自足。亚里士多德把社会结构和人的思想结构联系起来。正如思想是由理性、激情和欲望构成的，在他理想的共和国里，人也是这样：守卫者代表理性，士兵代表激情，工匠反映欲望。一个 131 好的城市是一个理性在激情的帮助下引导欲望的城市，是"三个内在的自然类别各司其职"（Palto，1993：435b）。尽管对柏拉图的理想国进行了批判，但亚里士多德对好的城市的看法也是一种功能主义的看法，即一些人更聪明，更适合成为管理者，而有体力的劳动者生来就是奴隶（Aristotle，1992：57）。

这些理论似乎旨在将城市固定在某种特定的社会和空间布局中，自此不再需要改变。现代劳动分工的概念继承了这种对固定和清晰的渴望。然而主要的区别是，现在的思想家和设计师不能再提倡人类的功能角色与生俱来。18 世纪工业革命初期，劳动分工被宣称是管理人力资源和提高生产力的一种合理方式。在亚当·斯密的著名例子中，他提到了大头针制造业实行的劳动分工以及随之而来生产率的大幅提高，这个例子现在被印在英国的纸币上。对他来说，"劳动分工，通过把每个人的业务减少到某个简单的操作，并让它成为他一生中唯一的工作，必然会大大增加工人的熟练度"（Smith，1993：15）。虽然这种安排增加了国家的财富，但它并不是建立在角色固定的基础上。与古代那种似乎创造了一种固定劳动分工的任务分配不同，史密斯认为人与人之间的差异来自他们在社会中的"部署"，即"与其说是出于天性，不如说是出于习惯、风俗和教育"（Smith，1993：23-24）。

　　劳动分工是基于理性主义的"分析"，从柏拉图到笛卡儿，都主张将现象分解成更小的部分从而使它们可以被理解和解释（Madanipour，2007）。然而，从一开始，严格的劳动分工就因其功能的碎片化和异化，以及人与人之间日益增长的相互依赖而受到批判。例如，卢梭怀旧地回忆起他年轻时的一个瑞士村庄，那里的农民社群过着平等幸福的生活，没有赋税和什一税（交给教会）的负担。他们自己建造自己的家园，不需要那些专业的橱柜匠、锁匠、玻璃工、木匠等，他们把时间花在唱歌和跳舞上，远比城市生活惬意（Cranston，1968：18）。对于 19 世纪的浪漫主义者和革命者来说，劳动分工使工人通过其工作加以区分，使智力从体力劳动中分离出来，使概念从执行中分离出来。正如马克思和恩格斯（1968）所认为的那样，劳动分工是不平等和异化的根源，创造了一个以财产所有权和剥削为基础的带有阶级组织的分层社会。他们的乌托邦理想是回到一种消除了这些差异的社区形式。另一些人则反对工业生产的方法，并主张恢复使用工艺和美术，这样工人就可以密切接触他们的工作成果。在卢梭之后的两个世纪，美国建筑师弗兰克·劳埃德·赖特（Frank Lloyd Wright）构想了广亩城市，它由在无边无际的乡村中的宅基地构成，这里的家庭由兼职农民、机械师和知识分子组成（Fishman，1977）。

空间的分工

　　社会劳动分工作为城市经验中不可分割的一部分，从一开始就反映在城市空间中。这种社会-空间的划分在现代工业城市中清晰可见，那里的制造业是在一群前所未有的巨大工厂雇用大量工人的基础上组织起来的。19 世纪英国工业化城市的城市景观是由一群群拥挤的房屋围绕着工厂构成的（Briggs，1968）。到了 20 世纪早期，工业工作场所的管理是在功能主义管理原则的基础上进行的（Kumar，2005）。工业生产中的劳动分工在泰勒主义所主张的强化专业化中达到高潮，是大规模生产中任务合理化的一种管理模式（科学管理理论）。详细的劳动分工、专业化、重复性和装配线可以使用较低的技术水平，同时提高生产率并降低商品价格。亨利·福特（Henry Ford）在他的汽车制造过程中使用了这种大规模生产方法，这种方法成为 20 世纪上半叶的特征，有些人把这种生产组织与福特的方法联系起来，因此才有了"福特主义"（Fordism）一词。正是功能性劳动分工和工业产品的大规模生产，启发了现代主义的规划和城市设计。

现代主义思想建议按照功能线对城市空间进行明确地细分，这在空间和时间上碎片化了城市。在单一土地用途的主导下，城市的某些部分可能会在一段时间内完全死气沉沉，比如工业或办公区域。而日益郊区化的单一功能居住区，长期以来一直因其单调乏味和缺乏活力而受到批判。土地利用区划在空间上固化了社会阶级，通过对密度和住房类型的限制，可以将一些地区指定为具有特定特征的地区，在这些地区再现现有的社会分层。这些地区间靠汽车进行联系，因为土地使用区隔的方案主要是基于这些在地区之间行驶的汽车。与此同时，城市经济的基础由制造业向服务业转变。从 20 世纪 50 年代开始，对大规模商品的需求以及生产这些商品的能力，被多样化和差异化的需求所取代，这导致了产品的差异化和灵活的生产组织（Jacobs，1970）。这种结构转型在城市空间中留下许多空洞，现在需要将它们填补。

在接下来以服务和消费为基础的城市经济中，重工业的噪声和污染、大型工厂及其蓝领工人的大量日常工作已经消失了，取而代之的是更加灵活的工作组织，在这种组织形式中，混合场所和活动现在变得容易且更受欢迎。此外，当前生态上的当务之急也要求减少汽车和不可再生能源的使用。汽车不再被视为地点和活动之间的唯一纽带，而且减少目的地之间距离的压力也随之而来，这将使城市居民能够在同一地区生活和工作，而不必长途跋涉。此外，放宽土地使用管制很适应新出现的对经济和社会关系的自由放任态度，在这种态度下，个人喜好和市场力量具有更强的作用，而规划和设计更具有企业家的特性而不是管制性质。历史城市的特点是，所有的活动都混杂在一个紧凑的城市中，这一特点曾经被作为混乱无序而被摒弃，现在再次成为人们所向往的。理想的欧洲城市类型，即人们生活和工作在一个维护良好的、文化丰富的城市环境中，已经成为促进混合使用的驱动力，这似乎也更适合新的经济和生态条件。

134　然而，这些条件和它们的结果可能并不相互协调。以市场为基础的混合使用思想可能导致对生态并不敏感的空间布置。以前，本来可以减少这些负面影响的土地利用规划力量现在已被削弱。如果生态需求和经济需求发生冲突，企业家式的方法倾向于将市场的考虑因素置于首位。此外，土地和房地产市场的区隔，使得市场经营者很难去选择混合用途，他们只专门从事住宅、零售或办公市场，而不一定致力于混合用途。

支持混合使用的一个文化方面的论点可能是，通过在中间地带进行情感投资来抵制刚性的功能秩序，作为对所有功能管理的平衡，在这种情况下，一个地方的特征就不再是固定的而是模糊的，并因此提供了不同的可能轨迹。随着制造业让位于服务业，大规模工作场所的固定性被灵活工作方式的流动性所取代。除了理性主义规划造成的功能碎片之外，还有城市新建和重建的方式产生的裂缝和碎片，这不是由于设计导致的问题，而是因为偶然或出于各种目的的小规模改造。城市是一个不断进化的有机体；因此，总会有一些区域落在不同空间和时间焦点之间：在不同的发展阶段之间、在不同机构的职责和利益之间、在不同形式的所有权和控制之间。这些中间地带在城市景观中制造了裂缝——作为中断、模糊、不确定甚至废弃的地方——似乎没有人注意到或关心这些地方。城市设计的主要挑战之一就是如何处理这些介于两者之间、模棱两可的地方。同时，这些空间是潜在的可以被整合到更大的城市进程中的连接与脱节的空间，或者被这个更大进程所遗落作为避难所。作为对理性主义规划和设计所赞同的对功能秩序的一种批判，这些介于两者之间的中间地带被用作抵抗刚性秩序的地方。为这些地方辩护的叙述可能过于浪漫，因而被指责与城市的经济逻辑脱节；然而，正是在这种与经济现实的距离中，它们的政治信息得以传达：中间地带作为一个可以或应该暂停当前商业模式的地方，将为城市生活的其他非经济层面打开大门，使其得以展开。

混合使用和社会融合

土地使用的混合是否也具有社会包容性？我们应该带着对物质决定论的警惕来开始寻找答案：土地利用和空间组织的变化不能改变社会，尽管这些变化可以以他们的方式既反映社会的组织方式，也通过空间重组来助力社会的调整和转型。因此，对混合土地使用具有改变社会的强大因果作用的假设是错误的。但与此同时，空间组织的变化可以改变城市发挥作用的方式，因此不同于功能区隔，混合使用将对人们在城市环境中的行为和体验产生影响。

混合土地利用似乎可以确保在城市中更好地分配活动，从而在市场需求的基础上回应当地的需求，而不会对谁在哪里做什么造成不适当的压力。毕竟，在一个世纪前的土地利用规划出现之前，城市一直是这样被塑造的。然而，市场不再以小企业为特征，在高度分层的城市中，大公司更偏好能提供更好投资回报的区域。因此如果只依靠市场，城市的一些地区将被剥夺一系列的服务，这将是对混合利用的损害。

信息和通信技术促进了灵活的工作实践，在这种方式中，家庭和工作的平衡得到了更多关注（Dahlstrom et al., 2007；Kelliher et al., 2008；O'Brien et al., 2008）。灵活的工作组织、职工的参与、扁平化的管理和团队合作带来了更高的生产力（OECD, 2000）。灵活的工作方式，如远程办公、居家办公、弹性工时、兼职、工作分担、压缩的工作周、年化工时、短期工以及固定期限合同，都对城市的时间和空间组织产生了潜在影响（Williams, 2005）。城市的日常惯例已经改变，因而商店和服务时间更加灵活，上班通勤也发生在不同的时间和地点。但是物质基础设施无法太灵活，因为它在空间上是固定的，且有一定的寿命。这就是为什么土地利用方式的改变能为空间组织提供一定程度的灵活性，因为街道脉络和建筑物比土地利用持续的时间长得多。与此同时，集聚的过程（即特定类型的活动聚集在城市的特定地区）仍在某种力量的驱动下持续发生。因此规模经济可能与混合利用的实施相矛盾，物质基础设施的固定性可能限制混合利用的开展。

136 大城市的发展和工业劳动力的复杂组织将工作场所与家庭分隔开来，创造了一种基于性别的劳动分工和空间划分，在这种分工和划分中，家庭失去了它的整体性，男性在遥远的工作场所找到了新的意义（职住分离与两性分工）。功能主义的规划和设计认为这种划分是理所当然的，但只是试图给它一些可管理的秩序；它过于强调并深化了家庭与工作在社会和空间的功能组织中的分离。如果土地利用的区隔可以将城市社会碎化成性别、功能和等级的碎片，混合利用是否会将它们重新组合在一起，创造一个更加融合的社会？然而，和早期工业化城市和早期的功能主义设计相比，社会的性别分工和家庭的形态已经发生了根本性的变革。下班回家已经不是回到过去那个家了，因为在西方社会，家庭的意义和结构已经完全改变了，在过去的核心家庭之外，出现了更复杂的家庭构成以及更多的单亲家庭。任何对家庭和工作的重新整合都必须考虑到这些新的情况，而这些情况不会反映在简单地回归一个整体家庭的想法上。

当前推行混合土地利用，并不是提倡取消土地利用的管制，而是要重新审视相近用途的兼容性。这是对现代主义的土地利用区隔和独特区划的直接回应。重要的是，要把围绕混合土地利用和区隔土地利用的辩论纳入关于劳动分工和城市社会经济条件变化的更广泛辩论中。对空间功能组织的强调，是将城市空间的社会特征转化为技术特征，以便使城市的组织方式可以被视为一个由专业设计师和规划师解决的技术问题。然而，空间组织是一个社会过程，具有由此带来的所有复杂性。混合利用可能是一种融合不同社会群体、产生一个更宽容的社会的途径，但在分层和多样化社会的背景下，宽容共存的愿望不得不应付分类和区隔的压力。

空间的社会组织：以邻里为单位的城市空间

137 城市设计的正统思想之一是，城市是而且应该由一系列独特的社区构成。凯文·林奇（1960）在他具有影响力的城市分析中，将"地区"（District）确定为构建城市意象的五大要素之一。根据林奇（1960：66）的说法，地区是"观察者可以在心理上深入其中，并具有一些共同特征，相对较大的城市区域"。他分析的重点是视觉，因此可以通过空间特征、建筑类型、风格、地形、颜色的连续性、纹理、材料、铺地、尺度或立面细节、照明、植物、轮廓等，来观察一个地区的同质性。他的分析特别关注城市意象的"可读性"，这是一个积极的特征，应该被用于指导城市设计师的工作。正如林奇所主张的，"一个可读的城市应该是一个这样的城市，其区域、地标或道路都很容易被识别，并且很容易被划归为一个整体的模式"。

这种强有力的分析和行动方案被下一代城市设计师继承，因为它为他们的工作提供了一套简单易懂的工具。后来的城市设计手册（Bentley et al.，1985）和项目（Tibbalds et al.，1990）在城市设计师教育和实施城市设计方案时，都使用了这些厘清空间的理念。例如，弗朗西斯·蒂巴尔兹（Francis Tibbalds）和他的同事们（195：5）在他们的伯明翰市城市中心设计策略中宣称，伯明翰需要成为一个人们容易理解的城市——它的建筑和空间是"可读的"。使伯明翰"可读"包括了识别和强化其"特色区域"，即"具有某种同质或潜在同质城市景观特征的'独特'片区"。

强调以这种方式划分城市并不是什么新鲜事。尽管过去城市分区的概念有着明确的社会内容，林奇和后来的设计师还是强调区域的视觉维度是一种创造和呈现可见的空间秩序的手段。也可以说，有一种现象学和心理学的方法，从城市体验者的角度来看世界。在这个意义上，以及在其强调视觉的方面，林奇的方法与如画风格的方法有一些相似之处，都是应用在城市空间上的城市景观分析，尽管这两种方法在许多方面也存在不同（Cullen，1971）。

前几代人曾在城市设计和规划中提倡并运用了邻里社区的思想。在20世纪初，雷蒙德·昂温（Raymond Unwin）认为，城市的不同区域需要一个明确的定义，这将"促进地区的团结感"（Mumford，1954：262）。芝 138 加哥社会学派将其社会学研究建立在芝加哥多种族城市的基础上，特别关注邻里社区，将其作为理解城市社会的一种方式。在20世纪20年代，社区中心运动的领导者科拉伦斯·佩里（Clarence Perry）提出了"邻里单元"的概念，他认为当地的聚会场所对于鼓励当地的讨论和集体活动是必要的。根据佩里（2011：489）的说法，汽车时代的大城市是以细胞为基础组织起来的。邻里单位应：有一定规模的人口，以一所小学所需的人口为基础；四周以主干道为边界；有一个小型开放空间系统；在邻里社区的中心设立一组当地机构，包括学校；拥有一个或多个购物区；并有一个内部街道系统。刘易斯·芒福德（Lewis Mumford）坚持认为，邻里关系是一个社会事实，"无论何时，只要人类聚集在一起"，邻里关系就会存在；它们是"一个各部分密切协调的城市的必要器官"（Mumford，1954：258，269），也因此，城市的设计必须以它们为基础。邻里单位将城市划分为多个可识别的次级小区域，是"应对过度集中的大都市的巨大和低效的唯一实际的答案"（Mumford，1954：266）。对于芒福德来说，这样的社区应该有大约 5000 名居民，并提供"一个把人们聚集在一起的市民中心和一个给他们共同归属感的外部边界"。战后的几代英国新城镇完全接受了将他们划分为邻里单位的想法。例如，在哈罗新城的设计中，弗雷德里克·吉伯德（Frederick Gibberd）设想了一个由 200~250 栋房屋围绕着一个小学和一些商店聚集而成的社区。在另一种尺度上，几个社区聚集在一个地区购物中心周围，而整个城镇则将围绕着一个城镇中心和市场广场（Gibberd，1962；Taylor，1973）。

然而，通过物质空间的组织来营造社区的想法却被批评为社会工程学及物质决定论。此外，社区和城市之间的关系是模糊的，因为它违背了城市精神以及那些居住和工作在大城市中的居民的生活状态。城市人口及生活方式的多样化，交通、信息和通信技术的变化，以及快速的全球化都和139 大城市中以地点为基础的社区理念背道而驰。然而，共产主义者继续主张通过重建城市社区来克服城市社会的原子化和疏离。与此同时，开发商将社区建设作为销售其开发项目的说辞。现有的城市社区是在几代人的共同生活和工作下建立起来的，但当它们因为城市更新项目或后来的去工业化被拆除时，这样的社区将不再能通过简单地将越来越多的流动人口安置在一起而重建起来。

将城市分割成不同部分的想法是一种有意识地回顾乡村过去的尝试。继英国的新城和花园城市之后，新都市主义者强调将拥有活跃的核心、清晰的边缘及可识别的居民数量的邻里社区作为一个城市设计的单元，他们明确地将村庄标志作为他们的方法基础，伍德罗·威尔逊（Woodrow

Wilson）在 1900 年的一句话支持了这一点："一个国家的历史只是其村庄历史的放大。"（Krieger et al.，1991：25）。英国的城市复兴指导方针虽然以复兴城市的想法为基础，但仍然根植于这种乡村式的图景，以创造一个"混合利用且各部分密切协调的城市邻里社区"，作为其紧凑城市的单元（Urban Task Force，1999：66）。

这一理念至今仍有影响力，且在许多城市设计方案中都可以看到。这些方案将城市划分为可识别的部分，创建可读的秩序和生活在乡村的印象，这对许多城市人口来说仍然是一种理想，尤其是在英语国家。然而，这一想法的社会内涵是有争议的，而且在大都市中间复兴一种人造村庄的生活方式似乎是一个不可能实现的梦想。

分隔居住：社会隔离与贫民窟化

将城市划分为独特的社区是基于这样一种论点：社区为城市的各个部分提供了独特的身份，克服了大城市的一致性和无个性，并为居民创造了一种场所感和社区凝聚力。然而，这种划分发生在社会分层和不平等的背景下，往往会形成一种由不平等的各部分拼凑而成的东西。在极端情况下，它可能导致城市碎化成贫民窟和富人的飞地，通过距离或者甚至是墙和大门将彼此分隔开。这种情景越来越多地在世界各地的许多城市显现。

贫民窟和飞地是由居住在定居点的隔离地区的少数民族群体构成的（Madanipour，2012a）。这些群体可能由于野蛮的强制力，个人或群体的偏好，公开的歧视，及制度安排和社会、经济力量的隐性压力而被迫与其他市民分开生活。精英群体也可能会自发地将自己隔离在社会其他群体外的专属飞地中。因此这些独立区居民的少数群体地位取决于他们的文化地位和他们的社会经济状况。无论这种分离的途径是什么，其结果都是城市空间和社会沿着文化、社会和经济的界线碎片化。

将城市细分为不同部分的例子可以追溯到城市定居点的开始，在早期美索不达米亚的城市里，政治和宗教精英住在有围墙的大院里（Benevolo，1980；Morris，1994）。这种细分可能是被规划过的，就像我们之前看到的由希波丹姆斯规划的米利都（Miletus），他把他理想中的城市分成三个分离的区域，分别适用于农民、士兵和工匠三种社会阶层（Aristotle，1992）。细分可能已经成为城市建设常态化实践的一部分，就像在古代中国，城市被分割成有围墙的邻里社区（Steinhardt，1990），这种做法在当代中国被复兴了，尽管是在完全不同的背景下（Xu et al.，2009）。意大利的中世纪城市被细分为相互存在冲突的街区，就像莎士比亚在《罗密欧与朱丽叶》的故事中所讲述的那样，或者在圣吉米尼亚诺（San Gimignano）的塔楼中所复述的那样。在中东，中世纪城市是建立在以贸易、宗教或血缘和宗族联系为标志的社区的基础上，城市被碎化成经常冲突的单元和斗争的派系（Lapidus，1967）。在 20 世纪，形成了美国的黑人贫民窟，这是由于被解放的黑奴从南方各州被吸引到北部工业城市，但被迫生活在条件低劣的城市贫民窟，例如纽约的哈莱姆区，芝加哥南部和底特律的天堂谷（Spear，1967）。20 世纪还见证了一些有组织的现代国家实行强制分离的极端案例，如纳粹将犹太人聚集在犹太区和集中营。在南非，种族隔离政权强行将土著人口迁移到隔离的城镇，以尽量减少在生活和工作地区的种族接触（Butler，2004；Landman，2006）。在我们这个时代，像是贝尔法斯特（Belfast）、耶路撒冷（Jerusalem）和尼科西亚（Nicosia）等分裂的城市也显示了一个城市沿着政治和文化界线上的极端分裂（图 6.2）。

141

图 6.2　在被分割的城市的两部分之间的护照管制（塞浦路斯尼科西亚）

城市空间的结构性隔离始终反映和强化着社会组织特征，包括分层和不平等，以及文化差异和个人选择。经营的城堡——从早期的例子到当代的围墙和封闭社区，以及贫困阶层的贫民窟——从棚户区到内城和周边地区的公共住房计划，一直是城市社会中社会等级谱系的两端，以社会-空间的隔离为标志。

城市的细分过程是由不同的力量塑造的：聚集的力量、排斥的力量，以及那些分散人群和活动的力量。一个邻里社区建立某种特定社会特征的方式是通过聚集相似的人和活动。正如我们在第五章中所讨论的那样，参观任何一个城市，都可以看到一些地区是如何通过特定活动的分组聚集而具有独特特征的。市场力量、政治决策、文化趋势、个人偏好和技术变革 142 都在发挥作用，以创造和维持这种集群，而这种集群本身也会随着环境的演变而变化。

当一个区域被整合为某一特定功能时，例如购物区或与特定的社会群体相关联的区域，就像富裕的飞地或萧条的社区，它显现的颜色会长时间地留下深深的痕迹，体现并嵌入在这个地方的肌理中，萦绕在大众的想象和记忆中。在快速变化的城市中，随着新的社区和地区的发展，我们可以观察到某个地区变得时尚或是失去吸引力的步伐；在更稳定的城市中，这种变化可能不那么剧烈，转型也不那么迫在眉睫。在所有情况下，土地和房地产市场通常是一种框架，通过这个框架将某一特定的社会经济群体在价格和负担能力的基础上与某个地区联系起来。在富人居住的地区，土地和房产的价格很高；反过来，只要价格保持高位，该社区就仍然是富人区——这是相互支持的条件循环，使该地区的特定特征永存。在另一个极端，贫困地区则遭受污名，一个负面形象会存在很久，甚至在得到实质性改善之后仍然存在。与富人区的例子一样，这种负面形象作为环境的一部分，一旦形成，就会长期存在。

除了周边环境的情况外，选择权是社区形成和变化的另一个决定性关键因素，这对于那些能够从市场上获得资源的人来说是可行的，但对于那些手段有限、不得不依靠公共支持的人来说，他们没有选择的权利。在大城市环境中，在缺乏国家支持的背景下，弱势群体的成员可能希望彼此聚集在一起，以便从彼此的支持中受益。通过这种方式，他们可能会找到应对他们缺乏经济资源的办法，并转而依靠他们之间的互惠以及他们的社会与文化资源。尽管这样的社区可能成为弱势群体的庇护所，但它也可能成为难以逃脱的陷阱。在这里，小的社会问题可能会发展成危机，因为该地区集中的是各种形式的弱势群体。居住在贫民窟可能会带来居民相互间的支持，但也会形成排斥外部世界的象征性和物质性的障碍，这可能会不利于弱势群体，使他们变成被社会排斥的群体（Madanipour，2012a；Madanipour et al.，2003）。

在缺乏获得经济、文化、政治资源途径的共同作用下，社会排斥呈现143 出多种表现形式（Madanipour，2011b）。社会排斥主要是由于缺乏获取物质资源的途径，而物质资源又通过工作收入或其他人的支持而得到巩固；社会排斥也有缺乏文化资源的原因，通过文化资源，一些人能够参与共同的叙事和经历，这些叙事和经历通常是通过身份、信仰、国籍和种族来表明，也通过许多其他形式的表达、交流、认可来明确。此外，社会排斥的产生也基于缺乏政治资源，缺乏这种资源，人们无法控制自己的命运，被迫生活在他人塑造和管理的环境中。这些不同类型的"弱势"的结合导致了复合形式的社会排斥，这种排斥常常在贫困社区中显现出一种空间表现。

在有强大福利规定的社会民主国家中，改善低收入人口的生活和工作条件一直是优先任务，这使住房、教育和医疗等服务在去商品化。但是这种能力由于去工业化、劳动力的全球化和临时化、政治话语的转变及公共财政的进一步下滑等因素而受到削弱。结果，一些公共住房区域变成了新的贫民窟，让人无处可逃。与此同时，这些贫民窟在社会和文化上是多样且碎片化的，削弱了过去一些人所享受的相互支持的可能性。

因此，主张将城市划分为边缘分明的社区可能会带来一些文化差异，但是在社会不平等和支离破碎的背景下，这可能会带来一些不可接受的社会后果。如果城市设计只是简单地建议将邻里社区和地区作为城市的单元，那么它应在进行有依据的社会分析后再这样做，从而避免任何进一步的碎片化。然而在社会不平等和多样性日益加剧的背景下，通过空间划分的方法可能无法避免社会碎化。

共同居住：社会混合与绅士化

如何应对城市分区的碎片化冲击？答案可以在构建交叠的、社会混合的区域时找到。在这里，不同的人和活动可以混合在一起（图 6.3）。长期以来，社会多样性一直被认为是现代城市社会的基本特征（Simmel，1950；Schutz，1970）。通过设计一个包容而不是排斥陌生人的空间布置来管理多样性，也一直是城市设计的一个组成部分（Jacobs，1961；Hillier et al.，1984；Sennett，1993）。有观点认为，这种社会和功能的混合将创造一个更加宽容的社会，鲜明的分歧被避免，且冲突通过公共空间中不同人的共存而被调解（Madanipour，2010b）。如果人们彼此相遇，即使只是表面上的偶然相遇，只要不是生活在完全无关的世界中，就会促进社会融合和文化宽容。社会-空间理论认为，共同出现可以使差异和平共存。这看似可以促进形成一个更宽容的社会，并减少不良影响，但是应用这个理论也可能会产生不良的后果。

图 6.3　人与土地的混合使用似乎提高了城市空间的宽容度（荷兰阿姆斯特丹）

社会和功能混合的主要问题是绅士化问题，这个问题已成为城市发展的中心特征（Butler，1997；Atkinson et al.，2005；Lees，et al，2008；145 Freeman，2008）。绅士化就是一个社会-经济群体被一个更富裕的群体所取代，这一过程往往发生在对城市地区进行投资却没有同时投资支持低收入群体的时候，因此弱势群体可能无法与具有广泛的获取不同资源方式的人们共存。因此，推动绅士化的因素包括：高收入者对优质空间的需求、土地和房地产市场的运作、公共部门的再生政策和改善项目——所有这些都是在更广泛的社会和经济变革背景下发生的。

在20世纪中叶的福利国家中，低收入群体的生活和工作条件是政策制定者的主要关注点。因此他们在改善住房条件和向城市人口提供高质量公共服务方面进行了大量投资。随着去工业化和全球化，以及社会不平等和多样性的加剧，政治话语和关注焦点发生了变化，而且低收入群体的生活和工作条件不再是优先事项。在服务和知识密集型活动的推动下，城市成为新形式的经济生产节点，城市空间因而被很多通常受过良好教育、收入更高的新产业和服务业从业者占据，与现有居民产生了竞争。城市土地是一种有限的资源，当社会群体混合在一起时，那些拥有较高经济资源的人就更有能力获得土地；在混合区域中，如果不同群体之间在土地的占用和地产的使用方面存在竞争，那么收入较高的群体将占上风。因此市场测算在政治决策中的主导地位削弱了公共部门通过直接投资住房和其他服务来扶持低收入人群的能力和意愿。在这种背景下，社会和功能的混合将主要有利于那些拥有较高水平社会和经济资本的人。

绅士化的部分原因是土地和房地产市场的运作，它们寻求可获利的投资和更高的回报，并以此塑造或重塑一个地区的社会特征（Lefebvre，1991；Smith，1996）。绅士化还源于新形式的需求，这与人口和生活方式的变化及新的工作方式相一致。随着中产阶级回到城市生活和工作，内城中获得更高回报的机会吸引了投资者，驱逐了不再能够在市场上竞争的现有居民（Logan et al.，1987；Boyer，1990；Ley，1996；Hamnett，2003）。146 中产阶级的回归是由公共政策促成的，这些政策将衰落城市的再生视为当务之急，这将增加税基，提高公共权力机构的政治合法性（Cameron，2003；Punter，2010）。许多再生项目明确地将目标定为吸引游客和高收入人群，作为恢复城市经济能力和财富的必要途径。但是在不帮助穷人和弱势群体的情况下根除贫穷和衰落的迹象，意味着迫使他们离开和绅士化这个区域，而没有对他们的何去何从给予应有的关注。

因此社会混合可能仍停留在创造视觉多样性和奇观的表象层面。这可能会导致弱势社会群体产生幻灭感和怨恨感，因为他们无法负担为较富裕的游客和居民提供的新商品和服务，并且可能承受着被迫离开的压力。通过市场机制以价格驱逐他们，或者通过再生和再开发项目将他们赶走，可能会成为社会混合本要传达的包容主旨的不公平结果。

社会隔离和社会混合这两种社会-空间理论并不是相互排斥的，它们可以并存于某些地区。但是这两种理论都没有达到根植于规划和城市设计话语中的对社会包容和公平的期望。将城市空间划分为可识别的社区，以及人口的社会和功能混合，都可能对弱势群体产生不良后果。主要问题仍然是社会不平等的加剧，以及经济中反复出现的结构性变化造成的创伤增加，这使一部分人口面临着所有的重大变化。他们是所谓的创造性破坏的受害者，这种破坏拆除了一套旧的社会和空间布置并以一套新的布置取而代之。这一切都被冠以生产力和营利性的名义，但公平和可持续性却没有得到应有的关注。然而，隔离和绅士化并不是城市蜕变的唯一可能结果，总是存在找到替代解决方案的可能性。

包容性场所

在城市设计中，将城市划分为特色区域和社会区域，作为组织城市空间的一种方式，赋予城市一种显性的秩序。但正如我们已经看到的那样，这种秩序可能与社会融合与凝聚相悖，反而可能加剧空间碎片化和社会解体。包容的都市主义能否基于相反的方法，鼓励按照地区的社会特征和功能用途进行整合？提倡社会和功能混合是一种可能的对策，这被认为可以促进社会包容。但正如我们所看到的，这种混合并非没有其自身的问题：只要在获取资源、社会认可和政治决策方面存在巨大差异，混合和隔离都可能产生碎片化的结果。然而包容性场所的想法不应当被放弃。包容性不是一个抽象且普适的概念，它并不意味着所有地方都应在任何时候对所有人开放。但是它要求设计师确保场所尽可能地通达和包容，尤其是对于那些可能曾经在城市设计中被历史性忽视的人们。

但可达性的障碍可能并非故意设计的，而可能是继承自过去，并不适合现在的条件和感受。一个重要的例子是城市老年人和残疾人的出入需求，随着人们寿命的延长以及许多城市的人口老龄化，这一需求变得越来越紧迫。在城市的设计和建设中，往往没有过多地关注那些身体能力有限的居民的需求。现在正有一项社会运动在弥补这一缺点，来让更多的人可以无障碍地进入一些地方，创造更平滑的表面使其更易通行，插入坡道和电梯帮助人们进入建筑物的不同部分，并在容易到达的范围内提供服务——所有这些都为那些身体有限制的人提供便利。根据建筑与建成环境委员会（Commission for Architecture and Built Environment）的说法（Fletcher，2006：3），"包容性设计是通过消除造成不必要的费力和分离的障碍来创造每个人都能使用的地方"。建筑与建成环境委员会断言，包容性设计远不只是为了满足残疾人的需求而提供的服务。其原则和示例主要是关于将行动不便的人的需求整合进所有的设计流程中。一系列措施（如在楼层间用缓坡取代楼梯，提供较低的窗台以获得更好的视野）将为轮椅和婴儿推车的使用者及其他行动不便的人提供通行便利和舒适。然而，包容性设计不仅仅局限于身体残疾，还包括社会缺陷。

一个明显不起眼但颇有争议的例子是城市空间里的座位。正如威
148 廉·怀特（Whyte，1988）在对纽约市的分析中所表明的那样，座位是公共空间成功的关键：在公共场所提供的座位越多，就越可能吸引人们在那个地方消磨时间。然而，在这些年间，城市地区提供座位的情况却趋向于相反的方向。随着诸如流浪者等社会问题的增加，城市地区的座位被移走，或者被设计成阻止人们睡觉或休息的形式。例如：倾斜的座位或以栏杆分隔的座位已经成为常见的一种方法，以防止长期使用公共长椅或在其上过夜。一些城市仍然在他们的公共区域提供宽敞的座位，维也纳城市公共空间的改善就是例证。然而，这里也不缺少座位政治：在某个地区，公共座位被拆除来驱散聚集的吸毒者。在城市地区，尤其是移民聚集的地区，使用长椅的问题也引发了紧张情绪。在这里，一些老年移民白天的部分时间会在公共长椅上度过，这被其他人斥责为垄断了座位。虽然设计项

目可能仍会在市区提供长椅，作为向广大公众提供的福利，但实际上，这些长椅可能会被拆除，或被设计成阻碍一些人使用的形式。

引起更为广泛讨论和争议的主题是城市空间某些部分的围墙和大门（Blakely et al., 1999）。这些做法通常被认为是防止犯罪的一种方式，以创造可防御的安全空间。然而实际上，它们具有排他性，放弃社会性方法而采用硬性的物理障碍。它们反映了社会中日益加剧的不平等，又反过来通过加强这些分歧，进一步碎化社会，为更贫困的人群制造了越来越难以跨越的障碍。在社会不平等最严峻的城市和国家中，此类障碍的迹象最为明显，造成了一个表现出分裂而非融合的恶劣城市环境（图6.4）。

因此使场所具有包容性是城市设计议程的重要组成部分，以确保城市对所有居民都是方便进入的，而无需考虑其年龄、性别、收入、种族、残疾和其他差异。这种需求可能已经成为规划和城市设计主要说辞的一部分，但它可能集中在物质形式而非社会形式上的弱势，或者甚至可能在实践中被完全颠倒。在这种情况下，排他性而非包容性实践反而成为设计 149 和构建城市环境的标准方法。许多城市设计和规划的从业者否认或忽略了这些弊端，认为他们的工作主要是改善环境，并且最终来说，这些改善对社会有益而不是有害。许多设计师的宣传材料都缺少社会维度，或者只是停留在话语层面。许多人在他们的话语中都涉及了环境问题，提到了他们

图6.4　大门和围墙将城市空间碎化成不平等的部分，反映了社会分层的存在和加剧（南非约翰内斯堡）

的方案能够如何应对气候变化并创造可持续的地方。但这些方案的社会影响很少得到讨论或质疑，使得很大一部分人口在规划和设计过程中被忽视了。虽然对社会问题的关注曾经是专业文化的一部分，但环境问题，不论是否得到了妥善的处理，都已经取代了这些社会问题；而环境和社会问题似乎都是经济考虑下的次级问题。因此，流离失所和绅士化可能会被视为这个过程不可避免的一部分，或者被视为一系列可取行动的遗憾结果。

包容性的过程

150   开放空间生产过程能成为排他性做法的补救办法吗？公众参与一直被认为是一种使城市转型更具包容性的方式，能够为城市变革进程带来新的能量和声音（Madanipour et al., 2001）。在这种情况下，社会排斥的解决方案被认为是通过公众参与（图 6.5），这已经成为规划和设计中的另一种正统观点。

图 6.5　参与城市设计通常被认为是具有包容性的空间生产过程的重要组成部分（英国纽卡斯尔）

战后的几代设计师和规划师相信综合全面的城市更新计划，这种计划以规划师和设计师的技术专长为基础，得到民选地方政府支持和授权。然而，这些计划被批评为自上而下且专制，无视当地人口的需求和声音（Jacobs，1961；Berman，1982）。因此现代主义者通过大规模转型来改进社会的方法被搁置一旁，这种方法被认为是无效的，在最坏的情况下甚至是破坏性的。20 世纪 70 年代之后，一场与人民共同设计的运动开始了（Alexander，1979），其中包括社区参与和对更详细的社会问题的关注。这种参与式的做法可以有多种形式。

例如，密集的规划和设计研讨会应运而生，作为一种方式使当地居民参与决策将影响其生活的改变。比如美国佛罗里达州的海滨镇（Seaside）是在为期一周的专家研讨会期间设计的（Lennertz，1991：23）。这在当地建立了一个由 5~20 个人组成的本地办公室，其中包括来自安德烈斯·杜阿尼（Andrés Duany）和伊丽莎白·普拉特 - 兹伊贝克（Elizabeth Plater-Zyberk）公司的一小部分经验丰富的设计师核心，与本地专业人员合作——建筑师、景观建筑师、历史学家、工程师、生态学家及财务和营销顾问——并与地方官员和宣传团体会面，"设计从总体规划到典型建筑、法规和特定景观的所有内容"。有人认为，专家研讨会"有助于教育参与者，吸收他们的贡献，验证决策，并减少随后审批过程中的不利因素"。该过程从踏勘场地和邻近城镇开始，以公开的幻灯片讲座结束，其中可能包含一组设计师团队在一个非常高强度的工作周内制作的多达 40 张图纸。

与仅在设计师办公室进行且未征询任何人意见的过程相比，一个涉及 151 许多利益相关者并且在实施地点附近进行的过程势必会是更具包容性的。现代主义规划和设计的历史充满了基于走马观花而制定的实质性规划的例子，而没有对当地环境给予充分的关注。当地的环境被视为一张白纸，而不是一组需要考虑的条件和感受。因此任何进一步的协商都一定会是向前迈出的一步。但是密集的设计过程中可能会产生新的问题：咨询了谁？过程有多么公开？短期密集工作的结果能否代替真正的深思熟虑和广泛的咨询？设计师的角色是什么？是为参与者服务还是说服他们采用预先设定的模型？"教育参与者"意味着什么？如何解决意见和利益的冲突？在当地人眼里，这个过程有多么合法？

当发生冲突时，公众参与和协商可能需要更长的谈判与和解时间。新墨西哥州的阿尔伯克基（Albuquerque）市已经制定了一条廊道的规划，该规划既可以改变目前的面貌，又可以规范一个地区的未来（Forester et al., 2013）。但当地的企业、土地所有者和居民都感到了来自计划改变的威胁，并发动了有效的抗议，从而终止了该规划。这项规划花了总共两年的时间推进，并组织了专家研讨会形式的公众参与，但它似乎在当地人方面存在是否具有合法性的问题，这些当地人显然感觉没有征询过他们的意见，或未曾把他们的反对意见考虑在内。调解员花了几个月的时间进行协商和建立信任，才有了达成和解的迹象，并向着能满足不同利益相关者的新设计迈进。当利益冲突足够深时，当地居民会被充分动员起来，而该过程将失去合法性，那么密集的设计过程只会加剧分歧和怨恨。但是这种分歧和冲突可能会激发通过重新审视塑造场地的假设和过程来寻求创造性的解决方案，而这需要在包容性的过程中加以解决。

当一个贫困社区的居民感受到来自激进转型过程的威胁时，伯明翰的维尔城堡（Castle Vale）的案例表现出了类似的抗议和冲突模式（Madanipour，2005）。为回应他们的动员，主管人员邀请他们参加到改造过程中。虽然已经制定了总体规划，但当地居民仍可以对规划和住宅单元的详细设计进行更改。最终，这个新开发的社区成为一个受欢迎的目的地，而以前它曾经是一个被污名化且贫困的地区。现在它是一个普通的郊区，可能没有包含创造性的城市设计方案，但与以前相比，它在社会上更具包容性，在健康、教育和就业方面都有了更好的记录。是更具包容特性的过程，而不是设计的品质，在一定程度上保证了项目的相对成功。

在大多数情况下，公众参与是试图让那些受自上而下转型过程影响的人参与其中的过程。这个过程的决定因素是由土地和房地产开发商、城市规划者和设计师以及地方政府在正式的决策层面设定的。受影响的当地居民可能会受邀通过正式的协商程序提出意见，但这种协商并不总是得到充分参与或有效利用。参与过程的作用似乎是使行动合法化并最大程度地减少反对意见。然而地方社区作为城市规划和设计过程的客户这一概念很少被使用，因为更大规模的城市转型过程只能通过市场机制进行，并由大规模的公共或私营机构组织，它们拥有当地社区无法获得的资源。当地社区所发挥的是他们的抗议能力，因为他们塑造环境的能力从一开始就非常有限；在环境改造方面，它们不是积极主动的，而往往是被动的，而这也是它们唯一的选择。正如拉丁美洲参与式预算的经验所表明的那样，一个地方社区有可能在一个包容性过程中被动员起来，尽管这可能在很大程度上取决于该地区先前存在的一些社会资本（Souza，2001）。

结语

通过角色和任务的细分，对城市空间秩序的渴望导致了功能性和社会性的划分，同时打开了局部同质化和城市范围的碎片化和不兼容的可能性。然而创造同质化的社区和标准化的土地功能利用区划的趋势并没有满足日益多样化的城市社会的需求，人们批评它们阻碍了社会融合的道路。作为一种替代方案，混合土地利用和混合社区已经被城市设计者和规划师所推广。但在日益增长的社会不平等和社会多样性背景下，这种混合形式可能会产生不兼容的新问题：更强的力量将较弱的力量挤出画面。结果可能是流离失所和绅士化，而非和平和宽容的共存。然而创造包容性的场所是城市设计的一个基本目标，尽管仍存在问题和复杂性。在自上而下的设计中，公共和私人企业机构及其规划和设计团队单方面决定什么是对其他人最好的，与之相比，城市转型的包容性进程往往能够带来更具包容性的结果。

城市是存在社会差异和职能分工的地方，在技术创新和制度强化的推动下，上述特征可能导致社会分层和碎化。土地利用区划是一个例子，说明了职能分工会如何碎化城市空间，同时按照收入和种族划分的社会分层也具有类似的碎片化效果。社会–空间分散和碎片化的压力伴随着聚集和 154 凝聚的经济力量。通过区划来实现功能聚集的城市规划和设计的正统观念已经受到了有效的挑战，虽然关于城市社区的正统观念仍在许多规划师和设计师的思想中根深蒂固。我的观点是，在城市设计中把城市细分成不同社区的标准方法需要被研究和挑战。邻里社区可能是对城市疏离状况的一种回应，并受到大型开发公司和社群政治的青睐，但它们也可能导致派系飞地，并加剧社会的不平等和排斥，以及绅士化和流离失所。城市设计在这些力量的相互作用中很难发挥作用，但其指导原则仍应是包容性和民主性共存。

第七章　生态的都市主义

　　劳动分工和空间分区是人类社会更加合理化进程的一部分，在这个进程中，社会内部的联系以更高的生产力和更好的城市秩序的名义被重新安排。然而，在建立起新的联系的同时也产生了新的断裂。在第五章和第六章中，我们已经看到了现代城市生活和城市设计与规划中的正统观念所带来的一些社会脱节现象。在这一章中，我将集中讨论与自然的联系，并展望都市主义的生态途径，以及城市设计可以做些什么来重新建立这些已经被破坏的联系。

　　城市带来的第一个断裂是在社会和自然界之间，这种情况也随着城市化和工业化的发展而加剧，使得建成环境和自然环境之间的关系成为城市设计议程的中心。为了恢复工业化城市与自然的联系，生活在农村的理念对郊区的发展产生了影响，导致了城市的乡村化和农村空间的城市化。城市设计在恢复城市人口和自然环境之间被打断的关系时，普遍采用了分区和林荫大道。然而不断增长的城市因其不断生长的足迹而导致了自然环境的退化。在这一章中，我们将关注各种不断变化的态度和思维：从征服自然到关注其可持续性；从试图将自然元素引入城市到庆祝城市环境可以找到的任何一片绿色资产。人们一直试图通过建立联系而不是分割去建立链接，而不是孤立簇群，采用整体和综合的方法而不是唯理主义和支离破碎的方法。

追溯过去：与自然和社会世界的脱节

　　人居环境是连接和脱节并存的地方。虽然生活在大型聚居地区为人与人之间的联系带来了新的可能性，但长期的历史趋势表明许多脱节现象正在显现和加剧。需要强调的是，与自然和社会世界的连接和脱节这个显著的过程其实已经持续产生了很长时间。

240万年以来，人属物种的成员一直依赖周围环境中可用的食物生活：他们猎杀野生动物、捕鱼和采集野生植物。根据平等主义的社会安排，游猎采集部族的成员生活在一个小型而流动的群体中，居住在具有灵活和重叠的空间边界的领地内。对于这些自成一体的群体来说，除了少数生活在土地肥沃拥有丰富自然资源的之外，他们的地点并不固定，必须不断地移动以寻找其食物（Bocquet-Appel，2011a）。这种生活方式尽管不稳定，但可以被描述为一种与自然界长久融合的状态，并且群体成员内部有着紧密的联系纽带。这形成了人类最早的记忆，是其他一切事物出现和转移的"原始"位置。

从觅食到耕作的过渡始于大约11 500年前，与从更新世到全新世的地质过渡相吻合，当时出现了村庄中的定居生活。通过与特定的土地建立永久性和工具性的联系，出现了大量人口在村庄和城镇的聚集，社会关系的复杂性，社会分层，专业化和劳动分工，商品和服务的交换，以及最终的国家和其他社会机构。在新石器时代革命或农业人口转型中，伴随着稳定供应的高热量食物（例如小麦、扁豆、豌豆、玉米、大米和小米）带来的女性生育能力的提高，人口规模和密度开始增长（Bocquet-Appel，2011a；2011b）。因此世界人口从农业革命开始时的600万人左右增长到18世纪中叶工业革命开始时的7.7亿人左右（Livi-Bacci，1997）。在工业革命后的250年内，即使一系列的社会、经济和文化因素使人口趋势呈现出死亡 157率和出生率有所下降的特点，世界人口仍达到了70亿人，且他们中的大多数生活在城市区域（Krik，1996）。

从觅食到耕作的变化是人类历史上的一个转折点，在这个转折点上，与自然相处被征服自然的欲望所取代。当小型和流动的觅食者队伍以依赖自然过程的手段生活时，农民开始毁坏森林，驯化作物和动物，并以重大和永久的方式改变着景观。而向工业时代的过渡更是加剧了全球范围内人类与自然世界的分离，城市居民的世界已经与自然世界疏远了，并且已经威胁生态进程的基础，随之而来破坏了未来承载各种生命可能性的条件。

人类早期的生活被诠释为不同的方式，有时那段时光被描述为一个黑暗和野蛮的世界，有时是纯真与和睦的时光，但许多人认为那是一个较好的落后状态。对早期的现代哲学家而言，人类经验的最初阶段，或者可以描述为他们所理解的"自然状态"，可作为分析人类文明起源和解决所处时代的政治问题的基础。霍布斯（Hobbes）提出，自然状态是一种人人平等，但每个人都有不同的欲望，以及"永恒而永不磨灭的权力欲望"，正是这种欲望带来了竞争和战争。对此，他写下了名句：生命是"孤独、贫穷、肮脏、野蛮且短暂的"（Hobbes，1985：186）。他认为，和平只能通过屈服于无所不能的主权国家才可能实现。另一方面，卢梭（Rousseau）认为，人们在自然状态下过着幸福自由的生活，而被他人统治则使他们陷入奴役状态，即"人生而自由，却无时无刻不处于枷锁之中"（Rousseau，1968：49）。但自然状态不是人类应该停留在其中的理想状态，因为"尽管在公民社会中，人们放弃了属于自然状态的某些优势，但却获得了更大的回报"，这个社会使人类从"愚蠢的、局限的动物"转变为"有智慧的生物和人"（Rousseau，1968：64-65）。

农业的出现带来大量的人口聚集到城镇，使生活在密集的人类居住地成为可能，但是在城镇中生活不仅使联系得到加强，也因其复杂性而不可避免地出现脱节问题。随着现代时期的城市激增，带来了前所未有的城市规模和密度，连接和脱节发生的可能性越来越大。从觅食到农耕的过渡是劳动的性别分工、社会分层和不平等社会的开始。狩猎者和采集者生活在平等的小团体中，而农业社会则发展出了社会等级制度，并将不同的角色归于社区的不同部分。工业化和城市化兴起之后，现代思想家对过去的整体性社区带着某种怀旧之情，在这种社区中，组群成员之间的平等是常态，并不存在私有财产，财产和地位的差异也远没有那么明显。

19世纪的浪漫主义者和革命者着眼于这种平等主义的过去，认为他们可以通过激进的措施来重新创造那样的社会。由于一小群觅食者的经济制度要求所有人都要采集食物并猎取小动物，大量人群生活在一起是不可能也是不可取的，而在小型农耕社区中人口的规模也受到可以支持他们的土地的限制。现在，人们仍然赞赏生活在小型社区的社会优势，但这种生活方式的物质条件已经消失了。现代的远见卓识者和革命者旨在创造更小的社区和城市邻里，希望获得一些传统的生活方式可能提供的情感支持。然而，这些创造常常被证明只是海市蜃楼，并没有按照预期的方式发挥作用。

从征服到关注

中世纪后的西方世界以征服自然界为己任，通过探索地球并对自然现象进行识别和分类推动了现代科学的发展。这种"征服自然"的表述标志着城镇和乡村关系的变化，即新兴的城市文明是通过挑战以封建主义为特征的乡村政治和经济力量来实现的。在中世纪早期，农村在政治和经济方面支配城镇，是农业社会经济生产的中心、强大的封建领主居住的地方以及控制生产要素（劳动力、土地和水）的竞争场所。

伴随着中世纪后期欧洲城镇的兴起，权力的平衡逐渐向城镇倾斜，城 159 镇成为市场和工匠的所在地，公民组织自己的行会，发展独立的政治机构推动权力中心的更迭转移。城市成为经济、政治和文化生活的中心，以与农村有别并且可以支配乡村为标志。正如德国中世纪的谚语所说的那样，城市的空气让人感到自由（"Stadtluft macht frei"），并且正是这种自由带来自治城邦和最终民族国家的发展，城镇和乡村之间的权力平衡向有利于城镇的方向发生变化。当工业革命通过生产力、人口和财富的聚集使城市中心获得无可争议的权力时，这种平衡达到了新的高度。城镇的社会世界与乡村的自然世界被分离开，将乡村削弱为单纯的腹地，并鼓动了一种分离，这种分离至少在文化传说中以各种形式延续到今天。

从很早的时候起，社会和自然的分离造成了我们对自然认识上的矛盾性（Madanipour，2007）。一方面，自然被理解为难以驾驭和不可预测的，总是提醒着人类面对自然环境中强大力量时的脆弱性；另一方面，自然也被认为是有规律的，可以通过科学来发现，并且能通过几何形式和数学公式来呈现。从笛卡儿到勒·柯布西耶，即从现代哲学和科学到现代主义设计，这种对自然矛盾式的理解是可以察觉的。人类的立场也是多义而矛盾的：一方面，人类认为他们能够站在这个自然界之外，像机械钟或机器一样控制自然，但另一方面，人类又是这个具有不稳定性并难以驾驭的自然世界的一个组成部分。这种矛盾性的认识使"自我"和"社会"的现代观念处于一种永久的张力之下。经过漫长的历史过程，出现了自主的个人掌握自己的命运并控制社会和自然的想法（Coleman，1996），这一想法是现代政治和文化概念的核心。这一概念也受制于同样的悖论：作为自然的一部分，同时又试图获得对它的控制——试图控制既是无序也是有序的整体的一部分。

160　　　除了在处理与自然关系上自相矛盾的方法，对自然的定义也不明确，有各种不同的概念（Blackburn，1996：256-257）。自从"自然""文化"和"环境"这些术语在18世纪末成为浪漫主义运动的关注对象以来，它们的含义和使用随着时间的推移而发生了变化（Bate，2000）。正如雷蒙·威廉斯（Raymond Williams）（1985：219）所说，"自然也许是语言中最复杂的词"，其在不同时期的多样化视角下有着不同的用法。如柏拉图（Plato）等人认为自然是指某物的本质，即赋予人和地方固定的特性。另一些人则用它来表示指导世界的内在力量。与此同时，也有些人否认自然的存在，将自然概念化为一种社会建构，这种观点遭到了环境主义者的反对（Coupe，2000）。"自然"一词的常识性含义有其自身的缺陷，我在本章节中为了便于理解将其界定为物质世界的整体，特别是这个世界中超出人类意识和控制范围的那些方面，不仅包括了非人类的世界，还包括了人类的世界。当下环境危机的根源在于上述这些对自然认识不明确和自相矛盾的看法：由于从功利主义的角度对待物质世界，将其作为统治和剥削的对象——使我们见证了这种态度对包含人类在内的物质世界的破坏性影响。这些看法基于人们普遍持有的社会与自然之间的区别，对其进行"精神分裂症式"的概念化，忽略了两者在实际中的完整统一性。

　　新的社会和自然关系产生的文化根基来源于浪漫主义的态度。随着工业革命的兴起，城市规模的不断扩张加剧了城乡之间的脱节，因此人们渴望亲近大自然的愿望也变得愈加强烈。18世纪后期是人类对自然态度的转折点，标志着对传统态度的彻底背离，在传统态度中，艺术的作用是模仿人类的行为（Thacker，1983）。随着浪漫主义的兴起，对乡村的看法从早前与自然环境、农民生活和封建压迫联系到一起的看法转变为怀念大自然的纯净。与此相反，人们对城市的看法却在变差，城市成为贫穷和堕落的地方。现在，城市生活与自然界如此疏远以至于回归自然变为了一种乌托邦式的理想。正如亨利·大卫·梭罗（Henry David Thoreau）写的那样，"让我生活在我想生活的地方，一边是城市，一边是荒野，我曾经越来越多地离开城市，退回到荒野之中"（McKusick，2002：2）。若剥去乡村的政治和经济意义，其与荒野相同，在那里，人类更容易接近自我和世界的真实　161感受。从山脉和海岸，再到废墟和田野，壮丽的景观成为诗人和画家的主要题材（Hawes，1982）。科尔里奇（Coleridge）、华兹华斯（Wordsworth）和布雷克（Blake）等人阐述的浪漫主义态度，为现代环境运动的关键思想和价值观做出了贡献："有时我们可能会有这样的感觉，我们只是刚刚赶上华兹华斯（Wordsworth）。"（Coupe，2000：6）

　　渴望拥抱自然完全是一种城市现象，其表达了想从此时此地逃离，从时时刻刻始终处于灾难边缘的区域进入到历史主义或自然主义所描述的过去或遥远的天际。启蒙思想家和现代主义者在未来寻找解决的方案，而浪漫主义者则将过去和自然视为避难所。在许多情况下，这两种趋势已经混杂在一起，生态危机是浪漫主义者对价值来源和基本概念的文化表达形式，而应对危机的实际方法往往是从自然科学和启蒙运动的理性方法中寻得。

限制足迹

　　如前文所述，城市无休止的增长催生了城市和乡村之间的新关系，导致郊区化，这种情况持续塑造着城市世界直至今天。城市设计对这种新型关系的贡献通常是试图管理和塑造一个看似不可避免的城市侵入乡村的过程。因此，花园城市、新城镇、新都市主义和生态城镇作为微观都市主义的不同版本被倡导，除了以小城镇或村庄的形象重塑郊区秩序之外，也认为郊区化是理所当然的（Madanipour，1996）。

　　逃离城市在某种程度上是浪漫主义态度的表达。即希望生活在更接近自然的地方，远离过度拥挤的城市，同时也表现了中产阶级对拥有更宽敞的住宅和新交通技术带来的流动性的物质渴望（Fishman，1987）。20世纪的城市形态及其新都市区的未来都受到向郊区迁移想法的影响。在说英语的国家和受其经验启发的大部分城市化世界，城市中心被商业活动所占　162据，周围是一圈圈低收入社区，而其外围则被中高收入群体所占据。芝加哥社会学派就是基于对移民向市中心迁移，以及伴随其收入和地位的提高搬离城市到郊区的移民运动的观察（Park et al., 1984）。

逃到城市边缘区并不是欧洲大陆城市愿意接受的解决方式。以巴黎的历史为例，其曾多次尝试清理城市中心的贫民窟并将他们置换到城市的边缘地区（Trout, 1996；Horne, 2002）。但在这些清除行动中，中产阶级和受到良好教育的精英们对留在城市有强烈的偏好。埃米尔·左拉（Emile Zola）通过城市中心市场 Les Halles 的生活讲述了城镇和乡村之间的关系，他称之为巴黎的腹部（Zola, 2007）。但是，尽管左拉故事中的人物喜欢乡下的新鲜空气、美景和无限接近自然的机会，但他们仍然喜欢城市，喜欢它的景象、声音和活力，这些都被左拉随着他的人物娓娓细说。因此对城市的态度，以及它与乡村的关系，在不同的文化语境中是有差异的。

郊区至少在一部分时间内给人们逃离城市提供了一个机会。无论如何，城市虽然不是理想的居住地，却是一个不断增长的地方。正如 1981 年伦敦郡议会（London County Council）主席罗斯伯里勋爵（Lord Rosebery）在 1891 年所陈述的那样：

> "在我的脑海中，没有任何与伦敦有关的骄傲的想法。我总是被伦敦存在的恶劣问题所困扰：被这成千上万的可怕而危险的事实所困扰，因为它似乎是由危险所造成的，在这条高贵河流的两岸，每个人只是按惯例在自己的斗室中工作，不关心或不了解对方、不注意对方，丝毫不知道对方是如何生活的——象皮病使成千上万的人遭受了惨重的伤亡，把农村地区一半的生命、血液和骨头都吸进了它的消化系统。"（Howard, 1965：42）

163 　从一个多世纪后对我们有利的方面来看，虽然这些城市问题可能会继续存在，但是人们对待这些问题以及整个城市的看法已经改变。过度拥挤、原子化和疏离感不再是权力机构担忧的事情，城市因其活力和朝气而受到赞美。但埃比尼泽·霍华德（Ebenezer Howard）与那个时代的许多人一样，认为城市的过度拥挤和乡村人口减少是主要问题。城市像磁铁一样具有吸引力，吸引着像"针"一样的人们，因为城市中富丽堂皇的建筑物和光线充足的街道为他们提供了高薪和众多社交机会。但是人们也需要忍受着城市中自然的封闭、人群的隔离、工作的距离、高额的租金和物价、超负荷的工作、雾霾和干旱、空气污染及贫富差距等问题（Howard，1965：46）。在大力支持城镇发展的背景下，霍华德着手做的是使乡村变得更有吸引力，以恢复人口分布、城乡之间关系的平衡。他希望实现的是"人们自发地从拥挤的城市回到大地母亲的怀抱中，这里同时也是生命、幸福、财富和力量的源泉"。（Howard，1965：46）乡村磁铁的吸引力在于其美丽的自然、新鲜的空气、充足的水源、明媚的阳光和低廉的租金，但是这些美丽却处于闲置状态的场所的可达性较差，存在不能够支持就业、缺乏娱乐的社会和公共精神的问题。花园城市是解决该问题的折中方案，即将城镇和乡村各自的优势而非劣势组合为城镇–乡村磁铁，使自然美景和社交机会、更高的薪酬和低廉的租金结合在一起，成为可以吸引资本、提供就业机会和卫生保障的美丽家园（Howard，1965，48-49）。

从一个多世纪后对我们有利的方面来看，尽管花园城市是作为一种有计划地替代郊区无序且碎片化发展的解决方式，但其似乎与正在进行的郊区化进程完全一致。花园城市的构想只能在大城市附近利用其活性中心的社会和经济优势来实现，若是在距离这样的中心很远的地方则几乎无法想象，只会再现农村的贫穷及其他想避免的劣势。虽然这个构想历经了半个世纪才被政府采纳，但正如弗雷德里克·奥斯本（Frederick Osborn）在1945年对霍华德的作品介绍中所写的：政府正在接受"缓解城市的拥堵问题，将工业和人口的'溢出'分散到新的生活和工作中心的原则，以及保 164
留广大的农村地区以形成分隔城镇的绿化带"（Howard，1965：17）。对于霍华德而言，对花园城市的吸引点进行投入是大都市问题的解决方案；而对后代而言，花园城市是政府通过强制性置换和再开发来推动的规划。虽然花园城市的目标是将人口迁移到外围地区来扭转城市化的浪潮，但实际上它是在管理郊区化进程并扩展了城市空间。

作为一个约有3万人的城镇，花园城市的想法有一些历史渊源，也结合了几个重要的趋势：文艺复兴时期的理想城市，启蒙运动中对理性行动解决问题的信念，颂扬风景如画的田园生活和美好大自然的浪漫主义思想，19世纪的模范村和社会主义者的理想，土地经济学的知识以及对现代交通技术的信念。这些技术将花园城市与被称为"社会城市"的多核大都市的其他组成部分联系起来。从各方面来看，花园城市是一个复杂的想法，具有接受历史潮流检验的重要根基，使其得以以各种新的形式重新出现，如英国的新城和美国的新都市主义，并继续对大众和专业人士的想象力产生强大的影响。

20世纪中期，英国新城作为解决大都市增长的对策由公共部门设计和实施，为大量年轻的工人阶级家庭提供了工作和生活场所。其被认为是解决"城市过度增长和拥挤"以及"人类住区人口稀疏或分散"问题的解决方案（Osborn et al.，1963：7）。从20世纪40年代到20世纪60年代，新城的设计显示了规模的增长和生活模式的复杂性的不断发展，从居住在小城镇的功能有限的综合社区到生活在更多维度和多层次的高流动性的人口中。尽管存在这些变化，实施了30年的新城设计在多方面有清晰的延续性，包括：通过设计寻求社会互动，通过界定邻里、居住组团、尽端路设计、绿化空间和人车分流来促进城镇生活（Madanipour，1996）。花园城市和新城对20世纪的城市设计有重要影响，并与现代主义一起作为设计和发展城市的两种主要方式（Jacobs et al.，1987）。美国著名作家刘易斯·芒福德在1945年写道，霍华德的书"在引导现代城镇规划运动并修正其目标方面比其他任何一本书都做得更多"（Howard，1965：29）。将整合城镇和乡村视为建造未来城市的可能方式的案例在全世界各地都可以找到，如20世纪五六十年代在芬兰赫尔辛基外围地区的塔皮奥拉（Tapiola）（图7.1）或是意大利都灵外围地区的费尔切拉（Falchera）。

165

图7.1　芬兰埃斯波（Espoo）的塔皮奥拉（Tapiola）是一个世界著名的花园城市案例，这个案例中自然优先于建筑，正如小镇的名字所反映的那样，其源自神话中的森林之神（芬兰赫尔辛基）

战后的美国因为缺少政府的投资和干预，因此在建设新城镇时并没有像英国那样提出社会要求，也没有成为一种广泛的现象。相反地，政府通过建设州际公路和税收补贴给郊区发展提供了强大的推动力（Keating et al.，1999）。当花园城市的理念在 20 世纪末以新都市主义的形式得到强有力的支持时，它主要是作为郊区而不是大都市的替代方案来推广。新都市主义理念基于更好地规划设计私人郊区的简单想法，将这些郊区当作城镇而不是蔓延的住宅来开发。其中，由安德雷斯·杜安伊（Andres Duany）166和伊丽莎白·普拉特 - 兹伊贝克（Elizabeth Plater-Zyberk）两位新都市主义先锋设计的佛罗里达州的海滨小镇成为多年来具有吸引力的典型案例。然而，他们面对的挑战与霍华德的遗产相似。按照克里格（Krieger）（1991：13）的说法，"在过去的一个世纪里，花园式郊区在整个西方世界被肆意复制，甚至不再试图模拟城镇的物理组织，更不用说承载其社会和政治结构了"。因此，这些对新都市主义者而言同样是重要的挑战，"如何恢复那些似乎能造就良好城镇的物质规划原则，而又不屈服于单纯的表象并产生虚假的城镇"？（Krieger，1991：13）这是一个挑战，对于在郊区重建成熟的城镇的任何主张都没有失去其效力，因为市场的结构（包括供应和需求、通信和交通技术，以及工作和生活的模式）是如此地有组织性以至于回到传统的小城镇的概念只能浮于表面而不具任何深度。它认为郊区的发展是理所当然的，也是生态问题的主要来源，但只是试图使其文明化。

作为对高度城市化的一种反应，逃向自然的想法激励了许多代人。对于中高收入群体来说，居住在村庄的想法仍然是一个诱人的愿景，他们回避了城市的社会问题并憧憬自己能够接近自然环境。这些村庄的居民有时会进行激烈的抗争，反对预示着其他人将要到来的新建筑，以及会冲淡他们环境质量的开发侵占。郊区化是经济上不那么富裕的人群的可选方案，即生活在不完全是城市的带花园的房子里，通过花园与其心系的乡村生活相联系。但这种生活方式不可避免地要基于以汽车为主的私人交通，这加剧了环境的退化。这种郊区生活模式在全球化（Clapson et al.，2010）影响下被推广了。鉴于未来几十年的全球城市化规模，这可能会对自然环境产生难以想象的负面影响。

在霍华德之后的一个世纪，城市问题随着技术和社会的变化以及环境

167 的需要而变得更加复杂：城镇和乡村之间的关系仍然是一个值得关注的问题并成为环境议程的核心。乡村的品质依然被评价为"野生动物、宁静和美丽"，但它们不断地被侵蚀（Urban Task Force，1999：36）。对汽车依赖性的增长促进了城市的蔓延，伴随着能源消费比例的提高，以及污染、噪声和拥堵的增加。环境的恶化不仅发生在城市对其周边地区的影响上，也发生在城市化对气候变化的集体影响上，其程度对这个星球有着深远的影响。生态城镇的概念是一个例子，说明了花园城市的想法如何幸存并以新的方式重生——说明微型都市主义如何被用作兼顾逃离城市并保护被城市侵蚀的乡村两方面内容的折中方案。

保护环境

根据联合国世界环境与发展委员会（United Nations' World Commission on Environment and Development）提出的被广泛接受的定义，"既能满足当代人的需要，又不对后代人满足其需要的能力构成危害的发展"（UN，1987，ch.2，para.1）。关于这一关键概念以及如何将其付诸实践，已经有许多阐释。因为城市发展模式成为应对环境挑战的核心，城市设计和规划在实现这个目标上具有潜在的重要意义。因此设计和发展城市的方式对能源和物质材料的使用方式及城市应对自然环境变化的能力有直接的影响。将城市设计和规划，以及更广义的城市发展作为一个整体是长远性的，虽然在环境危机（如现在经历的气候变化）中它们的作用可能是有限的，但是其贡献的价值不能被削弱，对城市发展的长远影响不能被忽视。

在 1972 年的斯德哥尔摩会议上，联合国人类环境会议承认了环境恶化的问题。但过了 20 年后，在里约热内卢举行的全球峰会上才达成了一项全球协议，会上通过了《21 世纪议程》和《里约宣言》。《里约宣言》要
168 求各国为可持续发展采取行动，并将环境保护视为发展进程的一个组成部分，而不是将该问题孤立起来（UN，1992）。10 年后，《约翰内斯堡可持续发展宣言》重申了可持续发展面临的主要挑战："我们认识到，消除贫穷、改变消费和生产方式、基于经济与社会发展保护和管理社会发展的自然资源，是可持续发展的总目标和基本需要。"（World Summit，2002）

欧盟（The European Union）制定了一系列可持续发展战略，在七个战略领域确定了雄心勃勃的目标：气候变化和清洁能源；可持续交通；可持续生产和消费；自然资源的保护和管理；公共卫生；社会包容、人口和移民；全球贫困和可持续发展挑战（EC，2013）。该战略以多年来制定的一系列文件为基础，以应对环境挑战、监测环境进展并旨在将环境问题纳入主流，促进向低碳和低投入经济的转型。

1994年，欧洲城镇会议发表了一份关于环境可持续性的声明，该声明被命名为《奥尔堡宪章》(the Aalborg Charter)。该宪章赞扬了城市作为社会生活中心的历史作用，但也承认当下的城市生活方式"使我们对人类面临的许多环境问题负有基本责任"(EC，1994)。有必要在地方层面上采取补救行动，要以"我们的生活标准取决于大自然的承载能力"为基础，从而确保"环境的可持续性"，这"意味着要维护自然资本"(EC，1994)。这将包括维护生物多样性和空气、水和土壤的质量，使其达到维持所有形式的生命所需的水平。它将包括管理消费水平，确保可再生资源的消费和不可再生资源的消耗速度低于自然系统能够补充可再生材料、水和能源的速度。相应地，空气、水和土壤吸收排放的污染物的能力也应高于这种排放的速度。

可持续的原则最初是由于对环境问题的日益关注而出现的，但后来被扩大到包括社会、经济和政治方面，这些方面已经不能与环境问题分开了。《布里斯托尔协议》(The Bristol Accord)是2005年欧盟的非正式部长级协议，它列出了欧洲建设可持续社区的八条特质。这样的社区必须是：积极、包容和安全的；运行良好的；关系良好的；服务良好的；对环境敏感的；繁荣的；精心设计和建造的；对所有人都公平的（ODPM，2006）。环境敏感性维度包括提供尊重环境以及有效地利用资源的场所。这意味着：通过提高能源效率和使用可再生能源来缓解气候变化；通过减少对土地、水和空气的污染来保护环境；尽量减少废物并注意其处理方式；有效利用自然资源和可持续的生产和消费；保护和改善生物多样性；通过创造步行、骑自行车和减少噪声污染和对汽车的依赖来实现一种环保的生活方式；通过减少垃圾和涂鸦以及保持愉悦的公共空间等措施来创造"更清洁、更安全和更环保的社区"(ODPM，2006：18-19)。将这些原则转译到设计和发

图 7.2　骑行成为替代以汽车为基础的城市生活的重要方式（比利时鲁汶）

展，可持续社区中将：提供场所感；有对使用者友好的公共和绿色空间；具有适当的规模、尺度、密度和布局；拥有高品质、混合使用、耐用、灵活和适应性强的建筑；考虑到安全和犯罪；对自然和人为灾害做好准备；依靠公共交通、步行和骑行到达工作、服务和设施点（ODPM，2006：20）（图 7.2）。在这些原则上，《布里斯托尔协议》与早些年前城市工作小组（1999）给出的建议一致。它是一个针对邻里的而非复杂大都市的愿景。

　　在 2007 年制定的《莱比锡宪章》(*The Leipzig Charter*) 中，欧洲各国城市发展部门的部长们主张将可持续发展原则纳入国家、地区和地方发展政策。要做到这一点，必须使用整合性城市发展工具，协调城市政策关键领域的空间、部门和时间方面，并让经济行为者、利益相关者和公众参与进来（EC，2007：2）。城市被要求：在评估社区和城市的优势和劣势的基础上制定一个愿景；协调不同的规划和政策；协调并在空间上集中使用公共和私人资金；在公众和其他合作伙伴的参与下，协调地方和城市-区域层面的行动。这是一个以空间为聚焦点的战略规划愿景，这与城市设计在170 此过程中确保高品质环境的作用不谋而合。总体规划中的城市设计所强调的及其在整合性地区更新中的作用可以在这个背景下来理解。正是在总体规划和战略规划中，城市规划和城市设计在这里有了最多的交叉重叠。

　　根据该宪章，创造和确保高品质的公共空间是行动的关键性战略之一，对加强欧洲城市的竞争力具有重要意义。城市整合性发展的部分理念借鉴了 Baukultur[①] 的概念，可译为"建筑文化"，强调了其在公共空间创造以及将城市作为一个整体的价值（EC，2007）。在其最广泛的语义中，宪章将 Baukultur 定义为"影响规划与建设过程和质量的所有文化、经济、技术、社会和生态方面的总和"（EC，2007：3）。德国联邦建筑师协会在 2011 年圣保罗国际建筑双年展中使用了 Baukultur 作为参赛作品的名称（BAK，2011）。正如联邦建筑文化基金会所定义的那样（Bundesstiftung Baukultur，2013），"Baukultur 意味着对经济和文化价值的平衡考虑，在此共识基础上，以可持续和高质量的方式设计空间和建筑"。它是"我们社会和我们如何共同生活的一面镜子"，"负责任地塑造我们的环境"意味着与参与环境开发和使用的所有人员之间进行对话（Bundesstiftung Baukultur，2013）。它整合了对可持续性和耐久性、适用性和社会接受度、成本效益以及适合特定场所的设计品质的关注。换句话说，"Baukultur 不仅是'令人惊叹的美丽'，它也考虑到了生态和经济层面，与社会文化需求相协调"（Bundesstiftung Baukultur，2013）。它的目的是将过程中的不同要素整合成一个整体性的概念，这将为发展进程的合法性和有效性提供一个基础。

　　另一个关键战略是使基础设施网络现代化和提高能源效率。基础设施将包括可持续的、方便的和可负担的城市交通，以及改善其他技术性基础设施，如供水、废水处理和其他供应网络。如果能确保能源效率和自然资源的经济使用，以及其运作的经济效率，公共事业将是可持续的。应该提高既有的和新建筑的能源效率，城市邻里的土地使用应该是混合的，应该提倡紧凑的城市结构，通过对土地供应和投机性开发的强有力控制来防止城市无序扩张。总的来说，"精心设计和规划的城市开发可以提供一种低碳的方式来适应增长，提高环境质量并减少碳排放。城市可以通过创新性的预防、缓解和适应措施来实现这些结果，而这些措施又有助于新产业和低碳商业的发展"（EC，2007：4）。

---

① "Baukultur"是德语词汇，翻译成中文是"建筑文化"。这个词通常用于描述建筑和城市规划中融合的文化、艺术和历史元素，强调建筑不仅仅是物理结构，还包含文化和社会价值。——译者

使城市变得紧凑、高密度和混合使用

　　《莱比锡宪章》所设想的可持续城市形态的愿景是一个以高密度和混合的土地使用方式建造、具有多中心网络的紧凑的住区（图 7.3）。城市工作组在其题为《走向城市复兴》(*Towards an Urban Renaissance*)的报告中对这些观点进行了更详细的阐述。城市工作组（1999：11）认为，可持续
172 发展的城市建立在紧凑的城市发展基础上，其中卓越的城市设计确保了高品质的城市环境，而综合性的城市交通系统则优先考虑行人、骑车的人和公共交通乘客的需求。

　　采用紧凑型城市形态的根本原因在于易于前往各个地方并保护乡村免于城市的侵蚀，这两个方面对交通出行距离和能源使用有直接影响。在分散型城市中，大片区域被赋予了低密度的住宅单元，而其他类型的土地使用有限，这意味着去工作场所或服务中心必须要开车。与此同时，城市工作组所倡导的紧凑型城市是以同中心的层次结构为基础进行组织的：从为广大汇

图 7.3　在小城镇，所有的设施都在步行范围内，这是现代紧凑型城镇希望模仿的一种理念（英国阿尼克）

集区域提供更充分服务的城镇中心，到包含更有限的服务于 20 分钟步行距离内的较少人口的地区和地方中心。这些中心和枢纽周围的密度较高，远一点的地方则密度较低。有了清晰的边界和优化的服务布局，城市的蔓延就会得到遏制，汽车的使用也会减少（Urban Task Force，1999：54）。

对密度的态度是随着时间而改变的。在战后的讨论中，密度与犯罪、匮乏和贫困的生活环境有关。由此导致了通过大规模的再开发而形成的城市中心空心化。1943 年的《伦敦郡计划》（*The County of London Plan*）将伦敦的四个主要缺点定义为过度拥挤和陈旧的住房，开放空间的不足和糟糕的分布，住房和工业压缩在公路和铁路基础设施之间，以及交通拥堵。市中心的一些地区的住宅区人口密度超过了每英亩 400 人（每公顷 1000 人）。战前的郊区城市化以及后来战争期间的疏散安置和破坏已经开始了去中心化。该规划的目标是预见这种衰落并在短时间内回到适当的密度水平。该规划建议将中心地区的净住宅密度降低到每英亩 200 人（每公顷 500 人），次中心地区为每英亩 136 人（每公顷 340 人），外围地区为每英亩 100 人（每公顷 250 人）（Forshaw et al.，1943）。根据 1944 年伦敦规划的计算，将从中心地区重新安置的总人数约为 100 万人（Abercrombie，1945）。

随着对环境问题的关注，观察到富裕的城市能够很好地应对较高的密度，以及许多城市的经济基础从制造业向服务业的转变，对高密度的消极看法已经让位于更积极的评价。提高郊区的密集度和新的高密度城市地区的开发现在是可持续发展的核心要义之一。高密度可以更好地利用有限的土地资源，减少距离，支持良好的地方设施，使步行和骑行成为可能，使公共交通切实可行并减少能源的使用（Urban Task Force，1999；Ng，2010）。在英国，战后住宅开发的标准密度是每公顷 20~25 个住所，这个密度太低了，由此导致了汽车依赖的单一文化。城市工作组（1999：64）建议将这些密度提高到每公顷 35~40 个住所，以确保更多的公共设施和交通设施可以在步行可达的距离范围内。考虑到平均家庭规模为 2.4 人（与欧洲平均水平相同）[ONS（国家统计局），2012]，这一变化意味着将密度水平从每公顷 48~60 人提高到 84~96 人。在其他情况下，提高密度可能意味着不同的事情，例如在澳大利亚，从每平方千米 1000 人提高到 3000 人；

而在香港，则是从 40 层提高到 60 层的高层建筑（Ng，2010：xxxii）。

174　　　高密度并不一定意味着现代主义设计愿景中的高楼大厦，它也可以是沿着街道或围绕中心开放空间的有露台或院落的低层住房（Urban Task Force，1999：62-63）。然而，提高密度使人们生活在局促的条件下可能会导致城市拥挤和生活质量的丧失。此外，高密度的生活也可能意味着遭受噪声、丧失隐私、热岛效应、有限的空气和光照、压力以及与提供食物和其他必需品的腹地之间不可持续的关系（Ng，2010）。城市工作组的后续报告（2005）建议，住宅开发的最低密度为每公顷 40 个住所，并将 75% 的新开发项目建在循环利用的土地上。然而城市工作组的高级学术成员彼得·霍尔（Peter Hall）不同意这些限制，认为它们会加深住房危机。他认为，"并不存在拯救绿地的优先需要"，"进一步提高最低密度的可持续性理由没有得到证实"，棕地开发将"导致缺乏灵活性"，并且这些政策会导致公寓建设不可预料的增加，不适合有孩子的家庭，也不为潜在的居民所接受（Urban Task Force，1999：19）。

　　　这些对密度，以及最终对紧凑城市形态的分歧部分根植于对城市生活的不同理解。正如在花园城市、新城和新都市主义中可以看到相似之处的那样，城市工作小组建议的城市空间组织是基于将城市作为邻里和地区的集合进行构想的，每个邻里都有自己的中心且密度仍主要保持在郊区水平。报告中提到，伦敦是综合性城市开发的典范，当地的主要商业街为伦敦各区的居民服务，而中心区和伦敦西区则提供了大都市尺度所需要的活动（Urban Task Force，1999：54）。这与一个世纪前描述的伦敦愿景相去甚远（Howard，1965）。尽管如此，就像它所借鉴的小城镇范式一样，一个关键的问题是与工作场所的联系以及变化的速度和规模。城市复兴报告中的愿景是一个相对稳定的人口情况，这种情况可以在指定的场所中被一个相对固定的服务配套所满足。然而，作为经济危机和技术变革的结果：一个地方中心可能会在短时间内失去许多活动；在大都市区，人们的工作175 模式可能会持续变化，并由此带来交通和移动模式的持续变化；对公共交通的投资可能跟不上可持续发展的口号；对汽车所有权的需求可能也没那么容易消退。

　　　欧洲大陆城市提供了另一种紧凑城市的模式，其中居住和其他土地用途的混合是通过垂直而不是水平分离来管理的。在办公室和商店之上建造公寓，并由功能完善、价格低廉的公共交通提供服务，这是紧凑型城市的另一种愿景，它可以创造出完全不同的城市体验。然而，在城市复兴建议之后，英国的公寓建设热潮为小规模的富裕家庭创造了投机型公寓。这些公寓供应过剩，牺牲了中低收入群体、家庭和必要的配套设施（如学校和日常商店）的住房。这导致了由市场决策驱动的生产过剩的危机（Punter，2010），这种现象一般紧随在城市开发中由于生产不足和对市场主导偏好性带来的深层次经济危机之后。正如通常的情况一样，当经济问题占据主导地位时，环境的必要性就失去了地位。

与现代主义倡导的土地使用的功能主义分离形成对比，土地混合使用是可持续城市发展的另一个原则。长期以来，混合使用被规划师和城市设计师认为会造成混乱的秩序，现在则被认为是充满活力和生机的标志，受到规划师、设计师和政策制定者的鼓励。混合使用对环境问题的贡献在于步行范围内的设施可达性，以及减少汽车出行带来的化石燃料需求。土地使用的混合伴随着社会群体的混合，以确保社会可持续性。然而，正如我们在第六章中所看到的，在社会不平等加剧的情况下，社会混合可能导致绅士化和转移置换，而不是宽容与和谐的社会生活。因此混合使用是紧凑型城市的一个组成部分，最终是回到工业化前的城市形态，在那里，人们生活和工作的城市中所有的社会群体和土地使用都是混合的且在步行距离内，不需要为每一个需求而依靠车辆出行。然而，由于城市的社会和经济生活与新的交通、信息和通信技术交织在一起，这些技术帮助城市以更大 176 的空间和更高的速度传播，继续对城市形态施加影响，因此恢复这种生活方式的可能性并不能轻易地实现。

增加和连接绿色空间

在城市设计中，历史上来看，社会和自然的关系就与建筑和景观的关系相联系，而且从广义来讲，是与城镇和乡村的关系相联系。最初，这种关系总是与功能和美学特征结合在一起；但是 19 世纪社会动荡和 20 世纪环境危机之后，功能的重要性则更加凸显。

城市转型的先例

景观设计这一概念在中东和欧洲的悠久传统表明了人们渴望接近自然元素但又想控制自然元素的愿望（图 7.4）。能表现这一趋势的著名案例是勒诺特（Le Notre）设计的凡尔赛宫，该设计展现了规则式几何图形凌驾于随意的自然形状之上，表现了绝对的君主权力。当该概念被应用于城市空间中时，就变为主要轴线和几何形街道网络的拼接。相比之下，英国规则式的帕拉蒂奥乡村住宅与自由布局的花园的并置则是 18 世纪在社会与自然间取得平衡的一次尝试。与其说建筑和景观的设计逻辑相同，不如说两者被区别对待、平等对待，这具有明显的政治意义：其展现出的对自然的信念为"自由主义和宽容对暴政的反抗……辉格党的反抗"（Pevsner，1963：446）。正如约瑟夫·艾迪生（Joseph Addison）1712 年在《旁观者》（*The Spectator*）中所写，"就我个人而言，我宁愿看一棵树的所有繁茂和枝桠的散布，也不愿看它被切割和修剪成一个数学图形"（Pevsner，1963：446）。兰斯洛特（又称：万能布朗）·布朗［Lancelot（Capability）Brown］的景观设计方法包括"宽阔、柔和的草坪，艺术地散布的树丛，以及……蜿蜒的湖泊"（Pevsner，1963：353）。迄今为止，欧洲的传统是以严格的几何形式来塑造景观，而新的方法却给人以自然自由的印象。景观元素仍然受到高度控制，但审美效果是非正式的，仿佛没有人为干预。

图 7.4　规则式花园式是亲近自然但又掌控自然的一种愿望的表现（西班牙格拉纳达）

正如苏格兰哲学家大卫·休谟（David Hume）(1985)所主张的，理性 177
主义所带来的理性的至高无上需要被质疑，情感在知识和行动中的作用需
要被承认。给予建成和自然元素平等的重要性反映在理性和情感之间不断
变化的平衡上（Madanipour，2007），这预示着浪漫主义运动的开始。这
种方法在城市空间中也得到了重复，以著名的英国广场和后来的城市公园
的形式将自然特征引入城市。以伦敦西区为例，城市广场是由乔治王朝时
期的排屋环抱并包围城市公园的结果，这种组合被认为是英国对现代城市
设计的重要贡献（Giedion，1967）。年轻的约翰·伍德（John Wood）在巴
斯的皇家新月广场（Bath's Royal Crescent）开辟了城市广场的围墙，将30
座带有巨大爱奥尼亚柱子的弯曲、统一的房屋正面与相邻的大型缓坡草坪
连接起来。正如佩夫斯纳（Pevsner）(1963：348)指出的，这是一个"与
凡尔赛宫截然相反的地方"，在那里"自然不再是建筑的仆人。两者是平
等的"。在伦敦的摄政街和纽卡斯尔的格雷街，弧形线条的使用部分象征 178
了这种自然形式的设计对情感影响的关注。

将自然元素引入城镇既是装饰的方法，也是对功能的改善。1753年，
洛吉耶（Marc-Antoine Laugier）(1977：121，122)描述了法国城镇的装饰
需求，他认为法国城镇"忽视、混乱和无序"，因为它们仅仅是"大量的
房屋胡乱地挤在一起，没有系统、规划或设计"。巴黎是"一个非常大而
无序的城市"："巴黎的大街令人很不舒服，街道太过狭窄而布置糟糕，房
子单调而平庸，广场屈指可数而无足轻重，几乎所有的官邸都布局不当"。
为了改善城市，需要许多笔直宽阔的街道，但重要的是"避免过度的规则
性和过度的对称性"，这样的结果就不会是"枯燥的精准性和冰冷的统一
性"（Laugier，1977：129)。城市不得不设计得像公园一样，但不能像凡
尔赛宫那样，因为凡尔赛宫是一个国家纪念碑，而且过于僵硬、正式和不
自然。相反，公园和城市的设计应该将秩序和幻想、对称和多样性结合起
来，创造出一种具有"多样性、丰富性、对比性甚至是无序性"的自然、
如画的美,（Laugier，1977：130)。其结果将是既实用又美丽；正如洛吉耶
所说，"人们可以追求实用性的东西，而不要忽视宜人性的东西"（Laugier，
1977：133)。

然而公园等自然元素的引入也是为了卫生，提高城市生活的质量以及

出于政治和经济原因。公园和开放空间是美丽的也是实用的，特别是在像巴黎这样日益拥挤的城市，那里的屠宰场、监狱、墓地以及贸易和手工业被认为污染了空气。相应地，城市中需要空气的自由流动，这意味着将这些活动重新安置到其他地方。正如雅克·德霍恩（Jacques Dehorne）所指出的，"我们所呼吸的空气的自由流通是必要的"，要通过"摧毁所有拦截它的障碍物，移除我们居住区所有走廊中的不洁和腐蚀"来实现（Etlin，1994：10）。到了 19 世纪中叶，豪斯曼男爵（Baron Haussmann）已经实现了这一愿景的大部分内容。一系列的林荫大道和开放空间在巴黎建成，打通老旧街区，引入自然元素，促进了货物、服务和安保部队的流动，并装点了城市，形成了今天巴黎为人所知的形象和氛围。

现代主义的开放空间

179   20 世纪初的现代主义设计师们尽管在审美上与前人不同，但一直遵循着其思维方式。自启蒙时代以来，城市不同的富有远见的人都认同：将卫生和城市秩序相结合，对过去抱有不屑一顾的态度，以及为流动性和生活质量而开放城市空间。现代主义者的城市设计宣言——《雅典宪章》（the Charter of Athens）提出了同样的关注，并倡导类似的解决方案。根据该宪章，过度拥挤的地区生活条件不健康的原因是："地表过度建设，缺乏开放空间以及建筑物本身处于破旧和不卫生的状态。"（Sert，1944：245）而间距开阔的高层建筑将"释放出必要的地表空间，用于娱乐目的、社区服务和停车场地，并为住宅提供光照、阳光、空气和景观"（Sert，1944：246）。开放空间的不足和不合理布局将通过"夷平贫民窟和其他建筑"以及利用"城市附近的具有自然特征（河流、海滩、森林、湖泊）地段使其有利于休闲目的"来补救（Sert，1944：247）。从开放建筑物周围的空间到建设城市公园和保护绿化带，城市规划和设计提供了将自然引入城市并将自然元素融入城市空间的可能性。现代主义思想成为几十年来的主导方法，以深刻的方式塑造了城市。

在建筑周围提供大面积的开放空间被后人批评为让汽车优先通行的手段，破坏了行人的安全和舒适，尤其是当这些空间没有得到很好的维护，变成了被忽视和衰退的地方（Madanipour，2010b）。现代派有关建筑漂浮在开放空间中的想法被一代城市设计师批评为导致了城市空间的割裂，使城市空间中一个建筑和另一个建筑之间，一个活动和另一个活动之间的联系被限制或不再存在（Trancik，1986；Alexander et al.，1987）。建筑物周围的空地被用于停车，人们在高层建筑内部或在汽车内部而不是在开放空间中作为行人体验着城市环境（图7.5）。随着去工业化的发展以及公共投资与维护的下降，许多遵循着公园里的建设塔楼理念的公共住房计划，现在变成了废弃和犯罪的地方。尽管通过私有化，住房单位可以被卖给私人业主，但衰落邻里的公共空间是不能被私有化的。尽管如此，在住房计划中存在着减少开放空间的规模和使用的压力，将它们整合到私人住宅中，通过围栏和管理限制进入和控制，或者增加安全措施来保护这些空间（Madanipour，2005；Castell，2010）。现代派设计师所想象的自由漂浮的开放空间正在变成受控制的领域，以避免维护、安全和质量问题——但这也带来了新的社会问题。

180

图7.5　建筑物被视为分立的对象，建筑物与周围空间之间的关系被汽车所主导（加拿大多伦多）

如果开放空间已经成为问题，那么提供城市公园和指定绿化带仍然是将自然带入城市的最受欢迎的措施。有关绿化带的价值，已经爆发了许多争论。反对意见来自：抱怨土地价值的流失和对开发限制的土地所有者；认为绿带使中产阶级郊区居民享有特权的批评者；担心由于限制了城市扩张的土地供应和城市增长的"蛙跳"模式而对经济发展造成影响的地方政府和私人公司。有观点认为，绿色基础设施的理念可以取代过时的绿化带概念（Amati et al., 2010）。但是在英国，绿带的想法虽然受到了来自开发商持续增长的压力，却仍保持着强大的影响力，其已经作为愿景性规划措施深深地根植在文化中了（Gant et al., 2011）。绿化带仍然在世界各地被用作遏制城市增长的一种方式（Rowe, 2012），尽管它可能被认为是保护农村地区不受城市侵占的一种方式，而不是将自然引入城市的一种尝试。

建筑空间和开放空间之间的关系是建立在功能专业化和空间分割的基础上的，形成了一个支离破碎的城市环境（Madanipour, 2007）。在现代主义的城市设计方法中，建筑与周围空间的关系，以及城镇与周围空间的关系，也受到了有些类似的对待。关键的原则是以卫生的名义用一圈开放空间将建筑和城镇包围起来。建筑物和城镇被视为独立雕琢的实体，需要与周围的环境区分开来：这是一种脱离文脉环境的形式，就好像它是由不同的物质制成的，或者属于不同的时代，如果赋予它一个独立的身份会更好，保护建筑物或城镇不受污染，这些污染不是来自开放空间，而是来自另一个建筑物或城镇。因此，开放空间是一个清洁的缓冲区，是健康生活的必需品。在实施这个原则的过程中，建筑和开放空间之间的关系已经被修正为更加关注建筑之间的联系，关注行人的福祉和在城市中的缓慢移动。城镇和乡村之间的关系要复杂得多，而绿化带的理念则保持了一些原有的力量。对功能和空间分割的回应是一种被称为"绿色基础设施"的整合性方法。

环境危机和绿色基础设施

在现代主义思想的危机之后，尽管现在对环境危机的关注得到了支持，开放空间的新方法又回到了以前的先例。将自然元素融入城市不再

局限于健康和生活品质，也是一个具有全球环境意义的主题。然而，这 182
一时期是对社会和经济的自由放任态度，对城市环境造成了严重的不利
影响。

正如英国对绿色空间进行审计显示的那样（Watson et al.，2011），事
实证明，城市绿色空间的可达性对于良好的身心健康、儿童时期发展、社
会凝聚力和其他重要的文化服务至关重要。在 20 世纪的最后 30 年间，英
国绿色空间的可达性和质量水平一直在下降。在 1979 年至 1997 年期间，
约有 10 000 个运动场被出售；许多小块园地流失了，估计现在比其高峰期
水平低 10%；投入公共公园的资金被削减并且没有提供法定的公园服务项
目。现在，大约 80% 的英国人口生活在城市地区，超过 6.8% 的英国土地
被划定为城市，从英格兰的 10% 到苏格兰的 1.9% 不等。可利用的绿色空
间的数量从英格兰的每千人 2 公顷到苏格兰的 16 公顷不等。在贫困地区，
绿色空间的数量和质量都整体低于其他城市地区。然而，审计报告提到，
自城市工作组报告以来，新世纪的第一个十年有了一些改善，通过国家彩
票资金和地方政府、公共机构以及 4000 多个社区团体的工作，绿地的翻
新和更新成为可能。

城市工作组是由英国工党政府设立的，旨在制定城市更新开发指南，
认为公共领域是一项公共责任；它鼓励城市设计师设想一个把公共空间连
接起来的网络。孤立的、旧的绿地，如旧时的轨道线和水路，以及运动
场、邻里公园和街道及广场网络，都可以被整合到公共空间网络中："城市
和城镇应该被设计成网络，将住宅区和公共开放空间以及直接通往乡村的
自然绿色走廊连接起来。"（Urban Task Force，1999：58）

"绿色基础设施"这一概念承认环境中所有自然要素的重要性，并倡
导以整体的方式利用这些要素，使其所有都作为需要支持和加强的生态
系统的一部分（图 7.6）。美国景观设计师协会（ASLA，2011 年）和他
们的英国同行（Landscape Institute，2009）都赞同，将绿色基础设施的
理念作为应对快速发展的城市世界所面临的社会、经济和环境挑战的前 183
进方向。这一概念的核心是拓展了"绿色空间"的定义，把更广泛的可
以被连接到一起的多功能空间也纳入其中，定义为"绿色资产"（green
assets），以最大程度发挥这些空间的效益。正如景观协会（2009）的立

场声明所说，其中一些像公园一样的要素是经过规划和设计的，而其他像海岸线一类的要素是由自然过程形成的。还有一些，如高速公路的边缘和铁路路基，并没有被视为绿色空间，而只是作为其他规划功能的意外结果。现代主义方法的普遍趋势是将这些空间作为单一功能的空间进行规划和设计，包括：用于游戏和休闲的公园、用于保护特定物种的野生动物保护区、用于休闲或运输的运河纤道和自行车线路。然而，每一类绿色资产都可以承担多种功能，从而确保更好地利用土地，带来更大的社会、经济和环境效益。这些绿色资产可以包含广泛的空间，并可以184 从地方邻里到区域和国家不同尺度范围内加以构想（表7.1）。这些自然要素之间的联系"可以促进公众参与到自然环境之中，改善生物多样性迁移的机会，并有助于鼓励可持续的出行方式"（Landscape Institute，2009：4）。

图 7.6 "绿色基础设施"的概念将城市中所有的绿色资产联系在一起，无论每项资产被认为多么地不重要（加拿大多伦多）

表 7.1 典型的绿色基础设施资产及其相关的尺度

地方、邻里和乡村尺度	城镇、城市和地区尺度	城市-区域、区域和国家尺度
行道树、路缘和树篱	商业环境	区域公园
绿色屋顶和墙面	城市/地区公园	河流和洪泛区
口袋公园	城市运河	海岸线
私人花园	城市公地	战略性长途小径
城市广场	森林公园	森林、湿地和社区森林
城镇和乡村绿化和公地	郊野公园	水库
地方路权	连续的滨水区	公路和铁路网
人行道和自行车道	市政广场	指定的绿带和战略空隙
墓地、坟地和教堂院落	湖泊	农业用地
机构开放空间	主要休闲空间	国家公园
池塘和溪流	河流和洪泛区	国家、区域和地方景观；运河
小型林地	棕地	公共用地
游戏区	社区林地	开放的乡村
地方自然保护区	（前）矿物开采地	
学校场地	农业用地	
运动场地	垃圾填埋地	
沼泽、沟渠		
自留地		
空置地和荒废地		

注：源自 Landscape Institute（2009：4）。

当多功能空间在绿色基础设施中相互连接时，生态系统的服务就会得到促进。这些服务功能包括：对所有其他生态系统服务十分必要的土壤形成和光合作用支持功能；食物、纤维和燃料的供给；调节空气质量、气候和土壤侵蚀；以及带来美感品质和休闲体验的文化效益（Landscape Institute，2009）。美国景观设计师协会（ASLA，2011）通过强调"自然为人类环境提供了有价值的服务"来证明绿色基础设施的观念。连接公园和野生动物廊道可以保护生态功能，管理水资源，为野生动物提供栖息地，并在国家和地区层面上创造建成环境和自然环境之间的平衡。公园和森林在城市层面的有益之处包括减少能源使用成本，以及创造清洁的温带空气。较小尺度的技术，如绿色屋顶和墙面，有助于减少能源消耗和雨水径流。绿色基础设施的好处包括：吸收和封存大气中的 CO_2；通过被动加热和冷却减少能源的使用；过滤空气和水资源内的污染物；减少太阳辐射热的摄取；为野生动物提供栖息地；减少雨水管理基础设施和洪水控制的公共成本；提供食物来源；稳定土壤以防止或减少侵蚀。换句话说，绿色基础设施"对于应对气候变化、创造健康的建成环境和提高生活质量"至关重要（ASLA，2011）。因为绿色基础设施是站在对社会的效用上而非对自然环境的内在价值上关注生态问题的解决，因此其功利性可能会被质疑。然而，这也是让决策者注意到这些问题的一种方式，并在他们能够理解的基础上证明这种关注是合理的。

建设公园和开放空间是现代主义规划的一个组成部分，并由公共权力机构实施，却由于经济自由化以及缩减公共部门规模承诺的政治愿望而遭受了挫折。因此，绿色空间的开发是公共权力机构和私人开发商在规划过186 程中谈判的主题，在英国的规划体系中称为 S106。到目前为止，绿色基础设施是由开发商在设计和开发有 300~500 套住房的场地时通过规划收益提供的。随着旧的规划体系被一个对市场更加友好的新的体系所取代，并且开发税被称为"社区基础设施费"（the Community Infrastructure Levy），其压力在于如何最好地利用这一税收来确保必要的绿色基础设施（Sturman，2012）。然而，影响深远的英国规划体系变革仍然是因为对绿色空间保护的关注。正如《独立报》（*The Independent*）（2012）的一篇主要文章所言，"规划体系正在从保护乡村的工具转变为促进经济增长的工具"。在这些变化中，绿化带可能得到更好的保护，但许多其他类型的绿色空间由于开放而被用于开发却没有得到保护。同时，社区团体参与了绿色空间的开发，包括社区园艺、城市食品生产、由积极的园艺家在荒废或被忽视的土地上进行的"游击式"园艺等，并普遍反对对社区绿色空间和公共用地的侵蚀。树木一直是城市设计的一个重要元素（Arnold，1993；Trowbridge et al.，2004），人们正在寻求发展城市设计的生态形式，将对环境的关怀融入城市空间的设计和开发方法中（Palazzo et al.，2011）。

对绿色空间的供给和维护的关注与城市不平等的社会空间结构以及社会分类和空间划分的压力是叠加在一起的。因此绿色空间的空间分布与其总体供给和维护一样成为一个问题。很多争论都是关于绿色空间的总体统计数据以及这些空间如何受到开发的威胁。这些争论中没有涉及的是这些绿色空间分布的不平等以及在低收入地区供给和保障配置的软弱措施。同时，许多形式的绿色行动主义可能是由中产阶级和上层阶级群体推动的，他们从道德的制高点与其他人接触，甚至在不知不觉中为绅士化的势力服务。　185

城市中的水资源

城市环境中的水资源管理一直是城市规划师、设计师和工程师，以及城市领导和行政人员长期关注的一个问题。虽然在一些像荷兰这样的国　187家，土地和水之间的关系达到了最敏感的程度（Hooimeijer et al.，2007），但所有的人类住区都必须努力解决二者的关系问题。

在可能的情况下，历史上的城市都建立在如河流和湖泊这样水体的边缘。水体既能供水，又能作为防御屏障，保护定居点免受来自地面的入侵。农业和定居生活的发展需要可靠的水源，通过巧妙的做法将水带到人类居住区，并用于饮用、洗涤和一系列的社会和经济目的也成为可能。古罗马渡槽是运河和桥梁组成的地上网络的一部分，将水输送到城镇和城市（Hodge，1992；Vitruvius，1999；de Kleijn，2001）。古代波斯的"卡纳特"（Qanat）系统从很远的地方输送地下水，使山麓地区适合居住（Beaumont，1971；Lambton，1989）。有了这些技术设备，通过从更远的地方获得更大量的水源，使更大的人类定居点的增长成为可能。水资源基础设施是城市形态的决定因素，即基于地形和供水系统塑造了定居点的空间配置，这也影响了定居点的社会地理，地势较高和能更好地获得水资源的地方被保留给精英阶层。虽然现代水库及其分配体系已经消除了水和人类住区的社会空间组织之间的这种明确联系，但向持续增长的城市的所有地区提供清洁的水仍然是一个永远存在的挑战。特别是在气候变化的背景下，世界上许多地方水资源都严重短缺，针对满足人类基本需求所采取的商业方法以及关于如何公平有效地供水的问题和争议也在不断增加。

水运也一直是人员、货物和服务的主要运输方式。在火车到来之前，英国的工业革命是由全国范围内的运河网络的发展所推动的。在工业城市的爆炸性增长中，制造公司占据了滨水地区，利用河流进行运输和排污。这些活动造成的污染是惊人的，在世界许多地方，工业化对世界许多地区的地下水和河流造成的影响给当地居民的健康带来了非常严重的威胁。随着西方城市的非工业化和这些地段的衰落，从 20 世纪 70 年代开始，滨水区的再生成为人们关注的焦点（Levine，1987；Hoyle et al.，1988；Marshall，2001）。在经历了长期的衰退和废弃之后，河流和运河已经成为城镇复兴的一个不可或缺的组成部分。因此，河流净化、土地复垦并通过设计为滨水地区赋予了新的功能，以便将它们重新纳入城市的肌理之中。美国主要城市（如巴尔的摩和波士顿）滨水地区的复兴，以及伦敦码头区的再开发，都是这种转型的早期案例。它们契合了城市经济的结构性改变，它们的改造过程和结果也都存在许多争议。当像首尔这样的城市重新发现旧的或重塑新的水道时，像纽约这样的城市继续依靠港口地区获得新的开发用地（City of New York，2009）。

然而，城市水资源的一个紧迫的新意义来自气候变化。对于那些面临人类活动对自然过程的影响，以及自然过程的转变对人类环境产生影响的城市而言，挑战现在已经开始。水的可获得性、质量和可支付性已经变得比以往任何时候都重要。气候变化的部分表现是洪水风险的增加，仅在 2007 年，洪水在英国就造成 13 人丧生，经济损失达 32 亿英镑（Morgan et al.，2013）。这就要求城市设计者和规划者更认真地对待水循环的管理。

水敏感城市设计（Water Sensitive Urban Design）得到了英国城市规划师、城市设计师、土木工程师和景观建筑师等专业机构的认可，呼吁通过规划和设计将水循环管理纳入建成环境中（Morgan et al.，2013；Landscape Institute，2013）。这基于两个关键性原则。首先，它要求统筹考虑水循环的所有要素及其相互联系，包括水资源的供需管理，废水和污染，降雨和径流，河道和水资源以及洪水和水道。第二个原则是要从一开始就在整个规划和设计过程中考虑水循环，这包括适当关注地方特征、环境和社区，优化基础设施的成本收益和建成形式，提高社区生活的质量，并为未来提供安全和有韧性的资源（Morgan et al.，2013：5）。从建筑到公寓楼、邻里街区、新开发项目、商业地区，直至整个城市的层面，都提出了在所有尺度和阶段管理水循环的最佳方法。

美国环境保护署（United States' Environmental Protection Agency）推动了"雨天绿色基础设施"（Wet Weather Green Infrastructure），将雨水管

理和低影响开发整合到基础设施中，从而使雨水能够被渗透、蒸发、收集和再利用，以维持或恢复自然水文（EPA，2012）。这些适应性管理措施得到了像美国景观设计师协会（ASLA，2013）这样相关专业机构的推广，并被纽约等城市采用，这些城市为河流、小溪和沿海水域的清理进行了大量投资（City of New York，2009）。纽约绿色基础设施规划的主要原则包括建设高性价比的灰色基础设施，优化现有的废水系统并通过绿色基础设施控制径流水（City of New York，2009）。费城的目标是成为美国最绿色的城市，它制定了一个名为"绿色工程"（Greenworks）的愿景，将城市的灰色基础设施转化为绿色基础设施，将城市1/3的沥青表面转化为可吸收性绿色空间（ASLA，2013）。该市已经在2016年通过立法，要求所有新的建设项目都要在场地内实现一英寸雨水的渗透、滞留或处理。绿色工程的措施包括绿色屋顶和"绿色街道"，其中增加了树木覆盖率，安装了人行道上的花槽，并提倡管理地表水的技术，如生物沼泽雨水花园，角落的凸起和地下渗透区。创造新的湿地，恢复和清理河道，创造绿色地面停车场，以及扩大雨水收集桶是水资源管理的其他关键环节。该工程的好处包括休闲娱乐、减少热压、减少碳足迹、提高空气质量、减少排放、增加绿色就业和提高财产价值（City of Philadelphia，2009：43-56）。

结语

征服自然一直是现代城市态度的基本组成部分，但这已被证明是站不住脚的，正让位于对自然环境可持续性的高度关切。生活在拥挤和污染的城市环境中的问题被认为可以通过逃离自然来解决，但这种大规模的郊区外流已经成为气候变化的原因之一，因为土地使用分隔化和郊区化鼓励了更大程度的能源和材料使用。这个问题的严重性已经被全世界认同，国家和国际上对保护自然环境的承诺就证明了这一点。虽然一个解决方案是寻求接受这种郊区梦的可取性，但要通过创建小型乡村城镇，从花园城市到新城和新都市主义定居点来限制城市的足迹。另一个解决方案在于城市的密集化，在一个紧凑的城市形态中增加密度和混合使用。将绿色空间融入城市空间，并将这些绿色资产相互连接起来形成绿色基础设施，也是一个相关的解决方案。这些解决方案尽管有缺点和局限性，但表明有必要将城市环境的不同要素视为相互依存和相互关联，而不是像前几代人所设想的分割功能。从"建筑文化"（Baukultur）到整合性城市设计和生态系统思维，本章的关键论点是生态思维，即物质世界的所有元素作为一个整体相互联系，是环境敏感性城市设计的必要特征，通过这些空间联系，城市设计可以为环境议程作出贡献。

第八章 民主的都市主义

　　公共空间的主题也许是城市设计中最受争议的主题，它是城市不可分
割的一部分，是空间和时间的十字路口（Madanipour，2013a）。它与家庭
私人空间的区别及相互作用是一个长期讨论的主题，可以追溯到几个世纪
前。此外，公共空间是社会关系基础建设的一个重要组成部分：公共空间
是时间和精神力量以各种形式展示的地方（图 8.1），是社会被控制的地
方，也是这种控制受到挑战的地方。它在民主政治中有着强大的作用，允
许群体集结、示威及社会差异在公共领域中尽情释放，发展意识、信心和
行动（图 8.2）。它的问题和挑战也需要讨论：最基本的是，公共空间为
什么会产生和谁从中受益？它是为消费主义、财产利益和有权势的参与
者服务吗？物质公共空间在建立社会联系方面的作用是显著的，如空间
节点、城市街道和广场、公共和私人空间之间的界面以及街角和交叉口。

图 8.1　红场。公共
空间是权力以多种形
式展现的场所（俄罗
斯莫斯科）

图8.2　塔克西姆广场。公共空间是社会基础建设的重要组成部分，是政治示威，以及探索差异、差异共存的场所（土耳其伊斯坦布尔）

但作为更广泛、充满活力的公共领域的一部分，它需要得到社会和制度方面的支持。

　　社会生活被细分为公共和私人领域，这是一个社会的主要组织原则之一，反映和塑造了社会的信仰、实践、制度和环境。因此，这两个领域之间边界的性质是社会和政治哲学讨论的一个主要课题。我们已经在前面的章节讨论过公共空间的一些方面了。本章探讨了公共空间在城市社会中的意义和作用，它与民主治理的关系，以及通过物质的和制度的边界来规范个人、场所、资源、支持和信息的获取而形成的公共领域和私人领域
192 之间的关系。边界的清晰表达塑造了人际社会交往、私人财产与公共空间、社区成员、公共交流与交换，以及公务机关与国家干预的特性与质量（Madanipour，2003b；2010b；Madanipour et al.，2014）

公共空间与城市治理

　　在过去的30年里，城市发展模式和城市规划的性质发生了巨大的变化。从公共部门主导的综合规划和对城市发展的直接参与，转变为市场作用更加突出，这由战略规划支持，通过公私合作实施，并参与到务实的、具有企业家精神的、选择性的、以区域为基础的规划和大型城市项目中。非政府行为者的增加将治理所面临的挑战带到了议程的中心，而公共空间

是这些行为者可以交互的地方——一个集体行为者的形成可能能够集中讨论的主题（Madanipour，2012b；2012c；Madanipour et al.，2001）。

这一变化是我们已经讨论过的更大的政治和经济变革进程的一部分。第一种模式涉及雇主和雇员之间的妥协，它的出现是为了应对 20 世纪 30 年代的经济危机和第二次世界大战；但它在 20 世纪 70 年代陷入了困境（Aglietta，2000）。为了应对 20 世纪 70 年代的危机，第二种模式出现了，它基于自由市场、私有化和放松管制，以及全球化和技术变革——这一模式转而自 2008 年起开始处于危机之中（Barber，2009）。而这种转变并不是独立发生的：这很大程度上是因为雇主为了逃避高税收、高工资、生产成本和严格的规章制度而决定将工作地点迁往世界其他地方。为了应对由此导致的去工业化和城市衰落，并让投资者回归，公共权力机构曾寻找其他形式的经济活动，提供激励措施，放松监管，重组自身并向市场寻求帮助。

随着气候变化和全球化、全球金融危机及其导致的公共资金的减少、缩减国家规模的意识形态压力、许多活动和资产的私有化，以及机构和利益的多元化，对民主国家提出了新的挑战：如何从广泛而碎片化的机构中形成集体行为者？如何在新的市场主导的背景下迎合共同利益？围绕着公共领域和私人领域之间的边界，治理和公共利益这两个挑战紧密地交织在一起，公共领域是如何以及应该如何设置——这在公共空间中得到了明显的表现。

公共空间是社会生活的重要组成部分，它使跨越空间的活动成为可能，支持了信息和知识的交流，促进了社会交往，提高了城市环境的品质，并对政治和文化生活作出了重要贡献。公共空间的主要特征是可达性，其公共性的程度取决于其可达的程度。通过对可达性，以及控制访问场所、活动和信息权力的质疑，我们可以看到这些重大变化和挑战在社会和空间方面是如何联系在一起的。

就其性质而言，公共部门应提供、扩大和使公共空间的可达性达到最大化。然而这一预期在几个方面都面临压力。地方政府制定政策，创造和维护公共空间。但公共权力机构内部的分工是复杂的，公共空间的类型也是多种多样的。在地方政府，软性景观和公园由公园部门管理，街道由公路工程师管理，城市发展和再生由规划者管理，住宅区由房地产公司

图 8.3　公共空间由公共权力机构的不同部门监管，各部门都有不同的概念、方法和预算（英国伦敦）

管理，每一方都有一套各自不同的概念、方法和预算来处理各自的主项事务。例如虽然公路工程师可能想要标准化的街道家具和灯柱并且想要避免任何行人和汽车的堵塞，但规划师和设计师可能想要个性化的设计元素以及街边露天咖啡馆（图 8.3）。

　　这些部门可能在某次频繁的结构重组中被置于同一屋檐下，但它们很少发展出某种综合的公共空间管理方法。更重要的是，合并后的部门可能由一位主要关心经济发展和节约成本的管理者领导。地方政府被鼓励去遵循私营部门管理的原则和方法，即所谓的"新公共管理"（new public management），为其所做的事寻找经济上的理由，并期望其活动能获得经济回报。因此对公共空间的投资成为一种经济案例，而不是理所当然地被视为必要的公共服务。所以采取有选择的策略是不可避免的：城市的不同部分在功能或经济方面应该得到不同的处理方式，而不是以同样的原则对待每一个地方，以求平等地对待城市人口。

　　如果我们审视牵涉其中的私营部门参与者——土地所有者、银行、机构投资人员、建筑公司、建筑师和规划师，以及许多其他参与者——情况会变得更加复杂。在这里，治理的问题是通过开发人员的角色来解决的，是开发人员将参与者聚集在一起的。在英国，大型国有的开发商统治着市场，他们可以增加大量的土地储备，以优惠的利率从银行借款，并调动当地小型开发商不具备的巨大开发能力。零售业和银行业也是如此，因为在这两个行业中，少数几家主要企业主导着全国的市场，以至于一些批评人士会批判克隆城镇（cloned towns），在那里，英国商业街的多样性在消失。在与地方政府打交道时，这些行业巨头们根据自己的利益运用了巨大的权力来影响结果的形成。

市场经济总是围绕着投资与回报的关系，风险与回报的平衡。投资者将一笔钱投入到一项活动中，以期获得利润，因此，如何最大限度地降低投资过程中的各种风险是非常重要的。开发商尤其如此，他们将投资于土地和房产的改造，且不能轻易地将资产从一个地方转移到另一个地方。对于投资固定资本的私营基础设施公司，如水、电、交通和通信公司，也是如此。某些形式的公共空间是必要的，以此可以提供某种出入通道，但是对公共空间的投资并不是直接对投资者有利，因为它不能被出售。因此公共空间的经济价值在于营销开发项目、促进私人活动，以及支撑房价。这样做的话，公共空间会更易具有排他性和半公开性，而不是包容性，这样才能最大限度地降低风险，实现投资回报最大化。

其结果是公共空间的发展受到对其私有化的批判，公共空间的可达性大不如前。为了确保投资的安全回报，市场运营商倾向于限制对空间的使用，将其留给专属的用户和功能，从而限制了其多样性。公共空间的开放进入可以拓宽使用者的类型，但在社会不平等和碎片化的背景下，以及在去工业化地区的城市再生的背景下，这些可进入的使用者可能不会受到目标高端客户的欢迎，因此增加了投资者和买家的风险。空间的可进入程度，以及由此而来的公共性的程度，都被削弱。对城市发展及其公共空间的投资仍在继续，但这些新空间的性质可能与以前的完全不同，取而代之的是：成为创造房地产市场和提高房地产价值的一种手段；城市营销的媒介；商业和娱乐的附属物（现在服务于从剩余的蓝领工人手里夺取城市的白领）；节庆和消费的一个组成部分；走向绅士化的道路，这些新的公共空间受到严密的监视和控制，使某些活动和某些人群比其他人享有特权，这些不享有特权的人可能会被社会和物质措施排除在外，如警卫、监控摄像头、围墙和大门、受控的开放时间和无法企及的郊区的地点。一个重要的例子是在利物浦，通过一个重大的再生计划，利物浦一号（Liverpool One）——市中心的一整个区域被一家私人公司接管（图8.4）

图 8.4　在一个重大的再生计划——利物浦一号中，市中心的一整个区域已经被一家私人公司接管（英国利物浦）

　　公共部门和私营部门一直在城市发展中合作。权力平衡仍旧偏向国家，但公共部门和私营部门之间的界限已经变得模糊，特别是当它们合力形成公私伙伴关系时。在公共事务中，对问责制和杜绝腐败的普遍要求有利于在公共利益和私人利益之间划清界限。然而，争议通常不在于公职人员的腐败行为，而在于国家在多大程度上支持市场的价值观和行为，私人利益在多大程度上影响了结果的形态和质量，以及这个结果有着多大程度上的可达性和包容性。

　　公共空间存在着不同的管理模式。公共权力机构可以要求私人开发商提供一些约定的公共产品，他们也确实这么做了。但是在收缩的城市中，他们的力量是有限的。即使在扩张的城市中，他们也不是总能控制结果。甚至伦敦的保守党市长也有着这样的担忧："在出现这种'企业化'的公共198　空间中，私人管理公共享有的空间的趋势越来越明显，尤其是在大型商业开发中，伦敦市民会觉得自己被排除在自己城市的一部分之外"（Mayor of

London，2009：8）。伦敦议会（2011）也对这一趋势表示关注，正如他们的报告《私人手中的公共生活》（*Public Life in Private Hands*）的标题所反映的那样，鼓励市长和行政区与开发商达成书面协议，以确保公众能够进入和控制公共空间。

在此背景下，民间社会行动者希望从僵化的秩序和狭隘的利益中夺回公共空间，采取直接行动或要求公众参与和包容性进程，以便创造开放和无障碍的场所。但他们的成功程度可能仅限于小规模干预，无法达到战略水平（Madanipour，2012d）。公共空间的私有化会限制集体行动的空间。这要么是通过大规模地将空间转移给私人业主和管理者，比如购物中心和封闭社区，要么是通过管理系统，比如设立"商业提升区"，所有这些都限制了在特定地点可以发生的事情。

公共空间看上去是在这些私人空间中得以发展起来的，但这些缺乏活力的地方和城市的生活空间之间有着实质性的区别。它们看上去和现实世界中的城市空间类似，不同的是，它们是高度净化和被控制的场所。实际上，公共空间的主题被许多市政府采用，作为其城市发展和城市营销活动的一部分。展示场所是作为经济发展战略的一部分而创建的，其健康和力量与商业活力和城市空间的节庆化密切相关。

有许多关于公共空间的运动正在进行，例如清理街道、共享空间和游击园艺①，其中一些活动是由英国的如画传统推动的，另一些受到了其他国家潮流的启发；其中一些活动是由地方政府推动的，其他则是由对提高环境质量感兴趣的民间社会团体推动的。参与创造或激活公共空间的民间社会行动者们所面临的挑战是，这些活动是否会助长节日化和城市营销的趋势，或者它们能否推动民间社会团体能力的发展以丰富城市社会和文化生活。它们是鼓励了有意义的相遇，还是仅仅是表面的、短暂的和被动的共存？它们是来自外部的，我们一旦离开现场就会消失的干预，还是一个地方局部动态的一部分，可以持续存在并带来民间社会团体能力的发展？

需要回答的问题是：这种变化对人们的实际含义是什么？如果这　199

---

① "游击园艺"（guerrilla gardening）是一种社会运动，指的是人们在未经官方许可的公共或私人土地上进行园艺活动，通常目的是美化环境、推广绿色空间或提倡社区参与和环境保护。——译者

种变化带来了更好的场所，我们为什么要担心它？伦敦布鲁姆斯伯里（Bloomsbury）著名的 18 世纪的广场的开发是早期私营部门风险性开发模式的一部分，且当时属于私人所有和管理。许多新的公共空间，即使无法达到可达性的标准，仍然已是许多人的享受之地。如果我们因此在这个城市中有更好的体验，为什么我们不应该支持它呢？

答案在于要认识到视角和经验的多样性。在社会不平等和文化多元化日益加剧的背景下，如果有人流离失所、被价格驱逐或感到自己处于这些变化的边缘，那么应该引起一些担心，因为这可能会带来不公平感和怨恨感。如果在场所和活动中存在显性或隐性的、额外的控制，它们就不能被宣称是开放和民主的。我们也可以质疑商业主义的工具美学，以及消费主义对社会和环境的影响。这是一个更大的问题的一部分：公共产品是否可以由私营企业提供？在私营企业必然逐利的情况下，公共产品将以何种方式被重塑以满足他们的要求？这是一个持续的争论，尤其是在新的财政紧缩的时代背景下。但对于不同的社会，答案可能不同，即使都处在同样的全球化和市场化的压力下。

至少有五种主要的背景差异可能导致公私关系在不同国家运作的方式不同：哲学观点、政治经济、福利制度、空间结构和城市文化。尽管整体论反对把整体分解成部分，经验主义的方法质疑这种整体的存在（Hegel，1967；Taylor，1979；Hume，1985；Bobbio，1990）。这种哲学上的差异与其他背景的差异直接相关。在社团主义政治经济中，不同利益相关者之间的关系往往是通过谈判和合作来管理的，而且这种合作在一些国家有着悠久的传统。历史上的自由放任模式，在一定程度上通过新自由主义而复兴，这种模式是由自由市场中的自由对抗政治和经济的竞争主导的，通过劳动分工和所谓的市场的看不见的手来组织。这些差异被转化为置于不同国家的不同类型的福利制度，即所谓的保守、社会民主和自由模式的福利供应（Andersen，1999），这导致了人们对国家在经济中的作用有不同的看法。如果存在不同的利益相关者之间的合作先例，其结果将不同于所有框架都必须被发明或更新的情况。第四个要素是空间结构，通过空间结构，经济和政治权力被分配到全国各地。在高度集权的结构中，公司可能失去了与本地的关系。以资本为基础的公司或者国际公司的当地分支机构对该地方的利益或投入程度并不相同。当投资主要通过股票市场和非本地银行进行周转时，投资者与其投资对象之间的关系变得非常松散和疏远，这种联系几乎没有符号价值（Whitehand，1992）。在区域权力结构仍相对有效的国家，在银行和大公司中仍然可以找到对地方的扎根和投入。第五个要素是城市文化，换句话说就是对城市的态度。在一些国家，人类住区的理想是村庄，而城市却不被信任；其结果是郊区化，且公共空间更像是乡村绿地，而不是城市广场。相反，在其他一些国家，穷人被驱逐至郊区，而城市是富人居住的地方，公共空间受到人们的喜爱和照顾。个人主义哲学、自由主义政治经济学、公共部门范围的缩小、高度集权的国家，以及对城市生活的文化蔑视，这些要素的结合将导致公众对城市空间的一种特定态度。相比之下，整体主义哲学、社团主义模式的政治经济学、强势国家、更分散且地方依附的政治权力和经济利益结构，以及与城市生活的文化偏好相结合，可能会导致在城市发展中，公众、私人和民间社会利益相关者之间出现完全不同的协作模式，并以不同方式提供像是公共空间这样的公共产品。

领域和边界

私人领域是我们以个人能力掌控的生活的一部分，不用接受公众的观察和认识，不在国家和官方的控制之下。它是个人和家庭自由选择的领域，不受外界注视（Nagel，1995）。隐私不受任意干涉和攻击的法律保护已被纳入《世界人权宣言》（Neill，1999）。在法律上，隐私权的概念很难界定，各种分析方法都试图澄清它（Wacks，1993）。法律上关于隐私权的"典型"投诉是关于"公开披露私人事实"和"侵犯个人的隐居、独居或私人事务"（Wacks，1993：XV）。私人领域可以通过社会规范建立起来，侵犯私人领域可能没有违法那么严重，因此，一些侵犯隐私的行为可能被认为是不礼貌的行为，但不在法律的考虑范围。隐私权被一些人解释为不被打扰的权利（Parent，1983）。

公共领域是制度和物质共同的世界，是促进共同存在并调节人际关系的中间地带。公共空间是一个共时性的场所，是一个展示和表演的场地，是对现实的检验，是对差异性和同一性的探索，是一个认可的舞台。在这里，差异化表现可以引发对自我和他人的认知，也可以引发对特定和一般之间，以及个人和非个人之间关系的检验（Arendt，1958；Schultz，1962；Benhabib，1996）。公共空间是一个多种真理共存且可以接受不同观点的地方。通过与他人共处一处，对世界的共同体验成为可能，并与经历过同样的物质现实的前几代人（或可能会经历同样的物质现实的后几代人）建立起联系。这种连接时间的纽带作用赋予公共空间一定程度的永久性。通过相同的制度，如仪式、表演和公众舆论，与他人共同存在使得共享经验成为可能（Habermas，1989）。

公共领域被定义为与私人领域的对立面；它是"一个共同空间，在这里，社会成员被认为通过各种媒介相会：印刷品、电子媒体，以及面对面交流；他们讨论共同关心的问题；从而能够就这些问题达成共识"（Taylor，1995：185-186）。相互沟通的能力，即使是通过媒介，并试图对事物形成一个共同的立场，都会让一个社会认为自己是自由和自治的，在那里人们可以形成他们的观点，这些观点是很重要的。因此公共领域是现代民主社会的一个中心特征，这就是为什么它会被不断地审视，看它是否被权贵操纵，或者现代传媒的性质是否允许公开辩论。

最重要的是，公共和私人之间的关系涉及社会哲学的核心关注点：个人与社会之间，自我与他人之间的关系。一方面的问题是：如何建立一个能满足社会个体的文化和生理需要的领域，使其免受他人的侵犯？另一方面的问题是：如何才能建立一个满足社会需要，且不受个人侵犯的领域？

这一提法导致了两大阵营之间标准的紧张关系。一方面，有人主张扩大个人领域，提倡各种形式的个人自由，限制公共控制的范围。例如大众媒体和新的信息和通信技术被认为会危害个人的隐私和身份价值（Post，1989）。另一方面，也有人提倡扩大公共领域，实行更严格和更广泛的公共控制（Etzioni，1995），这些观点之间的一种差距反映在自由意志主义者和社群主义者之间的紧张关系上，这本身就是个人主义和整体主义之间历史性辩论的一种表现。

公共领域和私人领域只有在相互关系中才有意义，它们的区别很大程度上取决于它们之间的边界。无论是对于那些捍卫私人领域不受公众入侵的人，还是那些捍卫公共领域不受私人侵犯的人来说，设立边界都意味着一种限定和保护的行为。这一界限规定了隐藏和暴露，在人类社会中起着重要作用。公共和私人之间的界限同时扮演着两个角色：一方面，它将破坏性的元素排除在公共场所之外；另一方面，它保护私人生活不受公众的注视。根据纳格尔（Nagel）的说法，"我们所展露的和我们没有展露的东西之间的界限，以及对这一边界的控制，是我们人类最重要的属性之一"（Negel，1998：3）。

接触个体：透明罩与面具

私人与公共之间最根本的区别是人类主体内在意识的空间与外部空间 203 的区别。最私密的空间是内心世界，心里的内容可以对别人隐藏起来，或者也可以根据意愿透露给他人。笛卡儿的二元论是古代精神和身体区别的现代版本（Descartes，1968：54），这是许多形式的公私分离的基础。然而，内心世界是在与身体其他部分、其他器官、无意识的冲动和欲望，以及与身体之外的物质和社会世界的不断对话中形成的（Searle，1999；Greenfield，2000；Bennett et al.，2007）。来自身体内外的生物和社会力量影响和塑造了我们所理解的最内在的私人领域（Freud，1985）。因此在精神和身体之间建立一个明确的界限并不容易。这意味着精神和身体是相互依赖的，由此引申出，私人和公共领域在其最根本的形式上便存在着相互依赖的关系。

自我的私人内部空间和外部公共空间的边界是身体本身。这种边界的清晰表达可以通过多种形式的交流手段实现，其中一些已经被使用了很长时间。为了实现保护和沟通，自我与他人之间、私人与公共领域之间的界限被媒介化和被明确，从改变身体的饰物，如皮肤穿孔和皮肤绘画，到外衣穿着，如功能性服装和象征性表演性的珠宝首饰，再到身体姿势、行为模式和语言。在这种表述中，边界的作用变得模棱两可，因为它同时从属于私人和公共领域。它是两者相遇又分离的区域，这二者同时塑造了它，它又反过来塑造了它们。对这一边界的处理赋予了区分这些公共领域和私人领域的重要性和意义。正是在这里，第一人称和第三人称的世界观相遇了，主体的权威根植于一个经验主义的可区分的私人领域，与语言、文化和空间构成的公共领域相遇了。

自主的人类主体控制自己和周围世界的规范性经典观念，帮助现代个人的发展摆脱自然和社会的束缚，以及它们迄今为止的宗教规则和传统（Taylor，1979）。这使他们有别于他们在社会中发现的以社会为中心的个人概念，这种观念在世界许多地方仍然盛行（B.Morris，1994）。然而，现代批评家对自我的概念提出了质疑；在这些批评家中，有相信激进自治的可能性的人，也有那些只把个人当作语言车轮上的一个齿轮的人（Cottingham，1992；Honneth，1995；Bourdieu，2000）。但即便对于去中心化的个体，也很难否认某种程度的自主性，因为个体具有物质上的独特性、知觉和意识的统一，以及建立联系的能力（Lefebvre，1991；Kant，1993；Searle，1999；Deleuze，2004）。因此，个体们可以被看作是相互依赖的主体，他们通过在经常无法控制的力量之间周旋并建立联系来思考和行动。人的主体性不是一个纯粹的、脱节的、非实体的私人领域，而是处于生物和社会力量的交汇处，并在不断地改变它们和被它们塑造。因此，身体内部的私人空间与世界的公共空间是相互渗透、相互依存的。

当孩子们开始区分自己和他人时，就开始在私人和公共之间设置并维护边界。当他们长大成人后，与自我相关的空间找到了不同的空间层次。身体之外最直接的一层是个人空间，这是一个围绕身体的无形的小空间，在社交相遇中得到表达，因为它调节着个体的间距。这是身体的延伸，被认为是一个保护性的透明罩，一个便携式的私人空间。个人空间将个体安置在物质空间中，并与其他形式的领域一起，将他们定位在社会空间中，使认同感得以发展，并使交流和认可的仪式得以发生。个人空间没有物理界限。相反，它是通过手势、语言和行为来划分的。它是由自身和他人观察到的。观察到的个人空间的规模和程度取决于社会接触的环境和参与者的特点，如年龄、性别、地位和文化。它是人们通过社会化获得的一种机制，以管理他们的隐私，并使他们能够相互交流。它是一种保护和交流的手段，是在社会交往中控制自己身体的工具，与个人的直接环境建立权力关系（Hall，1966；Sommer，1969；Bonnes et al.，1995；Moghadam，1998）。

　　外部力量和内部力量的相互作用会产生来自各方的压力，不可避免地导致紧张不安和不断变化的情绪、能量和环境。然而社会接触需要一 205 定程度的平衡和稳定。为了管理这种潜在的动荡和持续的变化，人们依赖由社会媒介对冲动的抑制形成的面具，从而形成一个稳定的、相对一致的表现。因此，面具就是一个理想化的自我，一个稳定的精心构造，人类在社会交往中戴着它来保护自己，通过表演来隐藏自身的波动性并控制局势（Park，1950；Goffman，1969）。面具和真我可能会相互交织，因为这些表演以信仰和行为的模式铭刻在表演者的身体上（Bourdieu，2000）。不过，面具是公共领域和私人领域的界限，我们改变它们来适应公共场景和私人情绪。这是我们由环境、外表和举止行为构成的社会前线。

　　因此，公共生活被视为一种表演，在这里，符号被呈现和交换，面具被展示、比较和重塑（Goffman，1969；Geertz，1993）。物质环境为这种表演提供了一个舞台，一个由这些设置和外观组成的剧场。当街道不被用作舞台，公共生活也不包括戏剧表演时，有人认为文明衰退了（Sennett，1976）。人类生活的持续工作是外表管理，通过隐藏和暴露之间的平衡、公共和私人领域之间的平衡来创造一个精致的社会空间（Nagel，1998），这只能通过认真地建造和维护边界才有可能实现。这些外表本质上是外观、手势和行为模式，但也包括实物，如个人物品和建筑物的立面，以及城市公共空间中展示的所有元素（图8.5）。

　　同时，表演和社会生活之间也有显著的区别，因为表演不涉及第一人称叙事、暂时性和永久性的区别、虚构性和真实性的区别。把社会生活与戏剧相比较有明显的局限性。表现和交换与它们发生的物质条件密切相关。如果将表现与环境分离并以抽象的方式考虑，这就对分析造成了限制。公共领域戏剧化的模式也有一些不足之处，比如它的笛卡儿式的自我分离，它以牺牲背后的代理人为代价来强调面具，它强调社会的非历史性，它信任惯例，它对规范问题缺乏兴趣，以及它的审美化社会关系的倾向。

图 8.5　夫人宫（Palazzo Madama）将一座中世纪建筑隐藏在巴洛克风格的立面之下，仿佛戴着面具参加公共演出（意大利都灵）

进入场所：栅栏与围墙

206　　　历史上建立的、社会制度化的私人领域形式是私有地产，它确保了已知个体对空间的独占性。私人领域可以通过使用模式来建立，这会创造归属感，也会激发领地行为（Altman，1975）。它也可以通过一个法律框架制度化，使个人有权称部分空间为其私人财产。与个人空间相比，私人财产则有着固定的静止的边界。

　　　有人认为，领土性在建设性方向上控制着侵略，厘清权力关系，从而减少紧张和冲突。对财产的私人控制是权力行使和情感依附的出口（Freud，1985：303-304）。私有财产被视为通过对世界上的物体施加意志的自由的体现（Hegel，1967），是一种在调节隐藏和暴露方面的人性的表现（Nagel，1998）。因此它是心理发展的载体，个人身份的表达，在社会

207　网中的位置和授权，在过去是进入公共领域的一个条件（Arendt，1958：

65）。它也是一种在市场上可以交易并受法律约束的商品，在这种情况下，私人空间的个人意义呈现出一种非个人的特征。然而，这些品质对于那些要么通过他人的力量，或者由于自身的特点和生活轨迹都无法使用这些控制力的人来说是不可得的。无家可归者由于被剥夺了专属进入空间的权力，而穷人由于能力有限难以维持这种访问权，他们自己也因此被排除在驯服和发展自己的攻击性、发展自我身份以及在社会中获得归属感的过程之外（图8.6）。

　　私有地产的空间单位与家庭的社会单位密切相关。家庭的排他性和亲密性在家庭这一私人领域的典型代表中得到了表达（Bachelard，1994）。从历史上看，家一直是一个社会-空间单元，在这里，生物和社会生活的过程得到了培育和保护，免受他人入侵。作为现代家庭住宅的起源，中世纪资产阶级住宅是社交的中心，是一系列人和活动聚会的场所。从18世纪起，它就被变成了一个充满亲密和隐私的地方，这反映在孩子在家庭中越来越重要的角色上（Aries，1973）。现在，房子象征着核心家庭与社会的全面分离，私人与公共领域的分离，从而创造一个远离非个人的外部城市世界的避风港。在房子里，存在着一种等级分层，仆人与主人分离，孩子与父母分离，女人与男人分离，访客与家人分离。这种等级反映在房屋的历史转变中，从一个多功能的大厅变为通过走廊连接的多元化和专门功能的房间。这些房间围绕房屋引入了一系列私人、半私人甚至半公共的空

图8.6 传统的公共空间和私人空间的概念很难适用于那些不得不住在街上的人（法国巴黎）

间，以满足单独的、个人的、私有的空间和人际间的家庭空间的共存。社会分层与住宅类型的分化，从联排别墅到排屋、半独立住宅、独立住宅，以及平层，反映了新的社会阶层。这些家庭空间的特征通过国家干预、大规模公共住房计划，以及风险性批量建设的市场机制，被扩展到了社会的更大领域（Muthesius，1982；Olsen，1986）。

208　　女权主义者反对现代家庭，在现代家庭中，妇女与家庭生活、孕育和依附性的私人领域绑定在一起，这与男性所在的公共领域的工作、政治、养家、自主和责任截然不同。他们认为，这一点，以及公共领域和私人领域的总体分离，把妇女锁定在了劣势地位（Pateman，1983；Fraser，1989）。

　　这些来自妇女（以及儿童）的私人领域内部的压力，以及通过国家对教育、健康和福利的干预的外部压力，以及新的生活方式和家庭安排，已经改变了家庭的亲密空间。家庭的亲密空间不再是一个受保护和隔离的领域，而是在与其他社会组织单元的不断对话中改变的空间。从这些对话中产生了两种紧张关系，一个存在于个人和家庭之间，一个存在于家庭的外部形象和内部现实之间。这两种紧张关系可能会影响家庭作为一种社会组209　织的未来。（Muncie et al.，1995；Kumar，1997）。

　　一些自由主义者强调边界的中心地位，强烈要求保护边界，防止个人越界（Nozick，1974）。其他人出于对犯罪的恐惧（Jacobs，1961）或为了改善邻里关系（Aldridge，1997），也会提倡将两个领域分离。然而在实践中，边界不是那么死板的，而是半渗透的（Epstein，1998）。领地划分为公共和私人并不是绝对的，而且可以根据涉及的人数、地方的大小和占据时间的长短而变化，换言之，这取决于社会、空间和时间的条件。公共和私人领地不是简单二分，而是多种灰度。它们的边界是社会建构的，并且可渗透的，而不是天然存在且不可侵犯的。尽管边界是一种分离两个领域并保护它们免受另一方侵害的手段，但边界也确实是它们之间的界面和交流的场所。边界的特性，无论是粗糙的还是柔软的，坚硬的还是多孔的，都是社会关系的反映，且一定程度上反映了整个社会的特点。

　　这些边界之所以重要，可能是因为它们的物质性。与任何其他社会对象一样，边界通过其生产和使用而充满意义。通过相互或集体的协议，我们将象征意义与日常生活中使用的对象联系起来（Searle，1995）。因此，共同的事物世界有助于把人们聚集在一起，构建意义。公共领域和私人领域之间的边界就是这样一个对象，我们用一种象征能力来描述我们生活中的特定部分。然而由于边界位于两个领域之间，起到了一种中介和定义的作用，因此它具有额外的意义。它反映了一种权力关系体系，通过制造障碍，这种体系被用来塑造行为、控制进入和管理不同的社会群体。

获取支持与认可：群体的成员资格

在家庭和私有财产的私人领域之外，存在着社区空间。无论社区空间存在于何处，它本身就扮演着公共和私人领域之间的边界角色。传统社区 210 或新形式的社会网络将个人绑定在一个群体中，创造出半公共／半私人的领域。尽管这些领域可能为其成员提供相互支持和认可的可能性，但它们也可能与信息交流和政治的公共领域产生竞争。

现代社会追求的两个主要目标是个人自由和自我管理，这两个目标代表了自由民主的两个组成部分，即自由主义和民主（Taylor，1995）。这二者在现代语境中似乎处于一种和谐的关系中，但它们实际上持续处于一种辩证的相互作用中（Bobbio，1990）。关于如何确定这些目标，在西方民主国家可以发现两个阵营。其中一个阵营强调个人自由和限制国家权力，这被称为"消极自由"。对于这个阵营来说，政治之外的领域，即由公共领域和市场构成的公民社会，是自由的主要堡垒。另一个阵营则更关注自我管理，集体决策是为了塑造社会生活的条件。在这一阵营中，公共领域不仅限制了国家的权力，而且可以助力共同辩论和交流的发展，从而为集体决策提供信息。这种个人至上与集体至上之间的紧张关系，在许多层面的辩论中都有所体现。

表面上，围绕社区建设的新争论可能与过去 30 年的社会和政治背景有关。20 世纪 80 年代，个人主义重新抬头；作为回应，20 世纪 90 年代见证了社群主义的出现，主张有必要重新建设社区，以至于一些西方政治领导人被认定为是社群主义思想的支持者（Etzioni，1995）。社群主义者认为，"钟摆已经向个人主义的极点摆得太远了，现在是时候赶紧回归了"

（Etzioni，1995：26）关于个人权利的言论太多了。现在是时候谈谈个人对社区的责任了。社区已经遗失了，需要重建，"这不仅是因为社区生活是满足我们更深层次个人需要的主要来源，而且因为社区带来的社会压力是我们道德价值观的主要支柱"。（Etzioni，1995：40）然而，这种紧张关系在时间上可以追溯到更久之前。

211　　进入工业时代的特点是破坏了已有数百年历史的农业社区，将个人从城镇和村庄中连根拔起，并将他们聚集在大型、互不相识的城市中（Briggs，1968）。这引起了人们对社会解体和无法控制的群众的恐惧，从而使中产阶级选择远离城市，造成进一步的社会碎片化。维多利亚时代的人们通过推广各种宗教道德或世俗团结，试图实现社会融合。一代又一代的人在一起工作和生活，形成了新的城市社区，这些社区或是成为在不熟悉的环境保护中保护他们的族裔飞地，或是成为通过共同工作和居住的空间建立了紧密的社会网络的工人阶级群体。曾经的流离失所和背井离乡转变为凝聚力。但在工业时代末期，由于技术变革和经济全球化，这些团体组群的理论基础开始消失。因此，工业时代的进入和退出，既引起了人们对社会解体的焦虑和恐惧，也被认为可以通过社区建设加以解决。

　　启蒙运动时期提倡一种彻底的个人自主观念，尽管法国大革命之后的几代人发现，个人绝对自由的概念是没有内容的。与对社会和自然的工具方法相反，黑格尔强调了"Sittlichkeit"（有时被翻译为"伦理生活"）的重要性，在这种生活中，个人对他们所处的不断发展的共同体负有道德义务。他认为，道德不是在真空中，而是在一个共同体中得到完善的。个人的自由和成就可以在一个共同体内实现，而不是在一个无差别的环境中（Taylor，1979）。然而，正如我们在第六章中所看到的，这种对社区建设的投资可能有其黑暗、支离破碎的一面。

　　与可以追溯到古代的整体主义（Aristotle，1992：59-60）相比，启蒙时期兴起的个人主义是一个完全的现代概念（Bobbio，1990）。19世纪末，费迪南德·托尼斯（Ferdinand Tonnies）（1957）在他的两种截然不同的理想类型"社区"（Gemeinschaft）和"社会"（Gesellschaft）中，对社会中个人主义和整体主义之间这种紧张关系进行了有影响力的表述。他们的区别在于这样一个事实——"在'社区'（Gesellschaft）中，尽管存在着一切分离的因素，个人本质上仍然是统一的；而在'社会'（Gesellschaft）中，尽管有各种联合的因素，他们在本质上是分离的"（Bobbio，1990：65）。

　　虽然政治领导人可能希望看到一个社区建设层面的国家，但社区在历史上已经被塑造成一个较小的规模——小城镇或邻里社区层面上的空 212
间共同体，在有限的社会网络层面上的利益共同体。通过强调重新创建这些社区，公共领域发现了一个新的特征，它与私人领域的边界也被重新划定。社区创建了一个两者之间的缓冲区，一个扩展的私人领域，让其成员可以在公共领域之外彼此交流。有些人认为，这是更大的公共领域的一部分（Taylor，1979）；有些人认为，部落领域有利于社会更新（Maffesoli，1996）；还有些人认为，有可能将共同的公共领域整合到一个民主的公共领域中（Rawls，2005）。事实上，如果较小规模的社会组织是透明的和民主负责的（Habermas，1989），如果他们的共同领域是对个人开放的，并与其他公共领域相连，并且如果他们的成员可以自由选择是否继续作为成员，那么就有可能看到一系列嵌套的公共领域，这些加在一起就形成了一个多样化和丰富的公民社会（Taylor，1979）。但如果这些共同领域不够民主，正如频繁发生的那样，它们就会在私人领域和公共领域之间创造额外的边界。然后，共同领域就会成为受社会习俗制约的私人领域的集合，这些社会习俗是社会和政治参与的障碍。公共和私人之间的明确界限可能会变得复杂。虽然它们的目的是造福于公共和私人领域，但也有可能对两者都有害。实施这些社群主义理想时，这些领域之间的边界可能会变成大门和围墙，就像中世纪城市曾经的情况一样，这种情况已经重新出现，成为社区建设的标志、对犯罪的恐惧和地位的声明。社会分层不仅可以基于资源的获取，还可以基于地位和成员资格的获取，为社会和空间的细分方式增加了新的更复杂的边界和层级结构。

获得交流：信息与沟通渠道

　　今天使用的公共空间概念植根于18世纪出现的现代概念，这一概念认为社会是一种陌生人之间建立契约和交流的领域。这使现代商业社会区别于它的前身——过去，个人遵循传统，通过非自愿的亲属关系和宗族关 213

系来相互联系。然而，打破这些联系需要一个新的文化框架，在一定程度上表现为良好礼仪的推广，使完全陌生的人之间能够进行有效的交流。对一些人来说，这是向自由的过渡，社会交往是通过礼貌和同情进行的，从而使社会生活更加平静、可预测和有序（Hume，1998）。对另一些人来说，这不过是一种巨大的损失，带有疏离和灵魂毁灭的影响，造成不平等和不公正（Hill et al.，1999）。

19世纪出现的一种紧张关系是围绕着确定这种交流的性质和框架。尽管对于18世纪的理性主义者来说，创造一个自由和中立的政治和社交空间至关重要，而对于19世纪的浪漫主义者和革命者来说，能够自由地表达自己是很重要的（Taylor，1989）。需要回答的问题是，是将社会视为一个由在明确规定的行为规则范围内通过工具交换联系在一起的陌生人组成的理性的、客观的领域，还是将其视为一个陌生人进行情感和个性的有意义表达的地方。这是20世纪现代主义和后现代主义之间的一种紧张关系，是理性主义和浪漫主义之间紧张关系的全新版本。

一些公共领域的分析人士回顾了过去，并将公共领域在社会中发挥重要作用的形成时期理想化了——阿伦特（Arendt）的古希腊时期，哈贝马斯（Habermas）和森内特（Sennett）的早期现代时期——将这些时期与他们所称的大众社会做了对比，在大众社会中，公共领域显然是处在衰落中。在古希腊，城邦的公共领域是言论、行动和自由的领域，与之相反，家庭私人领域则是暴力和必要性的领域。自由和暴力之间的鲜明区别表明了它们的相互依赖性，这是一个硬币的两面。只有通过压制大部分人口（妇女、儿童、奴隶、外来者等），户主才能平等自由地参与公共领域。现代资产阶级公共领域的兴起也是如此，精英只有将大多数人拒之门外并置于其控制之下，才能发展和发挥作用。正如阿伦特和哈贝马斯所展示的那样，精英阶层的面对面个人间交流是这些公共领域形式的主要特征。然而，因为他们二位未能形成共识，将这种参与扩大到更大的社会是必要的，也是受欢迎的。更具包容性的参与是民主化不可分割的一部分，因此需要发展新形式的交流和大量相互关联的公共领域。

公共领域作为公民社会的一个主要组成部分，是一个物质和制度共同的包容的空间集合。社会成员在其中相遇，分享经验，展示和交换符号，创造意义，通过寻求共识和探索差异来进行集体自治。因此，公共领域限制了国家的权力，但也有助于公共政治辩论和文化交流的发展。这种辩论和文化交流为集体性决定提供了信息和影响，使自由的消极和积极意义同时得到发展。

现代社会面临的挑战是扩大公共领域，使其尽可能具有包容性，同时保持其积极特征的完整性。然而，这似乎变得越来越困难，因为个人使用私家车穿过公共空间，将自己隔离在专属的区域或邻里社区，与他人分离，并通过复杂、抽象的媒介、官僚机构和技术与他人沟通。信息和沟通的公共领域往往由大公司主导，个人参与辩论和决策的可能性有限。一系列其他因素似乎在破坏公共领域。由于对犯罪的恐惧、对政治程序的不信任、对私人交通工具的日益依赖、家庭娱乐的可能性增加，以及越来越多地利用信息和通信技术进行私人对话，从而绕过并无视正式的政治进程，这些因素导致个人向私人领域退缩。

一些评论家分析说，公共领域是理性和批判性辩论的领域，在那里，公共理性得以实践（Habermas，1989；Taylor，1995；Rawls，2005）。然而，在公共领域，辩论并不是交流的唯一形式。

首先是辩论的本质的问题。公共领域是不同机构之间交会点的集合，还是存在一个可以让人们达成共识的领域？我们能否区分理性主义的公共领域（这里的任务是进行理性的批判性讨论）和经验主义的领域（在这里，人们进入并交换关系，如商品、服务和想法，不是为了定义政策，而是在追求他们自己的目标）？如果正如休谟（Hume，1985）认为的，激情是主导，理性确保这些激情得到回报；如果正如弗洛伊德（Freud，1985）指出的，隐藏的欲望和冲动是驱动力；如果正如史密斯（Smith，1993）所说的，人们自身的需求会为共同利益作出贡献——那么我们怎么能期望公共领域是一种理性的行为和辩论的领域呢？我们可以看到，在每一场辩论中都会涉及个人利益，人们都会从他们自己的角度来讨论（Nietzsche，2007），而不是从另一个人的角度看问题。那么这个结果是公共利益的理性讨论，还是从特定观点出发的说服他人的过程，又或者是在可能的情况下行使权力？

其次，还有社会复杂性的问题。在一个民主的公共领域，人们期望个人有机会并自由地参与其中。但他们可以参与和影响决策的公共讨论场所在哪儿？他们是在地方性的公共领域层次上参与，但没有参与重大决策，还是在更高层次的公共领域（如国家媒体）？但绝大多数个人无法进入更高层次的公共领域，而且地方和国家/国际公共领域之间没有系统的联系。这不一定是因为恶性的制度设计，而是完全因为社会的复杂性。新社交媒体可能使个人能够以前所未有的规模与他人接触和交流。然而，因为民族国家的规模和复杂性，其不可能受到每个个人行为和干预的影响。因此公共领域成为有组织的参与者、政党和利益集团的游戏场。这是一个多维度的领域，因此人们可能可以出现在其中的某些区域，但这种模式与人们就重要事项达成共识的公共领域的标准理想相去甚远。

最后，是在公共领域中交流的本质的问题。被认为是理性和工具性的公共辩论，可能充满了情绪化的内容。最好的例证就是媒体把关人承认新闻和政治分析有着很大的娱乐成分（Benn，2006）。他们选择新闻项目，安排采访，准备分析性报道，所有这些都着眼于其娱乐性。不过，娱乐节目可能需要与多样的人物和极端观点接触，而不是从普通市民那里寻求折中的观点，希望这能为他们的节目增添情感趣味，从而吸引更广泛的观众。公众辩论也可能受到精英代表的影响，正如一些媒体宣称的，其目的是教育和娱乐公众。

因此，公共领域不仅是理性批判辩论的地方，也是通过更传统的媒体以及新的信息通信技术来表达情境观点和情感状态的场所。在这个过程中，公共领域和私人领域之间的界限已经变得模糊。对公共沟通领域而言，重要的是，尽可能地缩小边界，以便使地方和国家公共领域之间的交流成为可能，并使尽可能多的人能够参与这些讨论。然而，进入公共领域的仍然受限，部分原因是数字鸿沟和知识商品化（UNESCO，2005）。因此那些财力有限的人和生活在基础设施欠发达地区的人，可能被剥夺了进入这一公共领域的机会。进入公共领域受限的部分原因也可能是大型组织拥有统治地位，这些组织严格控制着信息和交流这个公共领域的边界。虽然可以通过电话和网络发表评论，但关键的讨论都是经过严格编辑和监控的，那些被允许进入的人只能根据他们的娱乐价值来评判。

获取资源：法律与惯例

公共领域和私人领域之间边界的主要特征是控制进入场所活动或获取信息。除了进入（获取）之外，这两个领域之间的区别还取决于代理和利益问题：谁参与，服务于谁的利益，决定了隐私或"公开"的程度（Benn et al.，1983）。在社会接触和空间实践中，边界可能是多孔的；然而，在法律和政治中，作为保护个人和社会的一种手段，需要明确这些边界并保持二分法。现实世界中，在一个标准的、理想化的公私分离框架中，对生活世界的理解和行动的社会和心理灰度被认为是不恰当的。

在自由民主政治中，公共领域和私人领域之间分界线的存在是一个规范性的概念，在这一概念中，看到这条分界线是清晰明确的对所有人都很重要。例如诺兰勋爵（Lord Nolan）的《公共生活标准报告》（*Standards in Public Life*），一份由英国首相委托的公职人员行为调查报告，拒绝将"灰色地带"的概念视为"道德可疑行为的合理化"（Nolan，1995：16）。因此公共领域和私人领域的边界是通过坚持利益分离并保持公共领域对所有人负责且接受监督来构建的。

虽然自由政治促进了公共领域和私人领域的规范性分离，但公共生活的实际情况却创造了越来越模糊的条件。两个领域之间的界限被积极地模糊化，这样公私合作关系就可以形成并承担一系列活动。公共组织的工作方法被改变，使其类似于私营部门，以此来提高其效率和灵活性。公共空间和私人空间之间的界限被变得模糊，以此来鼓励社会交往。国家被授予法律权力来接管私人地产，以开发公路等公共产品，或剥夺犯罪分子的自由，来保护他人。同时，这两个领域是分开的，这样私人利益就不会损害公共利益，而且国家也不会侵入私人领域。

这两个领域之间的经验性和规范性矛盾既被看作是积极的，又被看作是消极的。边界的任务变成了阐明这种看似不可能共存的矛盾和清晰程度。法治保证了这些边界的存在；凡是法治薄弱的地方，两个领域混乱重叠，表现为公职人员的腐败和人权的滥用。然而即使有了有效的法治，国家也可能过于容易干预公民的生活，因此公民和民间社会组织需要仔细看守边界。

结语

全球化和市场化的压力改变了公共部门和私营部门之间的关系，通过非国家行为者的倍增改变了城市治理，并影响到公共空间等公共产品的提供和维护。然而，公共空间是城市空间和社会生活的重要组成部分，具有多层次的意义。作为城市社会关注和行动的中心，它与地方治理有着系统的联系。

218　　私人领域同时位于内心世界，延伸到身体的个人空间，叠加在作为私人财产的土地上，并与家庭中的社会组织单元相联系。意识的主观空间、身体的、社会心理的个人空间、排他性私有财产的制度化空间和亲密的家庭空间，构成了不同层次的私人空间。每层的内容都受到来自内部和外部的压力，并因此不断变化。私人领域不是一个纯粹或完全独立的领域，而是与公共领域相互依赖，正如它们的边界所反映的那样，它们的边界被期望是明确的，但往往是模棱两可和有争议的。

在公共领域和私人领域之间的关系中，可以确定的一个主要主题是它们相互依赖，并且在很大程度上相互影响和塑造。这一点在自我与他者之间的关系中得到了最好的例证，而这正是公私关系的核心所在。另一个主题是，公共和私人的领域及空间分离是一个持续的规范过程。在实践中，公共空间和私人空间是一个连续体，在这里可以识别出许多半公共或半私人空间，因为这两个领域通过隐私性和公共性的灰色地带而不是明确的分离来交会。我们的二元标签通常是通过一种简化的手段来理解复杂性的尝试。

这种两个领域之间的对话，而不是跨越两堵坚硬的墙，在某种程度上促进了一种矛盾心理，这可以丰富社会生活。同时，也存在着将两者明确区分开来的压力，例如在公职人员的行为中，他们应该将公共职责与私人利益分开，或者需要保护个人的私人领域不受公众的注视。多重边界承担着表达和塑造这种共存的模糊和清晰的任务。边界无疑反映了一种权力的表达，因此有人从中受益，有人因此受害。但所有人似乎都需要管控隐私和公开的能力，因为很少有人愿意生活在一个没有区分的共同空间里。比起废止这种能力，进行对话是有必要的，以确保各方能够通过谈判重新划定有争议的边界，在保护对管控的基本需求的同时，使边界的渗透和调整成为可能。这意味着结合法律和政治的明确性，同时考虑到实际和社会的灵活性，以及一定程度的渗透性，以促进互动和沟通。在人际交往和空间 219 交往中，表现出可能的渗透性是文明的前提，而在法律和制度的交往中，则需要明确划分利益和责任。法律的明确性和实际的个人灵活性相结合，将在保护公共领域的同时保障个人自由。边界需要高度发展和持续监控，因为它们反映了不断变化的人际和非人际关系。

第九章　有意义的都市主义

220　　旧的信仰体系与权力等级制度的衰落，个人主义的兴起，以及城市人口的多样化都向城市设计师发起了挑战，要求他们为城市的物体和场所寻找意义。城市中的纪念物、标志物和装饰物扮演了什么样的角色？在全球化和消费主义背景下，城市仅仅是表演和节庆的舞台吗？只有品牌营销和创造奇观才是城市设计、标志性建筑和公共艺术唯一合理的主张吗？城市距离成为清晰可读的场所还有多远？或者说模糊和多样性对城市生活有无益处？城市设计如何通过对城市物体、装饰、艺术和建筑的使用在不同人之间创造有意义的连接？是否可能有一个共同的意义框架？

　　自由这一概念被用来描述现代社会的根本价值，是城市生活方式的决定性特征。为了对自由的空间内涵进行分析，我会讨论自由的几种不同的意义和相应的空间组织形式、自由产生的城市文脉，以及它们有意或无意产生的后果。在此之后，我会探索一些关于概念化自由的其他方法，以及"自由"这一概念是如何转译到城市空间当中的想法。场所这一概念经常被用来赋予城市空间以意义。它是否能如我们预期的那般发挥作用呢？这一章的论点是，城市设计在创造共同意义的基础设施方面有着重要的潜在贡献，但是场所作为一个概念有着其自身的短板，而城市空间中的物体和事件的意义应该被置于环境中进行讨论。

一种有意义的公共基础设施

　　每个人对城市环境的体验都大不相同。每一个人都有不同的生活历
221　程，在城镇中不同的日常习惯，决定了每天都有一系列不同的体验。每

个人也有不同的历史以及个人与社会的轨迹，这些都影响或塑造了城市的日常体验。我们应该如何回应大的城市中心带来的脱节压力？作为个体和家庭，我们在自己周边创造了舒适亲切的小氛围，以在我们的城镇和城市的更大空间中标志我们的独特身份。设计师也希望去做同样的事。我们不接受所有的活动和空间都成为大都市区机器的齿轮，而是希望去创造有意义、连贯、非碎片化或陌生化的场所。我们不希望城市空间像道路、工作场所那样，只能出于责任完成它们的功能性部分，我们也期待所有的场所都可以有一个本地的、内在的逻辑。我们不希望这些场所仅仅是拼图的碎片，我们也希望这些场所具有本地的特点，从而在此时此地发挥重要的作用。我们不希望交流交通空间仅仅是道路系统的一部分，我们期待这些交流交通空间成为街道，成为社交空间，在这里人们可以合理地待在其中，而不是仅仅经过这些地方。我们不希望仅仅创造一个功能性的居住机器，而是希望创造富有梦想的、可以培养依恋感和价值感的家园。

　　城市地区的特征和形态可以通过它们建成的时间来进行解读。从最广泛意义上来说，城市地区的形成经过了很长的历史时期（Benevolo，1980；Morris，1994）。很多欧洲城市都有罗马的基础，中世纪的核心，早期现代的发展经历，以及现代的肌理——每一种城市形态都以不同的方式在城市中建造和表现。欧洲城市聚居点的中心可能是由经过了中世纪部分改造的罗马道路体系和起源于后中世纪时期的建筑物共同塑造的。因而这样的中心区可能被一些拼凑起来的区域所包围，每一块区域都体现着一个历史时期和一种不同的城市发展方法。在英国，这些周边区域多以它们对应的发展阶段进行命名：乔治王朝时期，维多利亚女王时期，爱德华七世时期，两次世界大战之间，战后，等等。每一个时期都有它独特的建筑风格与空间模式（Whiteland，1992）。与此同时，每一个区域也可能留有其他时期的痕迹。这些痕迹可能是小心保存下来的，或者只是恰好随着时间幸存下来的；或者是叠加在过去的遗存之上，创造了一种多层次的肌理，一个由许多叠加的记忆与意义交叠而成的重写本。

　　确立身份的过程是围绕着相似性与差异性之间的关系进行的（Jenkins，1996；Madanipour，2009；2013b）。我们建构的关于人和场所的叙事赋予了他们一系列特征，这也是为什么身份认同通常意味着变得独特。当我　222

们听到关于城市缺乏特征和身份认同的抱怨时，我们应该思考什么是使之与其他城市不同的东西。正是在此基础上，城市的品牌营销和标志性建筑才会被提倡，城市的形象也因此被投射为一个有着独特身份认同的独一无二的场所。在全球化框架下，城市之间像企业组织一样互相竞争，希望能吸引游客和投资者，构建这样的身份认同也成为地方政府的口头禅。在此基础上，他们雇用知名建筑师，希望他们能设计出纪念性的建筑物从而帮助他们的城市在世界地图中占有一席之地。就像不同商品的生产者通过广告、包装设计和在超市货架上的位置摆放而在非常拥挤的市场上互相竞争以吸引注意一样，城市政府也在努力吸引投资者的注意，这一次是通过标志性建筑、公开活动、景观、场所品牌和城市营销。

然而，差异性并不是身份认同的唯一标志，与此同时，相似性也在其中发挥着作用。城市希望通过聘请明星建筑师来设计有表现力的标志，采用标语或推广性的标志，从而融入一个都在做同样事情的俱乐部，以此表明它们也是这个由高品质、良好品牌的地方组成的高档专属俱乐部的一部分。通过成为这一俱乐部的成员，城市的身份认同感得到了保障。在这个俱乐部里，它们和其他相似的城市竞争，希望能被列入排行榜，因为在频繁的排名活动中取得高排名是全球化的一个不可或缺的组成部分。这种竞争存在于不同的层级，然而它将相似和不同结合在了一起，由此，场所的身份得以显现。这些过程不仅仅作用在城市之间，在城市的内部也可以观察到这类过程的存在。城市中的不同部分也在进行着翻新和品牌重塑，从而消除污名，赋予一个地区新的特征或提升它的风貌，并一直处于和其他区域的比较当中。阅读城市变成了一种对身份叙事的认可，这通常会使建筑师、规划师和城市设计师参与场所意象的管理和转型。

品牌和景观的创造是相伴相生的。通过将现代社会定义为"景观社会"，德波（Debord，1994）将注意力引到了表征和现实、能指与所指之间的鸿沟。在景观社会中，形象是社会关系的媒介，生产不过是景观的积累，社会生活局限于对表征的消费。景观不仅仅是添加到真实世界的装饰性元素，它"成为社会现实的不现实的核心"（Debord，1994：13）。鲍德里亚（Baudrillard）主张：在大众传播媒体和互联网主导的情况下，意义的本质已经完全改变了，已经成为一种和欲望联系在一起的幻想。在这个消费社会中，意象正在作为广告被消费："如果说我们是把产品作为产品来消费，我们就是在通过广告营销来消费它的意义。"（Baudrillard，引自 Poster，2001：13）景观在新闻、宣传、广告和娱乐中有着不同的形式，且物体和场所的设计是创造景观的一个有力工具。从神灵和国王的雕塑到现代电子屏幕上的图像，从主宰公共领域的广告牌到最新加入城市空间的诱人的购物区，强有力的意象总是作为创造意义和再现社会权力关系的媒介而产生。与此同时，设计师们认为他们的部分角色是创造城市意象和景观，通过这些意象和景观，意义、颜色和兴奋点被引入到功能性的灰色场所之中。当很多城市意象都有着商业的联想时，景观就成为"体验经济"的驱动力。在体验经济里，人的体验是终极的商品。设计师们在没有足够关注他们自身的意义和他们的服务对象的情况下，可能会不加批判地创造一种景观。社会成员并不是这些意象的被动接受者，况且空间实践和这些精神意象是同等重要的（Lefebvre，1991），因为空间实践可以克服现实和表征之间的差距。但设计师的角色不应该被缩减为景观的创造者，而不了解它产生的背景和对城市社会的影响。

　　一个地方的历史和品牌特征和与该地方相关的个人轨迹的广泛多样性交织在一起。通过收集关于某个地方的不同回忆和故事，并且将它们标记在地图上并进行分析，凯文·林奇试图明确一组集体意象，由此，一种对城市环境的共同理解成为可能。林奇的意思是试图通过对他人描述的特定阐释来确定对城市环境的集体感知，从而将他的五要素作为这些感知的共同特性。但是个体生活与主观感受往往会带来理解与讲述城市环境的截然不同的方式。任何其他的研究者，或者林奇在《城市意象》研究项目中的任何研究对象，都会以一种不同的方式来解读这些叙事。随着社会根据获得资源的方式来划分阶层，按照文化的不同而多样化，并碎化成亚文化、更小的家庭和原子化的生活方式，我们越来越难找到一种对所有人或者至少是大多数人都有吸引力的意义。更广泛的问题是：是否可能存在一种有意义的公共基础设施？这个重要问题同时困扰着城市设计和艺术相关工作者（图9.1）。224

　　在历史上，艺术是和权力中心紧密相关的：教会和国家是艺术家的主要支持来源，而艺术家反过来又给神明和国家增添了荣光。有意义的

图 9.1   是否存在一种有意义的公共基础设施？在那里，大多数人会认同被公开展示的物体及个人表达（德国亚琛）

公共基础设施牢固地根植于这些强大的机构之中，反映在城市的艺术和建筑、纪念碑和空间组织之中。城市的城墙与城门、公共空间中的喷泉和纪念碑、宫殿和教堂内的画作和装饰，通常是城市的设计者们可以用来提供文化叙事的最好的交流性物体。由于这些权力机构已经失去了明确的作用和存在，民主和中立的框架被期待来填补这处空缺。但事与愿违，商业势力似乎已经接管了城市空间。一直以来，商业都是城市生活不可或225 缺的组成部分，它一度可以激活城市生活并为城市居民提供必要的服务（图 9.2）。然而，现在城市空间所反映的是大规模企业的商业利益：从占据城市中心的商业写字楼，到粘贴在公共空间每一个可能的表面的广告信息，再到将城市空间组织为支持商业景观的空间组织方式（图 9.3）。文化叙事，这一曾经被限制在宗教和世俗权力手中的事物，现在已经被商业力量接管。城市设计，在城市空间的组织、公共艺术的使用和公共空间的设计方面，被期望在顺应这种新的权力形式方面发挥自己的作用。

图 9.2 商业一直是城市生活不可或缺的组成部分，它一度可以激活城市生活并为城市居民提供必要的服务（希腊雅典）

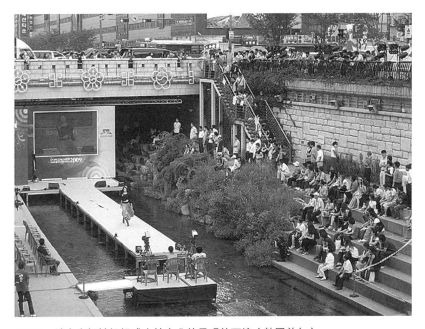

图 9.3 城市空间被组织成支持商业的景观的环境（韩国首尔）

一个多世纪以来，纽约的城市景观一直以代表了金钱的权力而著称。紧凑的城市环境中挤满了高楼大厦，它们之间相互竞争以博取注意，每一栋都代表着一个富有而强大的企业的存在。现在的伦敦也为自己可以有效地与纽约竞争国际金融业之都的位置而自豪。其结果是城市天际线的转变。最近一个出现在场景中的是碎片大厦（the Shard），虽然遭到了当地居民、萨瑟克区议会（Southwark Council）和历史保护主义者的强烈反对，这座 300 米高的建筑还是在 2012 年 7 月 5 日开放了。就像西蒙·詹金斯（Simon Jenkins）主张的那样，"这就是巴克莱（Barclays）时期的规划，是一种财富的寡头政治，一种对财富的狂热，从头至尾都像廷巴克图（Timbuktu）的宗教狂热一样自私且具有毁灭性"。他接着又写道：

> "这座高塔处在一种无政府状态。它不符合任何一项规划政策。它既不是建筑式焦点，也不是城市圆点。它不能为大众提供公共集会场所，也不具有公众功能，只有奢侈的公寓和酒店。它独立于城市的集群之外，毫不关注周围环境在尺度、材料或地面铺装上的状况。从迪拜到金丝雀码头，它似乎已经迷失了方向……金丝雀码头象征着英国在 21 世纪之初对金融闪耀光辉的热爱。"

与此同时，过去的社会结构已经在很大程度上被重塑了，因此如今的消费模式和生活方式比以往任何时候都更加个性化，尽管商品和服务生产还是根植于大规模生产方式，即便给人以个性化和差异化的印象。商业主义是连接原子化消费模式的一种文化叙事，因为它可以调和来自欠发达地区大规模生产的商品和富裕且原子化人群的个性化生活方式的感觉。城市设计及一系列的其他活动，都被期待去解决这一矛盾并维持这座虚幻的桥梁。社会现实的建设是基于某种形式的共识，且在各种消费模式下，这种共识似乎才是最容易建立的。共同的意义是通过一系列的制度安排创造的，比如拥有共同的货币或者特定仪式的共识；它也是通过物质安排创造的，体现在存在于城市中的所有物体之中。在过去的某段时间里，教堂的高塔和钟楼曾为日常生活创造了习惯，但是现在，物体和习惯都已多样化，因此，创造共同意义的可能常常被缩减为大众媒体、广告，以及商品

图 9.4　公共符号及进一步产生的有意义的公共基础设施的可能性，在大众传媒和广告主导下，已经改变了（美国纽约）

和服务的大众消费（图 9.4）。然而，摆脱大众社会僵化秩序的渴望是强烈 228 的，通常表现在对自由的渴望上，及其在城市空间中的表达方式上。

自由的概念：消除限制

自由是现代社会的基础概念。几个世纪以来，它一直处于哲学思想、社会革命和日常挣扎的中心。它一直被用来激励行动和证明决策的合理性。所以它可以是建成环境的意义的中心吗？对于建筑师、城市设计师和规划师来说，知道这一概念是否已经或者将要如何被转译为空间现实是很重要的。我们设计建筑、公共空间、道路、邻里社区和整座城镇，在做这些事情的过程中，我们思考功能、美学及其他多方面的考量因素。但是我们很少直接明确地想到像自由这样宏大的主题。这意味着我们忽视了我们社会的核心信仰了吗？"当然不是"，很多设计师会这样说。在我们的设计里，我们会思考如何保护隐私，如何促进流动，以及如何为多种活动的开展提供支持。而且我们会考虑在我们的设计中有望实现的一些小的自由。有些人可能会问："现代城市是自由这一概念的最好体现吗？"毕竟现代城市是好几代来自不同文化的规划师和建筑师的工作成果，这些文化或以和平和渐进的方式，或经历了动荡和革命，都宣布了自由是他们的核心价值之一。但是我们能够轻易地对这一问题给出积极的答案吗？

　　在许多日常生活和流行文化中，自由的概念通常被想象或被描述成对限制的消除。在密集的城市环境中，人们居住和工作在公寓和办公室的有限空间内，步入街道、广场、公园这类开放空间可以获得开阔的视野和从限制中解脱出来的自由感。在这一过程中，尽管是暂时的，人们能够在塑造他们日常生活的习惯之外更自由地活动。日常工作中的休息时间、周末、公共假期和年假都为我们提供了从日常习惯和他人掌控中解脱的小小自由。在这段时间里，我们的时间可以暂时属于我们自己。

　　这种自由感的另一种表现形式是完全离开城市的狭窄空间，去往乡村的开阔空间。逃向自然成为浪漫主义运动的最早表现形式之一，这一运动在一定程度上塑造了现代社会的社会态度。如今，在画作和电影中，最受欢迎的快乐和自由的画面，就是站在开阔的田野中间，远离世间一切纷扰。在这样的画面里，空间和时间似乎都没有限制，人们可以无忧无虑地逗留或来回奔跑。人们渴望在海滩上连续躺一两周来度过假期，这种想法很流行。在那里，大海和没有任何需要立即完成的任务体现了充足的时间和空间。在海边，空间没有明显的界限，时间似乎也停滞了。

　　在现代早期，这些不同形式的想象的自由就已经找到了理论上的详细阐述。自由的定义有许多不同的形式，但是大多数形式似乎都有"无支配"的概念（Pettit，2001），这是一种"消极的""自由"的概念，它将自由定义成"没有强迫"和"没有来自他人的干涉"。社会的每一个层级都在持续地为消除社会、经济、政治的限制而斗争。因此，在自由民主社会中，经济契约和交换的自由、选择和更换政治领导人的自由，以及进行文化表达的自由都被视为理所当然。这些描述、愿望和想象都是将自由视作消除障碍和限制的例子。在个人经历、文化表征和理论构建中，解脱感通常会紧密地等同于没有约束，而约束的缺失又转而在时空中有着清晰的表现。

消极的自由与空间距离

　　在设计城市的过程中，意为"消除限制"的"自由"的概念被转译成了"插入距离"。对于像霍布斯（Hobbes，1985：261）这样的早期现代理论家，"自由"的正确含义是物质的，因此很明显也是空间的：它是"运动的外部阻碍"的消失。对于约翰·洛克（John Locke）（Locke，1979：101）来说，空间意味着距离：它是"任意两个主体或两点之间的距离关系"。将空间概念化为距离也符合自由的概念，即在自身与他人的存在所造成的社会−空间限制之间保持距离。因此空间为实现消极的自由提供物质手段。在这里，自由被看作是将一个人或一群人与其他人分离的空间和时间。从这个意义上讲，摆脱他人意志的自由变成了通过创造社会距离、空间障碍和时间差距来管理他人接近自己的途径。

如中世纪德国谚语所说，"城市的空气让人自由"，在城市中，被领主 230 和土地奴役的封建制度的限制消失了。在现代社会，匿名是社会准则，人们可以自由地去做他们想做的事情而不用担心被他们的邻居所监视或评判。现代城市放松了小城镇和乡村那种强力的社会准则，这些准则控制着人们的行为，而且如果他们违背这些准则，就会遭到谴责。匿名性在人与人之间插入了一种社会距离，这种社会距离在空间上也有相应的体现。

在标准的经济学解释中，距离是空间的主要度量标准，而距离转而又可以通过交通的成本和地价转换为交换价值。距离的反面，即接近度，建立了定位的模式，而距离和地点之间的权衡被用来塑造了人类聚居点的经济与社会地图（Dicken et al.，1990；Fujita et al.，1999；O'Sullivan，2012）。将自由解读为距离有不同的形式，从加强私人领域到促进流动性等。

现代城市中，自由的主要形式是个人自由，在空间层面上，个体自由被转译为"和他人的距离"，在一定程度上是由退缩进私人领域和私人领域的扩张所产生的。在社会交往中，个人自由在人们观察到的自己与他人之间的个人空间，以及大城市人群的行为中显而易见（Bonnes et al.，1995；Moghaddam，1998）。但主要还是在家庭的私人空间中，个人自由才找到它在制度和空间上的表现。从制度上来说，它反映在核心家庭的出现和转型中，转变了将个体维持在家庭和亲戚关系中的纽带。

然而，在房子内部，空间和家庭关系多年来已经发生了改变。在现代早期，走廊的发明使得隐私得以扩展，与此同时，在窗户上使用大窗格的玻璃也为人们提供了一定程度的视野自由，以免受黑暗室内的影响。在20世纪，郊区住宅和开放式平面已经消除了将人们禁锢在围墙和短距离之内的限制。一系列的技术创新也推动了这一进程：从无需内墙的新的建造技术，到使家庭成员不再需要聚集于起居室以获得温暖的中央供暖系统，再到用于家务的家用电器的发明，以及通过信息和通信技术发展出的新消费模式与家庭娱乐系统的激增。

231   也许自由在现代城市最具戏剧性的表达方式就是流动性的增加（图9.5）。随着火车和飞机的发明，人们摆脱了地域的限制，并可以在短时间内跨越很远的距离。随着电梯的发明，城市可以向上发展。随着汽车的发明，这些空间的限制被进一步放松，使人们可以自由地选择旅行的时间和目的地。在20世纪，汽车成为新城规划设计和旧城改造的基础。建筑学的现代运动的主要特征就是强调流动性，改造城市以使汽车融入城市环境。为了体现距离作为自由的一种表现，技术创新促使人们向乡村扩散。

　　为了拥有更大的房子，你必须走得更远，因此私人领域的扩张和流动性的增加密切相关，这一切都是由自由主义的交通和信息技术推动的：通过使用这些新技术，我们可以在自己和他人之间保持很远的距离。通过土

图9.5   现代城市环境中最主要的自由的形式是可流动性（伊朗德黑兰）

地利用区划和郊区化，我们可以在不同的活动之间，以及不同的社会群体　232
之间保持距离。通过这种方式，空间为那些能够负担得起跨越距离成本的
人提供了选择的自由。我们可以称之为空间的消极概念，和自由的消极概
念一致。

综上所述，空间和时间的充裕与一种解脱感密切相关，这种解脱感存
在于一种寻求自我和他人之间更大的距离之中，以及大量人群不得不共同
生活在城市中心的背景下。社会组织和空间布局是相互交织的，距离成为
消极自由的物质表现。理念、制度、空间布置和技术进步都提供了新的解
放的可能性和实践。所以，对于有支付能力、身体健康、社会地位高且不
服从不公平的限制和偏见的人群来说，现代城市应该可以为他们提供最大
程度的自由。但是有多少人，即便在这些条件优越的阶层，会认为现代城
市是自由的最佳体现呢？

消极空间的后果

将距离原则应用于社会空间既产生了新的问题，也使现存的问题进一
步恶化。我在这里只会提到三个主要问题：集中度、复杂性和不平等。将
自由的理念转化为空间和社会的距离并不是凭空产生的。这个理念发展的
背景及其作为一个概念的局限性，应该存在于城市配置方式中。

现代社会首要是城市的，城市是人群和物体的集中。大部分对城市
的定义都是指聚居点的规模和密度。对于城市经济学家来说，城市的原
理与经济的规模相关，因为经济活动的集中降低了成本，提升了生产商品
和服务的效率。在城市的集中里：生产者受益于大量的工人、供应商和信
息；工人降低了他们的通勤成本；相关的服务也为了支持工人的生活而发
展。在社会方面，城市是劳动力分工的场地，在那里，具有不同技能和能
力的人互相支持、生活。所以从经济和社会的角度上看，人们需要住到彼
此附近，这就是为什么城市一直在增长变大。对自由的追求正是为了在一
定程度上回应这种必要性。分散是对集中的一种反应，分散将集中看作
一个问题，并寻求通过扩大个人与社会群体之间的距离来解决这一问题　233
（Madanipour，2011a）。

　　但是和他人的距离是一种分散的力量，这和城市集中的现实相悖，与土地这一有限资产的紧张关系和竞争相一致。在一个聚集体范围内，人与地点之间可能有多少空间距离是有实际限制的。城市能够在水平方向和垂直方向扩展多少也是有局限的，因为它会被人们去上班的距离和他们能使用的技术所限制。在可以建设多少更大的房子和多少更宽的道路方面，可用土地也有限制。此外，随着城市面临交通拥堵、空气污染和环境恶化的问题，还会有一些意想不到的社会和环境方面的后果。

　　第二个要点是有关处理复杂性的政治和文化问题，以及因此带来的对自由的日益增加的限制。随着城市不断扩大，城市生活变得越来越互相依赖和复杂，并由大型的公共管理机构和私人公司运营。这些组织施加的多种形式的控制，通过新技术变得越来越复杂且具有侵入性。这些控制在提供了某些种类的自由的同时，也否定了一些其他种类的自由。为了理解大部分20世纪的艺术、政治和哲学，我们需要注意到支配社会生活的复杂而压抑的组织秩序所带来的不快乐。正是为了回应人和物体集中在一个较小的地方，以及由此产生的组织与秩序的复杂性，人们对自由的渴望才得以产生。随着城市的复杂性持续地增长，这种渴望也不断地受挫。

　　第三个，也是更迫切且更具潜在爆发性的领域，就是社会不平等和排外。如果你从那些弱势群体的角度来看城市，你会看到空间的限制而非自由（Madanipour，2011b）。对于残疾人、老人和穷人来说，难以通行的空间使得他们无法在其中自由地活动。对汽车的依赖抑制了那些不开车的人的自由。大部分的城市再生都是通过绅士化过程将穷人赶出去，这只会带来怨恨。那些获得自由的人也许会有一种成就感和满足感，但是那些被挤出去的人只能感觉到失去自由和苦涩。

　　城市中无家可归者和贫民窟的存在是某些公民缺乏自由的一个显著标234 志（Madanipour，2012a）。自由直接的反面就是囚禁，而在贫民窟里的生活就是一种形式的囚禁。公共政策和市场价格机制创造了这样的最贫穷的人群居住的地区。他们的经历并不是选择居住在哪里，以及进行什么样的活动的自由，而是如何去应对他们在日常生活中经历的那些限制。权力的等级一直在城市中存在，但是近几十年，不同的社会群体之间在经济、社会和文化方面的差距越来越大。当社会不平等随着工业衰退、国际移民、全球化和市场化的进程而加剧，大部分大城市都有相对劣势的聚集体，那里就是充满着排斥和限制的空间，连最基本的自由都可能有所缺失。在另一端，即使是对最有特权的那批人而言，筑起围墙设立门禁的飞地也是一种对自由缺失的提醒。围栏不仅仅是为了将陌生人拒之门外，也是为了将熟悉的人锁在里面。

自由的复合理念

社会空间是一个相互依赖的领域，所以仅仅将自由解释成"与他人之间的距离"并不总是足够的、可能的或者令人满意的，因为这可能会产生负面的社会和环境影响。所以我们也许需要超越对自由的这个阐释，去寻找具有不同空间含义的更细致入微的自由理念。

政治哲学家依赛亚·柏林（Isaiah Berlin）将消极自由和积极自由区分为两种截然相反的类型。他将消极自由定义为从他人的干涉中解放出来，并将积极自由定义为"做自己的主人"，或者就像他详细阐述的那样，"我希望我的人生和决定是取决于我自己的，而不是任何形式的外部的力量"（Berlin，1969：131）。然而，这种阐释似乎将这两种自由视为静止和二分的主体，脱离了它们发生的背景环境，但是实际上，它们是动态变化且相互关联的过程。因此，这种二分法也许是一种错误的解释，并且这两种关于自由的理念也许只是同一个过程的两个瞬间，是同一枚硬币的两面。例如，康德（Kant）对自由的早期定义似乎作出了这样的区分，不是以二分法的方式而是认为一种自由可以导向另外一种自由。对康德来说，自由是实践哲学的主要概念，它"只有一个消极的原则（即仅仅是相反对立），但却产生了决定意志的扩展原则"（Kant，1987：10）。消除限制本身并没有什么意义，它只是发展新的可能性的一步，如果没有后面的步骤，设想这一过程的第一阶段是不够的。在柏林（Berlin）之前的两个世纪，卢梭（Rousseau）也带着相似的偏好做出过类似的区分："自由不在于遵循自己的意志，而在于不服从他人的意志。"（Rousseau，1968：32）对于约翰·斯图尔特·密尔（John Stuart Mill）（Mill，1974）来说，这不是自由的一个方面，而是自由的边界应该被划定的地方，在这个地方一个人的自由也许会伤害另一个人。

自由的理念有的时候似乎是基于想象一个处于社会环境之外的个体，或者从这个社会环境中完全解放出来。但一个人是不可能独自处于这样的处境中的：生存在社会中需要依赖一系列条件，这些条件需要使人成为自己的主人，而这总是在一定程度上视情况而定。就像查尔斯·泰勒（Charles Taylor）（Taylor，1979：155-157）说的那样，从康德到马克思和尼采，自由都是以消极的措辞表达的，导致对于整个人类境况不分情境的排斥。然而在实践中，自由是与某种情境相关的，并且只能这样理解。

对解脱感的追寻是一个历史过程，根植于古代世界对幸福的追求和中世纪社会对救赎的寻求。在现代，它与个人主义的兴起、人口在城市的聚集、复杂组织的发展和支配社会生活的日常习惯，以及阶级化、不平等和控制的问题是相符合的。个人主义的成长和民族国家的发展是始于14世纪的漫长历史进程的两个方面（Coleman，1996）。一种标准的神话故事围绕着个体自我的自主性思想而演进，这些自主的个体呈现在它自己面前，并对于掌控自身所知与所欲的力量充满自信（Dunne，1996）。在这一背景下，解脱往往意味着摆脱迷信、无知和传统的束缚，通过限制教会、贵族和国家的权力来挑战它们的权威（Bobbio，1990），并清除财富生产和积累过程中的阻碍。

制造工业的发展将大量人口聚集到了城市中，将他们的乡村社区抛
236 在了身后。这将城市首次变成从乡村生活的历史性束缚中解放出来的场所（Briggs，1968），然后又成为与工业生活的新束缚斗争的地方（Engels，1993）。现在，解放意味着摆脱贫困和异化的锁链，改善在这些城市里居住和工作的境况，或者是试图通过乌托邦式的革命来改变这些境况（Marx et al.，1985）。然而，在大城市和复杂的现代国家里生活导致了复杂组织的出现（Weber，1978），它们通过大众文化来管理大众社会（Arendt，1958；Adorno et al.，1997）。解放现在也意味着从被压抑的欲望（Freud，1985）、制度控制（Foucault，2001）、话语控制（Habermas，1984）、官僚国家（Nozick，1974）和大型企业（Ezioni，1995）的掌控中解脱出来。20世纪动荡的历史里写满了妇女、被殖民和压迫的民族，以及少数文化和种族群体从限制与偏见的规定和实践中解放出来的斗争。

现代城市社会将人、物质对象、财富和权力集中在一起，伴随着它复杂的组织和秩序，以及日益严重的焦虑和社会不平等。今天，自由在这样的现代城市社会的语境下应该是有意义的。即使自由被表达为令个体向往的条件，但是在现代民主社会，一个非常重要的潜台词是，自由应该属于每个人而不是一些人。如果自由意味着做自己的主人，那么它只有被放在人类社会中时才能成立，而不能孤立存在；如此一来，它只能是一个相对的而非绝对的状况。它会因此需要一个减少限制和干扰的互动过程，同时需要发展能使所有人都能主导自己命运的能力。就像自由的其他理念那样，这将是一个前进的方向，而不是一个理想的最终目的地。那么对于空间来说，一个动态的、复合的和多维度的自由理念的含义是什么呢？

复合的自由，建构性的空间

我们不只需要间隔，也需要桥梁，因此，我们需要一个建构性的空间概念，以使这种复合形式的自由成为可能。因此，将空间概念化为场地而不是"距离"，可能会为连接和交流提供一种可能性，而不是分隔和碎片化，从而发展出一些能力让人们能够满足自己的需求，而不是仅仅从他人的意愿中解脱出来。两点之间的空间不仅仅是分开他们的空间，也是将他们联系起来的空间，并且可以为他们提供一个交会点。距离的插入可能有助于管理利益的多样性和它们潜在的冲突，但是也可以为他们提供一个中间地带。

作为距离的空间是缺席的空间，在这样的空间里没有事情发生，也不希望有事情发生。与前者相反，建构性的空间是在场和共同在场的空间，在这样的空间里，事情会发生，或者可能发生。建构性的空间是一种邀请，让人们不将虚空（void）看作分隔零散碎片的荒漠，而是将它看作一组可能的关系本身。它是一种包容和互动的空间，而不是排斥的空间，将其他人隔在安全距离之外。这种空间可以用很多方式表达，但是在这里，我指的是四个城市设计的概念，以及展示建构性的空间是如何包含且超越这些概念的。

第一个概念是空间现象学，即我们周围世界的第一人称体验与叙事。

自由与空间的不同概念是我们视角的属性，而不一定是空间本身的固有的特征。这个概念是一种解读环境的方式，同时也可以看作是解读环境的障碍或桥梁。在同样的空间中，有的人可能会觉得自己被困住了，另一个人可能会觉得自己被解放了。在同样的地点，有的人可能会感觉到放松和从压力中解脱，而另一个人可能感觉被禁锢且快要窒息。所以自由的感觉和它在空间中的反映也许是指一种从焦虑、害怕和其他令人烦心的思绪中解脱出来的精神状态，以及从需求与苦难中解脱的物质条件。它在一定程度上和每个个体或社会群体的境况以及我们如何应对这些境况的方式相关。但是问题不仅仅是心理上的或个人的。对于城市社会来说，最终还是社会的态度和做法将空间变成了分隔或连接的手段，还是连接的方式。自由既可以是个体或群体行为的能力，也可以是环境的一种功能，赋予他们权力或组织他们去做他们想做的事情。在城市里，自由的社会地图其实就是一幅可达性的地图，展示着市民获得机会、使他们拥有满意生活的难易程度。

第二个概念是"积极空间"的概念。这种建构性空间的理念是如何与一些城市设计文献中出现的积极空间的概念联系在一起的呢？克里斯托弗·亚历山大对积极空间的一个定义是将其解释为"由建筑物创造的一种积极的事物"（Alexander et al.，1987：66）。相对于创造剩余空间，建筑物和与其相邻的开放空间之间应该建立紧密的联系。其他学者（Bentley et al.，1985）认为，积极空间是由活跃的边缘所定义的，而不应该是空白的墙壁或者是平面图上简单的几条线。积极的空间会成为有着功能独特性和活力的空间，而不是和周边环境脱节的模糊的虚空。诺利（Nolli）绘制的那幅著名的罗马图底关系地图用一种新的方式看待虚空，它没有采用"绝对空间"的理念将空间看作一个存在的实体，而是将空间看作活动发生的场地，虽然它仅仅包括了城市中的一些公共建筑。但是公式往往停留在较小的尺度上，专注于一个物质结构和下一个之间的关系。他们没有将这些关系中的社会与政治维度考虑进来，也没有关注到城市或区域层面更大尺度的空间。这些理论感兴趣的是将设计师的注意力引向城市空间的所有角落，将剩余空间重新纳入功能性活动的肌理中来，但是对谁以何种能力参与的体制与社会维度缺乏兴趣。但是现在有必要将其他尺度的空间、空的利益相关者，以及空间的其他方面纳入讨论。

　　第三个概念是公共空间，这也是第八章的主题。私人空间是我们感觉 239
到从他人的干涉中解脱出来并可以自由地做我们喜欢的事情的地方，尽管
是在社会和法律的限制内。与之类似的是，公共空间可以允许我们消除一
些限制并且为我们提供交流和互动的可能。换句话说，不同形式的自由可
以同时在私人空间和公共空间里呈现。但是自由和公共领域之间的联系是
不可否认的，这也是为什么在现代社会的发展中，对这两个概念的关注是
同时产生的。强大的公共领域是存在自由、移动自由和活动自由的重要基
础，促进了积极自由这一概念的发展，使人们有能力探索新的路径。除了
那些确保流动性和隐私性的道路和房屋之外，现代城市的特征还包括一系
列公共机构，如博物馆、图书馆、公园、剧院、学校、医院和保障住房。
到目前为止，这些公共机构都是免费的或者廉价的，它们提供的公共服务
使社会中的个体成员可以如他们所愿地发展他们的能力（图9.6）。然而随
着私有化的发展，许多服务的获取取决于人们的支付能力，破坏了解放每
个人的可能性，尤其是那些社会地位较弱的人们。

图9.6　一个强大的公共领域是由一系列公共机构构建的，这些公共机构
提供公共服务，使得社会中的个体成员能够按照他们的意愿发展自身的
能力（瑞典斯德哥尔摩）

城市设计与场所的概念

第四个概念，即场所，是城市设计的核心主题。在专业领域的讨论中，"场所"无处不在：设计师们试图在自己的设计和规划中创造场所，并且用场所这一概念去评价其他的项目，但是他们每一个人都对场所有自己的阐述。为了思考场所的理念及其对城市设计的影响，我们必须将它置于城市设计和发展的过程中，甚至更广泛地，需要将它放到近几年来经济与社会形态的主要变化中。

适合所有尺度的术语

对于城市设计来说，"场所"意味着什么呢？场所（place）一词的拉丁词源为"platea"，意思是指"宽阔的道路"或者"一个开放空间"。在这个意义上，一个场所就是城市里的一个开放空间——一个广场、一个市场——它是欧洲语言中具有类似含义的一类名称的一部分，比如法语单词"place"，西班牙语单词"plaza"，意大利语单词"piazza"，德语单词"platz"，葡萄牙语单词"praça"等。因为城市设计的一个关键点就是公共开放空间，场所在这个层面的含义对我们的目的来说可能是很重要的。场所的设计可能意味着街道、广场和其他公共开放空间的设计，也有一些人确实认为城市设计就是指这些内容。但城市设计的范围和"场所"一词的含义均不止于此。

"场所"这个单词在其名称上是模糊的，因为它的字典含义涵盖了所有的空间尺度。在尺度的一端，它指的是一幢单体建筑物、住宅、房子。它也可以指一组建筑物，因为它已经被用来命名许多台地和街道了。再往更大尺度讲，它可以指一个邻里社区、一个小村庄、一个乡、一个城镇，或者一个城市。城市设计超越了单个建筑，但是也不局限于特定的尺度。"场所"这一概念连接了所有的尺度，使实践者可以不用特别具体地讨论场所的设计，既可以将它看作从街道、建筑组团到城市这一连串可能很长的活动列表的简化版本，也可以将它看作一种避免被单一尺度或者单一类型活动禁锢的方法。由于城市设计填补了规划和建筑之间的空白，"场所"一词的空间模糊性使其在定义其领域时具有一定的灵活性。但是城市设计并不能垄断场所这一术语，其他规划与设计领域也同样从这种模糊性中受益，所有这些都反映了一种连续变化和重叠的劳动分工。

一种范式转变的反映

"场所"已经成为城市设计和一系列临近领域的关键术语，经常在学术和专业文献中使用。这种流行不是偶然的，因为场所是社会范式转变的空间轨迹，在这一转变中，社会民主的发展模式被自由放任、市场驱动的模式所取代（Aglietta，2000）。在政治上，这种从一种发展模式到另一种发展模式的转变被称为国家的收缩，注意力从政府转向治理，从中央集权转向区域主义再到地方主义。在其自由主义和社群主义的变体中，公共机构开始模仿私人公司，忙于营销、品牌及生存竞争。在城市发展中，国家主导的城市综合规划设计转向基于地区的战略性的规划设计，以基于市场合作的局部、零散的城市再开发取代大规模的再开发，将有限的资源分配给优先区域。正是在这个转变中，城市设计以如今的形式出现，而场所也 241 在这里找到了一个核心的位置。

这些转变对建成环境及其生产组织的影响是建筑和规划之间的专业空白，这一空白被城市设计所填补。向市场范式的转变产生了机构和利益上的碎片化，并且重新组织了国家和市场的制度。因此，在稳定的组织协调机制缺席，过去的制度安排处于不稳定和重新排序的状态时，空间焦点成为协调发展的手段。场所成为发展愿景的关注焦点，围绕着场所产生了新的治理形式，在这种治理形式下，城市有问题的部分可以成为基于区域的再生与更新目标，我们可以更容易地去理解和实施可持续发展原则，资源也可以被动员起来，聚焦在战略性项目上，且房地产的价值也可以通过有针对性的手段进行管理。通过提供一个清晰的空间焦点，将有可能把不同的利益相关者都带入一个变化过程中来。通过关注任意尺度上的场所，城市设计可以为处理碎片化的过程提供一个整体而综合的方法。

因此，场所在重新构建社会经济学和重新组织空间生产的概念中有着非常重要的作用。它应该被理解成一个在主要范式转变的背景下的中心概念。但是根据这个逻辑，它也是一个窗口。通过它，这些新的安排可以被批判性地审视。

世界的一个特定部分

　　"场所"是一个非常古老的词语，以各种方式被广泛使用。即使是《牛津英语辞典》(*Oxford English Dictionary*)——在 6 页密集的定义和示例（可以追溯到 1000 年前且起源更早）的开头——也承认了这些含义非常多且难以安排。但是这些含义似乎都有一个共同点，即他们用"场所"这个单词去描述世界的一个特定部分，因此在城市设计和发展的语境中去探索这种特殊性的某些含义是值得的。

　　"场所"是特定的，而非普遍的；场所是具体的，而非抽象的。我们听到的场所精神一词正是指这种特定性与具体性。在这里，我们看到了空间和场所概念的相互影响。在《牛津英语词典》中，场所的一个关键定义
242　即作为空间的一部分。这把我们带回到了抽象的几何学和哲学诞生之时。对于古代文明来说，几何是一门实践性的科学，用于丈量田地、建造建筑物等工作。古希腊人将几何转化成了一门依靠演绎推理的知识学科，这反过来也为古希腊哲学的发展（Madanipour，2007）提供了基础。在著名的几何学家欧几里得（Euclid）看来，宇宙是无垠的虚空，而空间是无限的、辽阔的、无定形的空白领域，而这一切可以由完美的几何形体进行描述（Cornford，1976）。正是在这样的理念下，现代科学得以复兴。笛卡儿（Descartes，1968：56）认为，空间是"一个连续体，被划分成了不同的部分"。他发明了坐标系去度量这一不可见且无形的实体，而牛顿的物理学正是基于这一概念来解释世界是如何运作的。例如：根据这种思维方式，我们想到一间房间时，它存在于房间的墙体之间，我们无法看见，但是可以度量和塑形的实体就是空间。无论室内还是室外，这个房间作为一个场所，都是这个无限实体的一个特定的部分，是由对其周边物体的组织而创造出来的（图 9.7）。

243　　　这种对于空间的形而上的观念也受到了包括莱布尼茨（Leibniz）和爱因斯坦在内的很多批评。但是现代主义者依旧拥抱了这一理念并以此重新塑造了 20 世纪，他们不仅继承了抽象的空间概念，也继承了对于科学技术的作用的信任，在几何学和功能主义的基础上完全重构了空间秩序。场所这一概念的流行在一定程度上是对这种理性主义方法的回应，它拒绝了

图 9.7 一个场所可能是空间的一个特定部分，是由其周边物体的组织从空间中创造出来的（葡萄牙里斯本）

无限空间的概念，而是专注于空间的一部分。因此场所成为一个用来批判现代主义和科学还原论的术语，它拒绝了思考世界的抽象方式，并转而要求我们去关注特定的部分和经验的部分。场所是有限的而不是无限的，是我们感官可触及的而不是无形的。

　　但是这里可能还会出现一些问题。那些新的场所是否足够特别？还是他们和之前一样抽象、封闭与乏味呢？仅仅注意到那些特别的场所就足够了吗？我们难道不应该对普遍的场所保持兴趣吗？在社会层面上，这就变成了关于正义的问题。优先考虑城市的特定部分是否和努力照顾其所有部分一样公平呢？举个例子来说，一个邻里社区也许可以以巨大的成本从一个衰败的场所转型成一个有生机的场所，但是这对于城市中的其他地方来说是不可行的（Madanipour，2005）。有些人会认为，在资源短缺的情况下，这是一个实用的解决方案，但是这样有选择性的实践案例在近几年的高速发展且资源充足的时期仍是屡见不鲜的。所以问题还是存在：谁在这一过程中受益了，而谁又在这种片面关注中受损了呢？我们知道市场化范式对于提供公共产品并不感兴趣，除非它们能提供可观的投资回报，而在市场化范式的主导下，不平等也就产生了。片面关注可能会导致流离失所和绅士化，因为问题被推向了其他地方而不是得到了解决。所以最主要的问题是公平：塑造对所有人来说都满意的地方，而不是用场所的概念使其变得片面且具有选择性。

有意义的场所

在特定性的理念中，固有的是意义的重要性，它经常是通过现象学的批判提出的，这种批判最早可以追溯到一系列 19 世纪的思想家。现代科学用还原论的方法对世界进行分析，试图去揭示宇宙运行背后的隐藏法则。但它对于吸引人们并且帮助他们发展出对世界其他描述的有意义的联系并不感兴趣，而这些通常被认为是艺术的领域。现代主义的大规模城市再开发声称自己是遵从科学的，它撕裂了很多社区，加剧了场所的消亡，在这一过程中，人们失去了他们和环境长期建立起来的有意义的联系。

244

勒·柯布西耶（Corbusier，1978：97）和笛卡儿一样，发现城市被习俗和传统所困扰。他认为有必要"从过去漫长而卑劣的奴役中"寻找自由。那些由新技术建造的城市和过去是脱节的，已经失去了构成个人或集体记忆的元素。现代生活加速的流动性使得人们与他们的根源脱节，把他们变成聚集在大城市的羁旅之人，随着全球化的发展，这一过程也日益加剧。为了抵抗这种无依性，场所成为一个生活世界，一个具有真实性的地点，一座通往过去的桥梁，一个在世界某一特定地区扎根的记忆，以及和某些人、某些物体及某些地域联系起来的爱与情感的纽带。当场所作为相遇和交流的地方被共同体验时，便会从城市社会中凸显出来；它有时会与在特定区域随着时间演进的共同文化或当地社区的理念相契合，成为与一个城市社会截然不同的存在。

但有一个问题是，"场所"的意义是在场所之中，还是在我们身上呢？如果是在我们身上的话，它对于多样性的挑战来说就是开放的。那场所的意义对于不同年龄、性别、收入、教育背景、文化背景和种族以及和场所联系时间长短不同的人群来说是一样的吗？如果我们可以建立一种共同叙事的话，我们要如何避免狭隘的部落文化呢？另一个问题是关于一个场所的任何独特身份的潜在工具性作用。一个地区既有可能被污名化为一个不值得去的地区，也可能被品牌包装成一个商业上有吸引力的地区。这就是场所身份的两个极端，基于某些感知，一个场所可能被升级，也可能被降级。无论通过不良的宣传和谣言，还是通过广告，被创造出来的场所身份也可能与它真实的感知相去甚远。而如果一个场所能够得到清晰的界定，可能也是为了商业利益或者社会地位，而不是为了提升当地社区的品质，即使可以通过规划和设计实现这样的事情。

专业人士声称自己要营造场所，但是场所应该如何营造呢？从尼采的透视主义到胡塞尔的现象学，以及海德格尔的存在的直接性，第一人称的解释都被认为是理解世界的首要来源。但是对一个人来说有意义的场所，可能对另外一个人来说毫无意义。如果场所的意义是由居住其间的人或者使用它的人所赋予的，那么局外人能在多大程度上真正声称自己创造了场所呢？在今天这样一个流动且复杂的社会中，发展紧密联系的社区往往是不可行的。规划师、设计师和开发商可以在多大程度上说他们的工作可以 245 塑造社区呢？19世纪工人阶级聚居区的经验表明在未经设计的地区，漂泊和外来的人群是如何成长为紧密的社区的。"场所营造"似乎是对建成环境干预的一种通用术语；然而，专家似乎想宣称他们并没有无视人们的场所和社区。但这种声明在多大程度上是真实的呢？

有边界的场所

在特殊性和意义的概念中还包含有界性的理念。给某个事物命名就是通过设置一些限制和边界来创造一个有边界的和特定的实体。因此把某个地方叫作场所就是在一个地区周围画上边界。这种边界可能是物质的，也可能是象征意义上的，既可能是严格的，也可能是松散的；但是边界的划定是为了赋予一个地区一个特定的身份，将一个地方和它周围的世界区分开来，并重新组织其中各个元素的关系。

一些城市设计的正统观念包括以颜色标记和设立地区与社区品牌，在场所周边建立清晰的防护性的边界，这些边界在各种物质和制度手段下演变得僵化。然而，这种对边界清晰性的强调可能导致一种排斥的过程。它可能会使场所呈现出固定化、静态化、同质化、永恒不变且具有排他性，而在现实中，场所通常是多样化的，多孔的，没有固定边界的且一直在变化的。空间碎片化的过程伴随着僵化的边界与严重的不平等，这可能只会导致社会进一步碎片化。我们应该如何将场所和领地（即在对某一区域提出占有要求后，将其识别区分出来）区分开呢？场所的一个旧定义是"任何事物的相对位置"（Locke，1979：101），在此之上还附加着文化意义；空间通常是冷漠且精于算计的，而场所与其正相反。场所被理解为"感觉价值的中心"，一种和安全与稳定联系起来的围合空间（Tuan，1977：3-6）。但是这种将场所看成围合的、静止的和怀旧的空间，使其向空间的消极解读靠近（Sennett，1995；Massey，2005）。相反，我们需要一种开放的、多孔的、动态的、与时间性变化相结合的场所概念，其中可能发生新的事件和活动，而不是创造将人们分隔，并分类成疏离的聚落的社会荒地。

246　　　　因此，场所作为一个有着清晰的边界、身份认同及社区意义的特定区域，是对无限制、乏味、抽象和非人性化的空间理念的一种批判。很多的规划师和城市设计师似乎认为这个词语的圣洁中立是理所应当的。但是这一理念本身并不是没有问题的，它也有它的缺点，应该时刻接受批判性的评价。

　　　　所以设计者们能做些什么呢？是抛弃掉场所这一理念，还是努力为公民社会发展场所意识奠定基础呢？如果市场范式还不能最好地利用场所这一概念，也许现在是时候让公民社会做出尝试了——不仅仅是参与到由专业人士领导的过程中，而是发挥领导作用。这也意味着重新思考场所的意义与作用，以及城市设计的任务。我们已经认识到，在房屋设计和为老人、孩子以及弱势群体的场所设计中，采用家庭生活的视觉和空间语言可以产生一种熟悉和亲切的感觉，如果人们愿意，且如果人们在一个地方已经生活了足够长的时间，他们还可以接着在这里生活下去。在城市设计中，这也意味着为城市生活开发出一种视觉语言，一种空间组织和一种制度安排。

　　　　在城市设计中，场所这一概念通常是以一种保守的、怀旧的方式，试图去恢复一些与过去的联系，这也是为什么很多城市设计清单最终都会鼓励历史城市环境的再创造。通过这种方式，人们认为可以通过试验和测试的方法促进城市生活的提升。城市设计领域的一位重要学者——卡米洛·西特，提出了取自中世纪城市的一份规格清单，用以反抗质朴无华的现代城市。这些古老的联系通常是美好的，但是和很多城市人口的日常现实相去甚远。我们对城市环境的体验往往是非常短暂的，无法发展出与环境深切的感情联系，因为复杂的全球化社会不可能轻易地重塑一个社群主义的乌托邦。发展空间组织和视觉语言，为这个社会创造更公平、更适合的城市感和场所感，是城市设计师面临的挑战。

结语

如果我们认为自由只是没有限制的话，我们创造的空间就是一个分隔的空间。虽然这是重要的，但是社会也是一个陌生人之间互相依赖的领域，所以和他人一起的自由也是重要的。我们创造的空间将会是联系的空 247间，而不是脱节的空间。因此规划师和设计师创造的空间既需要为分隔提供可能性，也要为互动提供可能性。城市空间的建设就是为大规模聚集的人群的生活提供可能性。这样的城市空间需要允许各种复杂形式的自由，不仅要理解摆脱别人的干涉和统治的自由，还要为个体和群体的满足感提供可能性；此外，还要理解自由不仅是距离和不在场的一种表现，虽然是必要的，但也是联系、在场和相互支持的表现，这是根本的。建构性的空间的概念是指空间被看作场地而不是虚空，为建立联系提供可能，而不是仅仅通过距离和脱节来实现摆脱他人的自由。这一点与场所的概念相重叠——场所这一概念已经被广泛地用来为建成环境创造一种意义感——作为对前几代人没有灵魂的大规模发展的批判。它解决了很多问题，并且良好地适应了社会经济情况的范式转变。然而，它也可以以一种僵化和传统的方式使用。作为一种商业化的媒介，它的意义可能会有宜人的外表，但是隐藏着内在的空洞。

第十章　社会-空间城市性：连接与断裂

248　　　城市设计是空间生产的重要组成部分，也是理想社会-空间秩序的一种历史探寻。但是这一目标往往与城市中的现实以及正面临的挑战相矛盾。城市设计师的空间工具包括建立联系和簇群，这些工具有助于他们在人、物、事之间建立联系。但是建立的秩序可能包括包容性元素和排他性元素，它们既造成联系又造成断裂，进而对社会和空间产生深远的影响。城市设计师和规划者面临的问题是：如何进行包容和民主的社会—空间规划和设计？

造城

　　　　城市设计作为空间生产不可或缺的一部分，是对城市环境的干预，也是一个有目的性的、完全或局部改变人居环境的过程。城市是历史的产物，是人和物体的集合，城市的大小-密度-多样性和经济-政治-文化内涵定义了城市，而在城市环境中，城市设计需要解决不同尺度、不同场景的问题。作为一个多维过程，城市设计一方面将空间碎片联系起来，另一方面为城市空间的改造提供指导和指令。它既利用了社会、技术和表达的知识，又借鉴了理论、实践和生产的关系，同时吸收了视觉和言语的表达方式。城市设计关注不同尺度的城市空间转型的过程和结果，它在创造力
249 和创新、思想与实践、艺术与实用性之间架起了桥梁，并提供了一种理解城市环境的方式及一系列改造城市的建议。

　　　　城市设计是一种在社会和时间维度下开展的空间行为。作为一个社会过程，许多人和组织参与到城市设计中，由此不可避免地带来了社会影

响和后果。同时，城市设计也是一个时间过程，有以下原因：它是在特定
时间阶段内进行的；需要很长时间才能实施城市设计的提案；设计的场所
会随着时间的推移而发展，并在之后再利用和再诠释。综上，城市空间的
有目的改造是一个永无止境、不断反复的过程，这一过程不断有人参与进
来，而空间既永恒又不断变化。

　　城市设计从业人员参与的研究和评估，可能涉及设计的调查研究、设
计方法研究以及通过设计进行研究。此外，他们还参与制定策略和建议，
包括城市更新策略和总体规划、城市开发框架、设计策略和框架以及公共
领域策略和设计。通过工具和方法，城市设计师将宽泛的策略转化为操作
方法，包括设计规范、设计政策、设计指南、设计摘要、标牌指南和设计
说明。城市设计师也参与了设计项目的实施和管理。

　　尽管城市设计师的这些多重角色时常相互矛盾，但城市设计师对城市
的开发商、监管者和使用者来说，具有关键的作用。对于开发商来说，城
市设计与众多专家和机关协调开发过程；构建合作框架和最大程度地降低
风险来帮助稳定市场行情；同时，通过提高品质、增加价值的标志性来促
进建筑的销售，从而使开发商在竞争激烈的市场中脱颖而出，使得购买者
可以展现其社会地位。对于监管者来说，城市设计提供了规划和管理城市
转型的额外工具；关注特定空间以协助管理其他空间；并在一定程度上控
制了城市的未来形态，尤其是在经济全球化和区域竞争的情况下，为吸引
外来投资和旅游业，更是如此。对于使用者而言，城市设计可以帮助提高
生活质量，提高城市环境的使用价值。

　　城市设计处于城市规划、建筑学和景观建筑学之间的重叠部分，与人　250
文社会科学和工程学也在许多领域重叠。要解决这些领域间的模糊部分，
一方面，可以通过多学科视角的协同整合，在这一过程中城市发展的各个
部分由一个学科来整合，这一学科是专业化的、空间尺度的、三维的，具
有过程／结果差异，同时考虑艺术与科学的关系。另一方面，这些重叠部
分也可以通过跨学科合作来处理，通过紧密合作产生新的想法和实践。城
市设计的中间位置，以及它对诸如公共空间和城市社区等总体问题的关
注，使其在概念和实践方面都成为跨学科的媒介。

对社会-空间秩序的历史探索

　　设计是对社会-空间秩序的历史探索，它寻求功能性和感性的视觉和空间布置。自文艺复兴以来，城市设计师经历了至少四个不同的历史时期的探索，涵盖四种不同的有序城市的目标。第一个阶段是文艺复兴时期，当时对秩序的追求是为了应对中世纪世界的混乱和非理性。在那个时代，人们把宇宙想象成一个机械钟，认为它具有一种隐藏的潜在秩序，需要科学来发现并通过数学来表达。在这个宇宙中，一切都在永无止境地发生，而同时处于适当位置。人类将关注重心从超自然力量转移到人类，并对建立有序社会的愿望和可能性感到乐观。这种秩序本身处于隐藏和等待被发现、提出和发展的状态，而城市体现了对这种秩序的渴望。城市设计反映了在这种机械钟式宇宙的思考中以人为中心的世界的思想，体现为一种乌托邦思想、统一的城市概念、设计的理性特征、单一的城市设计师、以人体为基础、中央规划、数学的运用以及和谐与连续性。尽管在巴洛克时期有所改进，但这些思想一直持续到 19 世纪，此时新的城市环境出现了。

251　　　第二个阶段呈现于 19 世纪，是城市设计思想的中点，充满了代表时代的爆发性矛盾。一方面，城市现实剧烈变化，另一方面，空间和审美复古思潮持续，二者相互叠加，造成了长达一个世纪的矛盾。工业革命吸引了大量的人进入城市，形成了创新和发现、财富和权力的中心，同时也创造了苦难和贫穷、疏远和分裂的中心。城市中高生产力在狭窄空间被压缩，形成周期性爆炸的混合炸药。早期形成的精巧的机械钟和静态的和谐的思想已不再能够应对工业时代的挑战。然而，在浪漫主义和寻求社会的根本变化的革命运动的背景下，巴黎和维也纳林荫大道的设计师们则回归到文艺复兴的空间解决方案和审美意识。是展望未来还是追随历史？瓦格纳和西特在维也纳的辩论反映了这种犹豫，并在将近一个世纪后，在现代主义和后现代主义思想之间的交锋中将再次出现。

　　20 世纪的大部分时间段是第三阶段，这一阶段融合了对于城市现象的三种截然不同的思想。*反都市主义*（anti-urbanism）放弃城市而选择郊区，希望借此避免部分城市问题。*微观都市主义*（micro-urbanism）提供了一个替代方案：它意识到了反都市主义的积极和消极的一面，所以通过公园城市、新市镇和新都市主义等形式，为城市创造一个替代方案，微观都市主义体现了田园式的理想，但本质上仍是一种城市而不是郊区的现象。以现代主义运动为代表的大都市主义（metropolitan urbanism）并没有放弃城市，而是主张与过去的城市彻底决裂来改善城市，通过功能主义原则和现代技术来重组城市，高密度高层建筑被设置在公园中，用高速公路划分地块。这一阶段的秩序具有第一阶段的理性主义，但拥有新的建造和运输技术，以及第二阶段的高生产力，这产生了对于新的空间语言发展的自信。

第四阶段，也就是正展现在眼前的，是对全球城市秩序的探索，这一阶段受到全球化的联系和社会及环境方面前所未有的不确定性影响，更具复杂性和多元性。这一阶段在某些方面与第二阶段相似：它有着包容并蓄的审美观念，但对正在积累新能量并可能导致爆发的社会不公平，它是放任不顾的、盲目的。它回归了第三阶段对于技术的迷恋，但这次不表达社会主张；它也追寻第一阶段乃至更早之前的田园生活，这一理想不切实际而只会激化矛盾。

在所有这些阶段中，城市设计师一直在利用空间工具来建立空间联系，以产生有意义的簇群，从小空间到整个城市环境的各个尺度。随着复杂性的增加和自信心的增强，城市设计逐渐为城市创造了一种单一叙事，一种可以证实所有联系的整体描述。然而城市生活总是太多元和动态，以至于无法用单一的图像和统一的描述来捕捉。街道、广场和社区作为空间要素被用来描述城市，并被当作塑造城市的工具。这些要素作为反映更抽象的点线面的几何语言，用于在理想和抽象的概念中捕捉形态的多样性。抽象的几何图形和设计师的空间要素以一种简化的叙述方式重塑了城市现实的多样性。然而当自信消退、悲观占据主导时，单一叙事的理想主义——由乐观和威权相结合而产生——就会受到质疑。随后，城市被认为是碎片的拼贴，其中每一个碎片都通过自己的动态展现了不同的故事。这些不和谐的声音可能看上去更现实、更解放、更民主，但它也潜在地产生了更多的不公平，因为它忽视了不平等，或将不平等等同于差异，将其视为值得庆祝的而不是亟待解决的生活事实。

概念和语境

我们能否提出跨越时空的有效的城市设计理念？能找到适合任何地方的解决方案吗？是否存在着一种通用的城市设计理念集或是适用于不同情况的方法集？换句话说，是否存在适用于所有规模的城市设计解决方案，从小城镇到大城市，从低密度的城市外围地区到繁忙的市中心，从贫穷的社区到富裕的城市，从社会同质化地区到文化多元区域？一些城市设
253 计理论、手册、指南和清单似乎表明，存在一套适用于所有情况的城市设计理念。然而这些理念即使产生于并被应用于特定城市或国家，也很难确保其克服场景的复杂多样性并有足够的相似点，来确保导则在各个部分都适用。为世界不同地区面临的截然不同的问题寻找解决方案，是不现实的吗？

在不同历史时期，关于城市设计理念的这些问题也曾被讨论过。城市设计概念能否跨越时间？城市设计史表明，一些基本概念从城市诞生就存在，并在几乎所有城市中重复出现，体现为相似的空间关系的变异。我们是否可以借此识别出核心的城市设计"类型"？如果存在"永恒"的城市建设方式，我们是否可以在这个时代发现并实施这些方式？可以看到，社会及其文化、政治、经济和技术状况随时间推移而发生了变化。今天的思想和生活方式与过去的农业社会完全不同，过去的生活和制度都更为简单。我们是否可以抓住城市设计在截然不同的时期中的不变原则？

这些问题促使我们寻找隐含的、得出城市设计一般原则的假设，这些假设通常源自历史上普遍存在的优秀城市理念，同时结合特定社会环境进行融合、发展和应用。为应对眼前的具体问题，需要对时间和场所的特殊性作出回应。然而，脱离几十年和几百年积累下来的智慧是不太可能的。其中，有些智慧被当作专业知识、惯例和正统观念而加以巩固，有些智慧则作为被遗忘的理论被重新发现和复兴。

概念和语境的联系可以提供一些问题的线索。我们需要对场所的特殊性做出反馈，利用积累的专业知识，创造环境使两者可以进入相互促进的对话过程。然而问题的关键在于，我们如何诠释语境，如何构建我们的思想和实践范式，采用什么概念以及采用何种相互促进的交互形式。

　　半个世纪以来，当代城市设计思想不断涌现。现代主义理念大量实 254
施并对社会产生重大影响，而当代城市设计思想则为应对现代主义城市设
计的滥用和失败而出现。第一批支持者是激进主义者、对现实幻灭的从业
者和学术批评家，他们寻求替代的行动方案并提出新的想法。这些创新被
专业从业人员、教育计划以及官方话语广泛采用。到目前为止，这些思想
已经以新的正统观念得到巩固，获得各方权威支持，一再被纳入最佳实践
的待办事项，并得到政府政策的支持。英国的例子包括：大量的城市设计
手册和清单；建筑和建成环境委员会（Commission for Architecture and the
Built Environment）的非正式指导，以及城市复兴议程；国家和地方政府
正式采用的一系列政策和倡议。半个世纪前不满的喃喃自语现在变成了一
种公认的范例。这些新想法是什么？城市工作力量（The Urban Task Force）
（1999：71）在历史智慧和官方话语之间架起了一座里程碑式的桥梁，在
一页上列出了这些新想法：在规模和特征方面尊重文脉、场地和环境；优
先考虑可进入和可渗透的公共领域；优化土地利用和密度；混合不同的活
动和土地使用；可持续发展。这些列出的想法构成了一套适用于任何城市
的运行机制；但是当城市工作力量（1999：66）介绍自己的理想城市环境
构想时，更像在描绘村庄而不是城市。

　　在绝大多数情况下，这些城市设计理念一开始主要是为了反驳现代
主义宗旨，并不是为了提出建议。这些理念常主张回到过去的久经考验的
模式：历史上很多城市都按照熟悉的、有限的小城镇和乡村模式生活，回
到这些熟悉的经验的确定性，可以从现代都市生活的不确定性和使它变得
更加不确定的实验中拯救我们。对过去确定性的信任是一种守旧的保守
态度，它希望重新平衡文化领域，避免出现不必要的风险。然而，这种设
计上的文化保守主义，掩饰了同期产生的社会、经济和文化变化的剧烈变
动，并假装能减轻痛苦和分裂。正是在这种文化表达和社会现实之间的不 255
匹配中，这种范式得以存在和发展。在这一点上，它类似于 19 世纪，当
时自由放任的经济、创新的技术进步和倒退的文化同时出现。在这两种情
况下，快节奏变革通过文化表达的多样性和保守主义的结合来平衡和补偿。

　　然而，乡村式的理想与社会现实是不相容的：对于成长中的城市巨人
来说，它是一件紧身外套，对城市的思考不能局限于对童年的记忆。小镇

只是一座城市的童年，它对大城市的居民来说是怀着乡愁回归之处；但是现在这个小镇已经长大，不再能够拥有童年时代的工具和记忆。它可以怀旧，但这种感觉无法治愈疏散的痛苦或解决日常问题。后现代主义对过去的逃避是对现代主义逃避未来的愿景的重要回应。但是，选择始终取决于环境和文化：不同的文化发展出不同的品位和方式。

城市设计理论中隐含着良好社会的理论。我们希望建立什么样的社会？"良好社会"是什么意思？如果我们对这些问题有一个答案，我们还可以将一个良好社会的思想转变为一种空间格局，进而培育并融入这个社会。人们尝试了诸多方法来定义理想的社会，并在文艺复兴以来进行了很多次理想城市形式的实验。至少，这些尝试确定了三个关键问题：确定性，简化性和怀旧性。

从托马斯·莫尔（Thomas More）的社交食谱和费拉雷特（Filarete）的空间设计，再到勒·柯布西耶的未来构想，大多数构想美好社会的方式都倾向于构造一个终极目标，一个完美的城市。然而，这种思维方式的问题在于，我们倾向于明确良好社会的特征，而没有为其改变的可能性敞开大门。许多乌托邦理论就是由于其愿景的确定性而失败了，因为社会变革的动力超越了愿景的结果。实际上，人类社会正处在变化和发展之中，即使是一个完美的社会也不可能保持不变。

除了确定性之外，简单性是另一个问题。良好社会的这些理论往往会
256 降低城市生活的复杂性，从而发展出一个替代想法。一个拥有数百万人居住的城市的复杂性令人生畏，因此，趋势是将这种复杂性简化为活动和运动的模式，并将城市视为一系列特定场所的组合，而不是许多不连贯的碎片的集合。因此，趋势是将城市视为一系列功能空间或机构，在过程中细分为较小的单元和模块，以便将大型复杂的城市划分为可理解和可管理的子部分。

对过去的怀旧印象是第三个问题。城市现象的体量和规模往往会疏远和吓退试图理解和解决城市问题的观察者。结果，他们将目光投向过去或非都市世界以寻求灵感和理解。他们发现村庄是吸引人的，那里的所有套路、关系和空间安排似乎都是可理解和可管理的。因此从村庄到城市也被认为是可行的，并且比接受复杂的城市世界的现实、需要新的思维方式更

为可取。

城市设计的范式在很大程度上受到关于小镇或村庄的想法的影响，在这里，不同的人在一个宁静的社区中快乐地生活在一起。工作场所离家不远且所有必需设施都近在咫尺，最好是步行或骑自行车的距离；公共场所维护良好且可进入，建筑物既美观又实用。根据这种愿景，大大小小的城市都可以看作是这个城市单位的乘积，即其组成部分的总和。在 20 世纪，这种愿景已经表现出了许多不同的变体，最近的变体是由英国政府成立的官方委员会，就城市的未来为英国政府提供建议（Urban Task Force，1999）。这种愿景与当代城市的现实、复杂的关系以及广泛的社会和环境问题大相径庭。

无论我们使用多少"后时代"的前缀，我们仍处于当代的这一时刻，每天都在经历着这一被狂热新事物定义的现代。现代性是一种城市现象。大型现代化城市的出现带来了新思维和新生活方式。这在现代之前已经酝酿了数百年，但是直到 19 世纪由于人口爆炸和不安的工业化进程才正式标志着现代的闪亮登场，并持续至今。尽管城市已经出现了近千年，但城市的时代似乎才刚刚开始。在过去的两个世纪中，影响城市发展的因素是 257 复杂而多样的。大型现代城市经常融合并扩大现有的定居点，首先要受到现有机会和限制条件的制约，而这些机会和限制条件很快便逐渐消失，城市沿垂直和水平方向扩展。此外，由于历史和地理的特殊性，城市受到工业技术、规模经济、劳动分工、政治斗争以及越来越复杂的组织的影响，所有这些都反映在城市空间中并反过来促进了城市化进程。躁动不安的市场经济的运作不仅要求占有空间，同时也想将土地变成财产，将有限的资产变成扩展的商品，总是渴望将多方面的城市生活的新部分纳入商品关系。其结果是，高生产力在城市的有限空间中，聚集形成了持续充满活力和爆炸性的混合，同时又将城市变成了经济发展和文化创新的引擎，并在城市及其腹地中产生了充满社会问题的温床，这一结果如今已席卷全球。在寻求更高回报的过程中，充满活力和爆炸性的城市融合改变了沿途的一切，摧毁了不符合其议程的过去的痕迹，取而代之的是新的对象、制度和程序。

我在本书中的目的是探索城市设计的本质及其经济、社会、政治、文

化和环境意义，并批判性地回顾当代城市设计的一些关键范式。在回顾
中，我们一直在寻找关于什么是好城市以及如何建设好城市，这些理念产
生的背景，其可能性和局限性条件以及这些理念对城市生活的影响。我的
主要论点是，尽管在这些范式中提出了许多先进的理念，但这些理念往往
与当代城市生活的现实存在本质上的不匹配。目前来看，这一理想城市环
境的模式在本质上是反城市的，它努力追求一种乡村生活模式，而没有充
分注意大城市生活的复杂性。对于大多数人来说，理想的农村生活是不可
行的。因此，最好的结果是创建了虚构的气泡和虚构的关联。当范式似乎
确实包含了城市生活时，它们似乎将其复杂性转化为色彩和表面的乐趣，
而缺少实质的社会内涵。

联系和簇群

258   城市设计使用一系列空间工具来重塑城市空间，具有深远的社会和环
境影响。空间工具的使用，产生了连接和断裂，将一些活动和空间彼此联
系，而将另一些活动和空间彼此分开。连接和断裂是社会进程的一部分，
包括劳动分工、社会分层、集聚与规模经济、活动的专业化和集群化、部
落主义与对地位和荣誉的追求、对意义的探索，同时也是交易和消费、经
济与社会、公共领域与私人领域、政治与文化、社会与自然的相互关系。
这些关系表现为空间上的距离和边界。分层和碎片化建立边界，并离间不
同活动和领域；而对应的，聚集软化边界，填补距离。每个物体和活动都
在这种聚集和离散的相互作用中扮演着特定符号的角色，产生和影响连接
和断裂、包容和排斥的过程。

城市设计作为塑造城市空间的活动，在城市发展加速与减速、繁荣与
萧条、扩张与收缩、集中与分散、增长与衰退的过程中起着至关重要的作
用。城市设计通过塑造建成环境，成为上述过程（连接和断裂）的组成部
分之一。它被用来填补空白，连接碎片，转换边界，并创造新的场所。

创造联系意味着两个或多个奇点之间建立连接，包括点位、场所、活
动或事件。但是这种联系可能面临两个问题：一是由于这种连接而导致的
断裂，二是这些连接可能造成的意外。排他性的联系是内向的，如果仅仅

寻求联系两点，而有可能排除在这一过程之外的其他要素。出于社会和环境的需要，人们期望这种联系是开放和深远的，从而在更高层次上实现一体化。然而，这种城市设计的时空联系形式可能是偶然的和抽象的，不具有功能性和实际意义。因此城市设计在人、物、事件和地点之间建立的联系可能是戏剧化的，是一个呈现城市特定印象的标志和符号系统，而不是一种通过改善情况而建立进一步的连接。城市设计作为一项跨学科、综合 259 的进程，不应仅仅停留在表面的工作上。

　　建立联系的方法之一是构建一个在特定区域内联系集中的簇群。当一个地区的联系强度增加时，它就变成了一个联系的簇群，比如一个场所、一个集群、一个街区、一个具有特殊特征的地区，或有集聚力的空间表现。然而簇群也可能会与其背景环境产生分离和断裂。它可能成为一个同时具有内部连接性和外部分离性的集合。簇群的内部连接越紧密，它就越可能与外部世界表现出分离状态。城市设计师有时会认为这是理所当然的，他们会大量投资具有特色的地区、创意集群、科学园区和特色街区。然而簇群应该融入其社会和空间环境中，这样两者都可以从相互关系中受益，而不是形成一个不相连的共同存在。

　　联系和簇群是城市设计师的空间工具，可服务于独特或包容的具有象征性和功能性的城市设计过程。城市是一个重叠的差异集合，城市设计的作用最终是改善市民的生活，而不是通过创造专属的孤立地区来服务于少数群体的利益。通过包容、民主的过程构建的具有包容性的联系和融入环境的簇群，才能真正发挥它们的作用。

融入环境的簇群

　　随着工业时代的到来，全球范围内的城市化进程开始了。在这一进程中，城市成为巨大生产力的集中地，但同时也面临着广泛的社会和经济问题。城市设计在城市空间的生产中具有核心作用。在经济上，空间生产既反映活动对空间的需求，本身也是一种经济活动，涉及资本流通和创造就业。一方面，交换价值和交换价值的产物推动经济发展；另一方面，产品的使用价值和质量是社会关注的基础。当经济转型和空间转型加剧时，这 260

两种价值形式之间的紧张关系就会加剧，反映在置换和绅士化、保护文化遗产、保护自然资产和提供公共资源等方面。建成环境的象征价值可以长期存在，作为一种记忆，它被转译为当时的文化和政治习惯，并不断再生产以适应当时不断变化的环境。

空间转型的经济、政治和文化价值总是值得讨论的。问题可能包括：建成环境的设计和开发能否创造出科技、艺术和文化的创新集群？这些集群与更广泛的城市社会和经济之间的关系是什么？关系应该是连接的还是断裂的？也包括：城市设计在经济发展中的作用是什么？是为了提高土地和财产的价值，还是为更广大的社区提供有用的空间？或者扩展来说，城市设计对经济发展的重视是否足够？城市设计应该提倡哪种经济发展模式？

全球化的终极目标是提升竞争力，这被视为地方和国家经济成功的关键，也是政府参与基础设施改善、品牌营造和市场营销的原因。这些措施旨在吸引人力和财力资源，有时会牺牲其他因素和当地居民的需求。城市设计被用于重塑城市形象和品牌、空间重组、创造性破坏和更新去工业化区域，它们对提升一个地区的经济竞争力有着重要作用。

竞争力的运作原理是将生产力集中在特定的地区。城市设计在集群中创造新的规模经济，促进知识密集型部门的发展，这些部门被认为预示着经济的未来形态。城市设计将大学校园、办公集群、科技园区和文化创意集群发展和改造为知识经济城市的生产街区。然而，集中和集聚会导致发展的不平衡，因为这些手段只专注于本身的基础活动和精英群体，而忽视了对容纳和滋养它们的社会和经济环境的责任。设计创造的集群不能与长期历史和社会进程所建立的集群相提并论，因为后者更加融入环境。设计创造的集群可能有助于生产力的积累，但也可能播下与社会环境断裂和分层的种子。集群被认为是精英的堡垒，其他一切都应该服从于它，而没有意识到创新与其直接社会−空间环境之间的双向关系。城市更新地区或新经济集群与其周围环境之间的关系往往是不一致的，无论是由于集群形成的大门、围墙，还是人口更替和绅士化，都可以看出这种不匹配的空间拼接。

另一方面，暴力地强行驱散活动也可能产生反效果，因为以设计为手段的驱散可能会阻碍某些活动增长和发展所需的重要介质。在城市设计和规划中，应将活动、服务和机会公平分配到城市的各个区域。然而，有些服务只有在人口集中的情况下才可行，比如公共交通，它不能服务于稀少、分散的人群。因此，不能否定空间簇群中人员和活动的集中，但任何这种集中都应该融入腹地，建立相互支持而非断裂和等级化的关系。因此城市设计得到的经验教训是考虑构建融入环境的簇群，它们可以形成一个完整的城市整体，而不是一系列不相关的分层碎片。

应该批判将场所视为特定区域的认知。当场所具有明确的边界、身份和社区意义，不过是形成了无限、平淡、抽象和没有人情味的空间。许多规划师和城市设计师似乎视这样的空间为理所当然，但这一想法并非完美无缺，应始终接受批判和评价。诚然，独特的街区能在没有特色的城市中脱颖而出，赋予城市清晰的秩序，但在以文化多样性和社会不平等为特征的社会中，它们也会导致社会分裂和隔离。它们所建立的秩序可能仍然是表面的，并可能阻碍对现有的多样性的肯定。另一方面，混合不同活动和社会群体的努力可能是导致绅士化的途径，因为在房地产市场逻辑、社会不平等及其带来的社会地位差异、政府无力或不愿意提供必要支持等因素共同作用下，较弱的群体和活动是无法生存和延续的。

现代城市文明的征服欲导致了社会与自然的分离，对物质环境产生了相当大的负面影响，并威胁到许多物种的生存。环境问题需要得到全面的回应，我们需要认识到社会与自然之间的假定的分离在认识论上是不准确的，在本体论上是危险的。城市设计试图通过在城市空间中引入一些自然元素，如林荫大道、开放空间和公园，并通过以乡镇的形式恢复城镇与乡村之间的关系，如花园城市、新城镇、新都市主义聚落和生态城镇，而非诉诸郊区化，来弥合这一裂痕。现代主义对社会与自然之间关系的处理方法离不开分离：建筑和城镇被视为雕塑实体，与周边空间分离，在价值上受到同等对待，但会造成进一步的裂痕。然而，对气候变化的日益担忧导致人们对城市所能拥有的每一块绿色资产的执着，从而建立起一系列有助于重新融入社会和自然世界的绿色联系。

划分的社会-空间理论基于一种分析思维模式：将复杂的现象分割成更小的部分，以便理解和管理。它植根于社会劳动分工，这也反映在空间结构中。城市设计师所做的是明确一个基本原则，并试图通过设计实现它：土地使用的分隔和独特的街区便是明显的例子。在此过程中，设计师们希望模仿从城市空间中认知到的历史秩序来创造出可见的秩序，这一切都是人类社会合理化的更广泛过程的一部分。问题是，设计的秩序往往是缺乏活力的，缺乏城市复杂空间中的许多细微差别。对城市空间的分析性划分可能导致社会和空间碎片化以及僵化的秩序。相比之下，综合的社会-空间理论将实现城市不同元素彼此之间的关系，跨越将场所和活动限制为单一目的的刚性功能边界。然而，为了使综合的城市设计理论发挥作用，对城市中较弱的要素的支持至关重要，需要培养所有利益相关者参与城市生活的能力。对社会和空间具有潜在影响的任何城市设计理论都需要致力于囊括可达的场所和包容性的流程。

参考文献

Abercrombie, Patrick, 1945, *Greater London Plan 1944*, London: His 263
Majesty's Stationery Office.

Adorno, Theodor, and Max Horkheimer, 1997, *Dialectic of Enlightenment*,
London: Verso.

Aglietta, Michel, 2000, *A Theory of Capitalist Regulation: The US experi-
ence*, new edn, London: Verso.

Aglietta, Michel, 2008, Into a new growth regime, *New Left Review*,
Nov–Dec 2008, No. 54, pp. 61–74.

Ahlava, Antti and Harry Edelman, 2008, *Urban Design Management: A
Guide to Good Practice*, London: Routledge.

Akoff, R., 1970, *A Concept of Corporate Planning*, New York: Wiley.

Alberti, Leon Battista, 1988, *On the Art of Building in Ten Books*,
Cambridge, MA: The MIT Press.

Aldridge, Trevor, 1997, *Boundaries, Walls and Fences*, 8th edn, London: FT
Law & Tax.

Alexander, Christopher, 1979, *The Timeless Way of Building*, New York:
Oxford University Press.

Alexander, Christopher, Hajo Neis, Artemis Anninou and Ingrid King,
1987, *A New Theory of Urban Design*, New York: Oxford University
Press.

Altman, Irwin, 1975, *The Environment and Social Behaviour: Privacy,
Personal Space, Territory, Crowding*, Monterey, California: Brooks/
Cole.

Amati, Marco and Laura Taylor, 2010, From green belts to green infrastruc-
ture, *Planning Practice & Research*, Vol. 25, No. 2, pp. 143–155.

Anttiroiko, A.V., 2004, Science cities: their characteristics and future chal-
lenges, *International Journal of Technology Management*, Vol. 28, No.
3–6, pp. 395–418.

APA (American Planning Association), 2012, About planning, www.plan-
ning.org/aboutplanning/, accessed 8 March 2012.

Arendt, Hannah, 1958, *The Human Condition*, Chicago: University of
Chicago Press.

Argan, G., 1969, *The Renaissance City*, London: Studio Vista.

Ariés, Philippe, 1973, *Centuries of Childhood*, Middlesex: Penguin Books.

Aristotle, 1992, *The Politics*, London: Penguin.

Arnold, Henry, 1993, *Trees in Urban Design*, 2nd edn, New York: Van
Nostrand Reinhold.

264 Arpaci, I., 2010, E-government and technological innovation in Turkey: case studies on governmental organizations, *Transforming Government: People, Process and Policy*, Vol. 4, No. 1, pp. 37–53.

Ashworth, G.J. and H. Voogd, 1990, *Selling the City: Marketing Approaches in Public Sector Urban Planning*, London: Belhaven.

ASLA (American Society of Landscape Architects), 2011, *Green Infrastructure*, http://www.asla.org/ContentDetail.aspx?id=24076, accessed 17 January 2013.

ASLA (American Society of Landscape Architects), 2012, About us, www.asla.org/AboutJoin.aspx, accessed 8 March 2012.

ASLA (American Society of Landscape Architects), 2013, Sustainable DC: Water, www.asla.org/ContentDetail.aspx?id=33362, accessed 3 March 2013.

Atkinson, Rowland and Gary Bridge, eds, 2005, *Gentrification in a Global Context: The New Urban Colonialism*, London: Routledge.

Aurigi, Alessandro, 2006, New technologies, same dilemmas: policy and design issues for the augmented city, *Journal of Urban Technology*, Vol. 13, No. 3, pp. 5–28.

Austin, Wendy, Caroline Park and Erika Goble, 2008, From interdisciplinary to transdisciplinary research: a case study, *Qualitative Health Research*, Vol. 18 No. 4, pp. 557–564.

Aveni, Anthony, 2000, *Empires of Time: Calendars, clocks and cultures*, London: Tauris Parke Paperbacks.

Bachelard, Gaston, 1994, *The Poetics of Space*, Boston MA: Beacon Press.

Bacon, E., 1975, *Design of Cities*, London: Thames & Hudson.

BAK (Bundesarchitektenkammer, German Federal Chamber of Architects), 2011, *Baulkultur Made in Germany*, http://www.baukultur-made-in-germany.de/index.php/en/, accessed 27 January 2013.

Barber, Lionel, 2009, Capitalism redrawn, *Financial Times*, 12 May, p.3.

Bate, Jonathan, 2000, *The Song of the Earth*, Cambridge, MA: Harvard University Press.

Bater, J.H., 1980, *The Soviet City*, London: Edward Arnold.

Beaumont, P., 1971, Qanat systems in Iran. *Hydrological Sciences Journal*, Vol. 16, No. 1, pp. 39–50.

Bechtel, Robert and Arza Churchman, eds, 2002, *Handbook of Environmental Psychology*, New York: Wiley.

Beier, Marshall and Samantha Arnold, 2005, Becoming undisciplined: toward the supradisciplinary study of security, *International Studies Review*, Vol. 7, No. 1, pp. 41–61.

Beilharz, P., 1992, *Labour's Utopias, Bolshevism, Fabianism, Social Democracy*, London: Routledge.

Bell, Daniel, 1973, *The Coming of Post-Industrial Society: A Venture in Social Forecasting*, New York: Basic Books.

Benevolo, L., 1980, *The History of the City*, London: Scolar Press.

Benhabib, Seyla, 1996, *The Reluctant Modernism of Hannah Arendt*, 265
Thousand Oaks: Sage.

Benn S.I. and G.F. Gaus, eds, 1983, *Public and Private in Social Life*, London: Croom Helm/St Martin's Press.

Benn, Tony, 2006, *Tony Benn: Interviewing the Interviewers*, Channel4.com, repeat broadcast on 22 December 2006.

Bennett, M., D. Dennett, P. Hacker and J. Searle, 2007, *Neuroscience and Philosophy: Brain, Mind & Language*, New York: Columbia University Press.

Benneworth, Paul, David Charles and Ali Madanipour, 2010, Building localised interactions between universities and cities through university spatial development, *European Planning Studies*, Vol. 18, No. 10, pp. 1611–1629.

Bentley, Ian, Alan Alcock, Paul Murrain, Sue McGlynn and Graham Smith, 1985, *Responsive Environments: A Manual for Designers*, Oxford: Butterworth Architecture.

Berlin, Isaiah, 1969, *Four Essays on Liberty*, Oxford: Oxford University Press.

Berman, M., 1982, *All That is Solid Melts into Air: The Experience of Modernity*, London: Verso.

Billinghurst, M. and H. Kato, 2002, Collaborative augmented reality, *Communications of the ACM (Association for Computing Machinery)*, Vol. 45, No. 7, pp. 64–70.

Blackburn, Simon, 1996, *The Oxford Dictionary of Philosophy*, Oxford: Oxford University Press.

Blake, Neil, Jane Croot and James Hastings, 2004, *Measuring the Competitiveness of the UK Construction Industry, Volume 2*, London: Department for Trade and Industry.

Blakely, E.J. and Snyder, M.G., 1999, *Fortress America: Gated Communities in the United States*, Washington, DC: Brookings Institution Press.

Bobbio, Norberto, 1990, *Liberalism and Democracy*, London: Verso.

Bocquet-Appel, Jean-Pierre, 2011a, When the world's population took off: the springboard of the Neolithic Demographic Transition, *Science*, Vol. 333, 29 July 2011, pp. 560–561.

Bocquet-Appel, Jean-Pierre, 2011b, The Agricultural Demographic Transition during and after the agriculture inventions, *Current Anthropology*, Vol. 52, Supplement 4, pp. S497–S510.

Bolan, R.S., 1974, Mapping the planning theory terrain, in O.R.Godschalk, ed, *Planning in America: Learning from turbulence*, Chicago: American Institute of Planners, pp. 13–34.

Bonnes, Mirilia and Gianfranco Secchiaroli, 1995, *Environmental Psychology: A Psycho-social Introduction*, Translated by Claire Montagna, London: Sage.

266 Bourdieu, Pierre, 2000, *Pascalian Meditations*, Cambridge: Polity Press.

Boyer, M. Christine, 1990, The return of aesthetics to city planning, in Dennis Crow, ed., *Philosophical Streets: New Approaches to Urbanism*. Washington, DC: Maisonneuve Press, pp. 93–112.

Briggs, Asa, 1968, *Victorian Cities*, Harmondsworth: Penguin.

Buchanan, Colin, 1963, *Traffic in Towns*, London: HMSO.

Bundesstiftung Baukultur (Federal Foundation for Building Culture), 2013, *About Baukultur*, http://www.bundesstiftung-baukultur.de/information/about-baukultur.html?L=1, accessed 27 January 2013.

Burfitt, Alex and Ed Ferrari, 2008, The housing and neighbourhood impacts of knowledge-based economic development following industrial closure, *Policy Studies*, Vol. 29, No. 3, pp. 293–304.

Burns, Wilfred, 1967, *Newcastle: A Study in Replanning at Newcastle upon Tyne*, London: L. Hill.

Butler, A., 2004, *Contemporary South Africa*, New York: Palgrave Macmillan.

Butler, T., 1997, *Gentrification and the Middle Classes*, Aldershot: Ashgate.

CABE (Commission for Architecture and the Built Environment), 2011a, *Creating Successful Masterplans*, http://webarchive.nationalarchives. gov.uk/20110118095356/http://www.cabe.org.uk/masterplans, accessed 2 March 2012.

CABE (Commission for Architecture and the Built Environment), 2011b, *The Use of Urban Design Codes*, http://webarchive.nationalarchives. gov.uk/20110118095356/http://www.cabe.org.uk/files/the-use-of-urban-design-codes.pdf, accessed 2 March 2012.

Cabinet Office, 2007, *E-Government Unit*, http://archive.cabinetoffice. gov.uk/e-government/, accessed 29 March 2010.

Calthorpe, P., 1994, The region, in P.Katz, ed, *The New Urbanism: toward an architecture of community*. New York: McGraw-Hill, pp. xi–xvi.

Cameron, S., 2003, Gentrification, housing re-differentiation and urban regeneration: 'going for growth' in Newcastle upon Tyne, *Urban Studies*, Vol. 40, No. 12, pp. 2367–82.

Carmona, Matthew, Claudio de Magalhaes and Michael Edwards, 2002, Stakeholder views on value and urban design, *Journal of Urban Design*, Vol. 7, No. 2, pp. 145–69.

Castell, P., 2010, *Managing Yards and Togetherness*, Gothenburg: Chalmers University of Technology.

Castells, Manuel, 1996, *The Rise of the Network Society*, Oxford: Blackwell.

Caves, R., 2005, *The Encyclopedia of the City*, London: Routledge.

CIQA (Cultural Industries Quarter Agency), 2010, *Building the Creative and Digital Economy in South Yorkshire and Beyond*, www.ciq. org.uk/about-us/, accessed 21 April 2010.

City of New York, 2009, *NYC Green Infrastructure Plan: A Sustainable Strategy for Clean Waterways*, New York: City of New York.

City of Philadelphia, 2009, *Greenworks*, Philadelphia: City of Philadelphia. 267

City of Turin, 2012, *Transformations*, *Torinoplus*, www.comune.torino. it/torinoplus/english/trasformazioneinnovazione/trasformazioni/, 20 December 2012.

Clapson, Mark and Ray Hutchison, eds, 2010, *Suburbanization in Global Society*, Bradford: Emerald Group Publishing.

Coleman, Janet, 1996, Preface, in Janet Coleman, ed., *The Individual in Political Theory and Practice*, Oxford: Clarendon Press, pp. ix–xix.

Cornford, F.M., 1976, The invention of space, in M. apek, ed., *The Concepts of Space and Time*, Boston Studies in the Philosophy of Science, Vol. XXII, Dordrecht and Boston: D. Reidel Publishing, pp. 3–16.

Cottingham, John, ed., 1992, *The Cambridge Companion to Descartes*, Cambridge: Cambridge University Press.

Coupe, Laurence, 2000, *The Green Studies Reader: From Romanticism to Ecocriticism*, London: Routledge.

Cox, George, 2005, *Cox Review of Creativity in Business: Building on the UK's Strengths*, London: HM Treasury/HMSO.

Cranston, M., 1968, Introduction, in Jean-Jacques Rousseau, *The Social Contract*, London: Penguin.

Creative Sheffield, 2010, *Creative Sheffield: Transforming Sheffield's Economy*, www.creativesheffield.co.uk/, accessed 21 April 2010.

Critchley, Simon, 2001, *Continental Philosophy: A Very Short Introduction*, Oxford: Oxford University Press.

Cullen, Gordon, 1971, *The Concise Townscape*, Oxford: Butterworth Architecture.

Cullingworth, Barry and Roger Caves, 2003, *Planning in the USA*, 2nd edn, London: Routledge.

Cullingworth, J.B. and Caves, R., 2013, *Planning in the USA: Policies, Issues and Processes*, 4th edn, London: Routledge.

Cullingworth, J.B. and Nadin, V., 2006, *Town and Country Planning in the UK*, 14th edn, London: Routledge.

Culture Quarter London, 2010, *Culture Quarter London*, http://culturequarterlondon.org/index.html, accessed 21 April 2010.

Dahlström, M. and B. Hermelin, 2007, Creative industries, spatiality and flexibility: the example of film production, *Norsk Geografisk Tidsskrift: Norwegian Journal of Geography*, Vol. 61, pp. 111–121.

Damasio, Antonio, 2004, *Looking for Spinoza*, London: Vintage Books.

Damodaran, L., W. Olphert and P. Balatsoukas, 2008, Democratizing local e-government: the role of virtual dialogue, *ACM International Conference Proceeding Series*, Vol. 351, pp. 388–393.

DCLG (Department for Communities and Local Government), 2010, *Local e-government*, www.communities.gov.uk/localgovernment/efficiency better/localegovernment/, accessed 29 March 2010.

268 DCLG (Department for Communities and Local Government), 2012, *National Planning Policy Framework*, London: Department for Communities and Local Government.

DCMS (Department for Culture, Media and Sport), 2009, *Creative Industries*, www.culture.gov.uk/about_us/creative_industries/default. aspx, accessed 26 November 2009.

Debord, Guy, 1994, *The Society of the Spectacle*, New York: Zone Books.

de Freitas, Sara, Genaro Rebolledo-Mendez, Fotis Liarokapis, George Magoulas and Alexandra Poulovassilis, 2010, Learning as immersive experiences: using the four-dimensional framework for designing and evaluating immersive learning experiences in a virtual world, *British Journal of Educational Technology*, Vol. 41, No. 1, pp. 69–85.

de Kleijn, Gerda, 2001, *The Water Supply of Ancient Rome: City Area, Water and Population*, Amsterdam: J.C. Gieben.

de la Blache, Paul Vidal, 1926, *Principles of Human Geography*, London: Constable.

Deleuze, Gilles, 2004, *Difference and Repetition*, London: Continuum.

Department for Constitutional Affairs, 2002, Grant of City Status, www. dca.gov.uk/constitution/city/citygj.htm, accessed 16 December 2009.

Descartes, René, 1968, *Discourse on Method* and *The Meditations*, London: Penguin.

DfT (Department for Transport), 2007, *Manual for Streets*, London: Thomas Telford.

Diani, Marco, ed., 1992, *The Immaterial Society: Design, Culture and Technology in the Postmodern World*, Englewood Cliffs, NJ: Prentice-Hall.

Dicken, P. and P. Lloyd, 1990, *Location in Space: Theoretical perspectives in economic geography*, 3rd edn, New York: HarperCollins.

Dickens, Charles, 2003, *A Tale of Two Cities*, London: CRW Publishing.

DoE/DoT (Department of the Environment and Department of Transport), 1977, *Residential Roads and Footpaths: Design Bulletin 32*, 2nd edn, London: HMSO.

DoE/RICS (Department of the Environment and The Royal Institution of Chartered Surveyors), 1996, *Quality of Urban Design*, London: Department of the Environment and the Royal Institution of Chartered Surveyors.

Downes, Kerry, 1988, *The Architecture of Wren*, 2nd edn, London: Routledge.

Doxiadis, C.A., 1963, *Architecture in Transition*, London: Hutchinson.

Doxiadis, C.A., 1968, *Ekistics: An Introduction to the Science of Human Settlements*, London: Hutchinson.

Dunne, Joseph, 1996, 'Beyond sovereignty and deconstruction: the storied self', in Richard Kearney, ed., *Paul Ricoeur: The Hermeneutics of Action*, London: Sage, pp. 137–158.

Dye, John and James Sosimi, 2009, *United Kingdom National Accounts:* 269
The Blue Book, Newport: Office for National Statistics/Palgrave
Macmillan.

EC (European Commission), 1994, *The Aalborg Charter*, ec.europa.eu/
environment/urban/pdf/aalborg_charter.pdf, accessed 24 January 2013.

EC, 2007, *The Leipzig Charter on Sustainable European Cities*, ec.europa.
eu/regional_policy/archive/themes/.../leipzig_charter.pdf, accessed 24
January 2013.

EC, 2009a, *Consultation on the Future 'EU 2020' Strategy*,
COM(2009)647 final, 24 November 2009, Brussels: European
Commission, http://ec.europa.eu/eu2020/pdf/eu2020_en.pdf, accessed
27 November 2009.

EC, 2009b, *European Innovation Scoreboard 2008: Comparative Analysis
of Innovation Performance*, Luxembourg: European Commission
Enterprise and Industry, www.proinno-europe.eu/admin/uploaded_
documents/EIS2008_Final_report-pv.pdf , accessed 17 October 2009.

EC, 2010, *Green Paper: Unlocking the Potential of Cultural and Creative
Industries*, COM (2010) 183, Brussels: European Commission,
http://ec.europa.eu/culture/our-policy-development/doc/GreenPaper_
creative_industries_en.pdf , accessed 16 July 2010.

EC, 2013, *Sustainable Development*, European Commission,
http://ec.europa.eu/environment/eussd/, accessed 25 January 2013.

ECOTEC, 2007, *State of European Cities Report*, Brussels: European
Commission.

Edwards, Arthur, 1981, *The Design of Suburbia: a critical study in environ-
mental history,* London: Pembridge Press.

Engels, Friedrich, 1993 [1845], *The Condition of the Working Class in
England*, Edited by David McLellan, Oxford: Oxford University Press.

EPA, 2012, *Stormwater Management*, www.epa.gov/greeningepa/
stormwater/, accessed 4 November 2013.

Epstein, Richard, 1998, *Principles for a Free Society: Reconciling Individual
Liberty with the Common Good*, Reading, MA: Perseus Books.

Esping-Andersen, Gøsta, 1999, *Social Foundations of Postindustrial
Economies*, Oxford: Oxford University Press.

Etlin, Richard A., 1994, *Symbolic Space: French Enlightenment architecture
and its legacy*, Chicago, IL: Chicago University Press.

Etzioni, Amitai, 1995, *The Spirit of Community: Rights, Responsibilities
and the Communitarian Agenda*, London: Fontana Press.

Filarete, 1965, *Treatise on Architecture*, New Haven: Yale University Press.

Fishman, R., 1977, *Urban Utopias in the Twentieth Century: Ebenezer
Howard, Frank Lloyd Wright, and Le Corbusier*, New York: Basic
Books.

Fishman, R., 1987, *Bourgeois Utopia: The Rise and Fall of Suburbia*, New
York: Basic Books.

270　Fletcher, Howard, 2006, *Principles of Inclusive Design*, London: CABE.

Florida, Richard, 2002, *The Rise of the Creative Class*, New York: Basic Books.

Forester, John, John Forester, Alessandro Balducci, Ali Madanipour, Klaus R. Kunzmann, Tridib Banerjee, Emily Talen and Ric Richardson, 2013, Design confronts politics, and both thrive!/Creativity in the face of urban design conflict: a profile of Ric Richardson/From mediation to the creation of a 'trading zone'/Conflict and creativity in Albuquerque/Reflecting on a mediation narrative from Albuquerque, New Mexico/From mediation to charrette/Physical clarity and necessary interruption/Ric Richardson responds, *Planning Theory & Practice*, Vol. 14, No. 2, pp. 251–276.

Forshaw, J.H. and Patrick Abercrombie, 1943, *County of London Plan*, London: Macmillan.

Foucault, M., 1983, The subject and power, in Hubert Dreyfus and Paul Rabinow, eds, *Michel Foucault: Beyond Structuralism and Hermeneutics*, Chicago, IL: Chicago University Press, pp. 208–226.

Foucault, M., 2001, *Madness and Civilization*, London: Routledge.

Foucault, M., 2002, *The Order of Things*, London: Routledge.

Frampton, Kenneth, 1992, *Modern Architecture: a critical history*, London: Thames & Hudson.

Fraser, Nancy, 1989, *Unruly Practices: Power, Discourse and Gender in Contemporary Social Theory*, Minneapolis: Minnesota University Press.

Freeman, L., 2008, *There Goes the Hood: Views of Gentrification from the Ground up*, Philadelphia: Temple University Press.

Freud, Sigmund, 1985, *Civilization, Society and Religion*, London: Penguin.

Friedman, Ken, 2008, Research into, by and for design, *Journal of Visual Art Practice*, Vol. 7, No. 2, pp. 153–160.

Fujita, M., P. Krugman and A. Venebles, 1999, *The Spatial Economy: Cities, Regions and the International Trade*, Cambridge, MA: MIT Press.

Galbraith, J.K., 1992, *The Culture of Contentment*, Harmonsworth: Penguin.

Gant,R.L., GM. Robinson and S.Fazal, 2011, Land-use change in the 'edge-lands': Policies and pressures in London's rural–urban fringe, *Land Use Policy*, Vol. 28, No. 1, pp. 266–279.

Geertz, Clifford, 1993, *The Interpretation of Cultures*, London: Fontana.

Gershuny, Jonathan, 1978, *After Industrial Society? The Emerging Self-service Economy*, London: Macmillan.

Gershuny, Jonathan, 2000, *Changing Times: Work and Leisure in Postindustrial Society*, Oxford: Oxford University Press.

Gibberd, Frederick,1962, *Town Design*, London: Architectural Press.

Gibson, M. and M. Langstaff, 1982, *An Introduction to Urban Renewal*, London: Hutchinson.

Giddens, A., 1984 *The Constitution of Society*, Cambridge: Polity Press.

Giedion, Sigfried, 1967, *Space, Time and Architecture: The Growth of a New Tradition*, 5th edn, Cambridge, MA: Harvard University Press.

Gilison, Jerome, 1975, *The Soviet Image of Utopia*, Baltimore: Johns 271 Hopkins University Press.

Given, L.M. and L. McTavish, 2010, What's old is new again: the reconvergence of libraries, archives, and museums in the digital age, *Library Quarterly*, Vol.80, No.1, pp.7–32.

Gleick, J., 2000, *Faster: The Acceleration of just about Everything*, London: Abacus.

Goffman, Erving, 1969, *The Presentation of Self in Everyday Life*, London: Allen Lane, The Penguin Press.

Goodwin, Barbara, 1978, *Social Science and Utopia: Nineteenth-century Models of Social Harmony*, New Jersey: Humanities Press.

Goody Clancy, 2010, *Plan for the 21st Century: New Orleans 2030*, Executive Summary, New Orleans: New Orleans City Council.

Gottdiener, M. and L. Budd, 2005, *Key Concepts in Urban Studies*, London: Sage.

Greenfield, Susan, 2000, *The Private Life of the Brain*, London: Allen Lane, The Penguin Press.

Gregory, Derek, R. J. Johnston, Geraldine Pratt, Michael Watts and Sarah Whatmore, 2009, *The Dictionary of Human Geography*, 5th edn, Oxford: Wiley/Blackwell.

Gutting, Gary, ed., 1994, *The Cambridge Companion to Foucault*, Cambridge: Cambridge University Press.

Habermas, Jürgen, 1984, *The Theory of Communicative Action*, London: Heinemann.

Habermas, Jürgen, 1989, *The Structural Transformation of the Public Sphere*, Cambridge, MA: MIT Press.

Hall, Edward, 1966, *The Hidden Dimension: Man's Use of Space in Public and Private*, London: The Bodley Head.

Hall, Peter, 1975, *Urban and Regional Planning*, Newton Abbot: David & Charles.

Hall, Peter, 1988, *Cities of Tomorrow: an intellectual history of urban planning and design in the twentieth century,* Oxford: Blackwell.

Hamnett, C., 2003, *Unequal City: London in the Global Arena*, London: Routledge.

Hansen, Christian, Jan Wieferich, Felix Ritter, Christian Rieder and Heinz-Otto Peitgen, 2010, Illustrative visualization of 3D planning models for augmented reality in liver surgery, *International Journal of Computer-Assisted Radiology and Surgery*, Vol. 5, No. 2, pp. 133–141.

Hardt, Michael and Antonio Negri, 2000, *Empire*, Cambridge MA: Harvard University Press.

Harvey, David, 1985a, *Consciousness and the Urban Experience: Studies in the History and Theory of Capitalist Urbanization*, Oxford: Basil Blackwell.

272　Harvey, David, 1985b, *The Urbanization of Capital: Studies in the History and Theory of Capitalist Urbanization*, Oxford: Basil Blackwell.

Harvey, D., 1989, *The Condition of Postmodernity: An Enquiry into the Origins of Cultural Change*, Oxford: Blackwell.

Hawes, Louis, 1982, *Presences of Nature : British landscape, 1780–1830*, New Haven: Yale Center for British Art.

Hegel, F., 1967, *Hegel's Philosophy of Right*, London: Oxford University Press.

Hill, Jonathan, 2006, *Immaterial Architecture*, London: Routledge.

Hill, Lisa and Peter McCarthy, 1999, Hume, Smith and Ferguson: friendship in commercial society, *Critical Review of International Social and Political Philosophy*, Vol. 2, No. 4, pp. 33–49.

Hillier, B. and J. Hanson, 1984, *The Social Logic of Space*, Cambridge: Cambridge University Press.

Hobbes, Thomas, 1985, *Leviathan*, Harmondsworth: Penguin.

Hodge, A. T., 1992, *Roman Aqueducts & Water Supply*, Vol. 2, London: Duckworth.

Hollanders, Hugo and Adriana van Cruysen, 2009, *Design, Creativity and Innovation: A Scoreboard Approach*, February 2009, Pro Inno Europe Inno Metrics, www.proinno-europe.eu/admin/uploaded_documents/EIS_2008_Creativity_and_Design.pdf , accessed 27 November 2009.

Höller, N., A. Geven, M. Tscheligi, L. Paletta, K. Amlacher, P. Luley and D. Omercevic, 2009, Exploring the urban environment with a camera phone: lessons from a user study, –*Proceedings of the 11th International Conference on Human-Computer Interaction with Mobile Devices and Services*, Bonn, Germany, September 15–18, 2009 , New York: ACM (Association for Computing Machinery).

Hollis, Martin, 2002, *The Philosophy of Social Science*, Cambridge: Cambridge University Press.

Home Office, 2010, *CCTV and Imaging Technology*, http://science andresearch.homeoffice.gov.uk/hosdb/cctv-imaging-technology/index.html, accessed 30 March 2010.

Honneth, Axel, 1995, *The Fragmented World of the Social: Essays in Social and Political Philosophy*, Albany: State University of New York Press.

Hooimeijer, Fransje and Wout Toorn Vrijthoff, 2007, *More Urban Water: Design and Management of Dutch Water Cities*, Hoboken: Taylor & Francis.

Horne, Alistair, 2002, *Seven Ages of Paris*, London: Macmillan.

Howard, Ebenezer, 1965, *Garden Cities of To-Morrow*, London: Faber & Faber.

Hoyle, B.S., David Pinder and M.S. Husain, 1988, *Revitalising the Waterfront: International Dimensions of Dockland Redevelopment*, London: Belhaven Press.

Hume, David, 1985, *A Treatise of Human Nature*, Harmondsworth: Penguin.

Hume, David, 1998, *Selected Essays*, Oxford: Oxford University Press. 273

Independent, *The*, 2012, Leading article: Protect our green and pleasant land, *The Independent*, 21 March 2012, http://www.independent.co.uk/voices/editorials/leading-article-protect-our-green-and-pleasant-land-7579387.html, accessed 17 January 2013.

Ismail, A.W. and M.S. Sunar, 2009, Survey on collaborative AR for multi-user in urban studies and planning, *Lecture Notes in Computer Science*, Vol. 5670, pp. 444–455.

Jacobs, Allan, 1995, *Great Streets*, Cambridge, MA: MIT Press.

Jacobs, Jane, 1961, *The Death and Life of Great American Cities*, New York: Vintage Books.

Jacobs, Jane, 1970, *The Economy of Cities*, London: Jonathan Cape.

Jacobs, A. and D. Appleyard, 1987, Towards an urban design manifesto, *Journal of American Planners Association*, Winter 1987, pp. 112–120.

Janelle, D., 1968, Central place development in a time–space framework, *Professional Geographer*, Vol. 20, pp. 5–10.

Japan Atlas, 2010, *Tsukuba Science City*, http://web-japan.org/atlas/technology/tec01.html, accessed 9 April 2010.

Japan-I, 2010, *Tsukuba Science City*, www.japan-i.jp/explorejapan/kanto/ibaraki/tsukuba/d8jk7l000002rk35.html, accessed 9 April 2010.

Jenkins, Richard, 1996, *Social Identity*, London: Routledge.

Jenkins, Simon, 2012, The Shard has slashed the face of London for ever, www.guardian.co.uk/commentisfree/2012/jul/03/shard-slashed-the-face-of-london, accessed 6 July 2012.

Johansson, E., 2001, The Nobel E-Museum: a modern science education project on internet, *International Journal of Modern Physics C*, Vol. 12, No. 4, pp. 527–532.

Johnston, R., D. Gregory, G. Pratt and M. Watts, eds, 2000, *The Dictionary of Human Geography*, 4th edn, Oxford: Blackwell.

Kant, Immanuel, 1987, *Critique of Judgment*, Indianapolis: Hackett.

Kant, Immanuel, 1993, *Critique of Pure Reason*, London: J.M. Dent.

Keating, Dennis and Norman Krumholz, eds, 1999, *Rebuilding Urban Neighborhoods: Achievements, Opportunities and Limits*, Thousand Oaks, CA: Sage.

Keller, Suzanne, 1968, *The Urban Neighbourhood: A Sociological Perspective*, New York: Random House.

Kelliher, Clare and Deirdre Anderson, 2008, For better or for worse? An analysis of how flexible working practices influence employees' perceptions of job quality, *International Journal of Human Resource Management*, Vol. 19, No. 3, 419–431.

Kirk, Dudley, 1996, Demographic transition theory, *Population Studies*, Vol. 50, No. 3, pp. 361–387.

Klaasen, I.T., 2007, A scientific approach to urban and regional design: research by design, *Journal of Design Research*, Vol.5, No.4, pp.470–489.

274 Kondratieff, N.D., 1935, The long waves in economic life, *Review of Economic Statistics*, Vol. 17, No. 6, pp. 105–115.

Korotayev, Andrey and Sergey Tsirel, 2010, A spectral analysis of world GDP dynamics: Kondratieff Waves, Kuznets Swings, Juglar and Kitchin Cycles in global economic development, and the 2008–2009 economic crisis, *Structure and Dynamics*, Vol. 4, No. 1, www.escholarship.org/uc/item/9jv108xp, accessed 1 July 2010.

Kostof, Spiro, 1999, *The City Assembled: The elements of Urban Form through History*, London: Thames & Hudson.

Krieger, Alex, 1991, Since (and before) Seaside, in A. Krieger and W.Lennertz, eds, *Town and Town-Making Principles*, New York: Rizzoli, pp. 9–16.

Krieger, Alex and William Lennertz, eds, 1991, *Towns and Town-Making Principles*, Cambridge, MA: Harvard University Graduate School of Design.

Kumar, Krishan, 1997, Home: the promise and predicament of private life at the end of the twentieth century, in J. Weintraub and K. Kumar, eds, *Public and Private in Thought and Practice: Perspectives on a Grand Dichotomy*, Chicago, IL: University of Chicago Press, pp. 204–236.

Kumar, Krishan, 2005, *From Post-Industrial to Post-Modern Society: New Theories of the Contemporary World*, 2nd edn, Oxford: Blackwell.

Kuznets, Simon, 1930, *Secular Movements in Production and Prices: Their Nature and their Bearing upon Cyclical Fluctuations*, Boston: Houghton Mifflin.

LaGro, James, 2013, *Site Analysis*, 3rd edn, Hoboken, NJ: Wiley.

Lambton, A. K. S., 1989, The origin, diffusion and functioning of the qanat, in Peter Beaumont, Michael Bonine, K.S. McLachlan and A. McLachlan, eds, *Qanat, Kariz and Khattara: Traditional Water Systems in the Middle East and North Africa*, Wisbech, UK: Middle East and North African Studies Press, pp. 5–12.

Landman, Karina, 2006, An exploration of urban transformation in post-apartheid South Africa, unpublished PhD thesis, Newcastle University, Newcastle upon Tyne.

Landscape Institute, 2009, *Green Infrastructure: connected and multifunctional landscapes*, Landscape Institute Position Statement, London: The Landscape Institute, www.landscapeinstitute.org/PDF/Contribute/GreenInfrastructurepositionstatement13May09.pdf, accessed 17 January 2013.

Landscape Institute, 2012, About the Landscape Institute, Landscape Institute, www.landscapeinstitute.org/about/index.php, accessed 8 March 2012.

Landscape Institute 2013, Water sensitive urban design, www.landscapeinstitute.org/knowledge/Landscapeandwater.php, Landscape Institute, accessed 3 November 2013.

Lapidus, I. 1967, *Muslim Cities in the Later Middle Ages*, Cambridge, MA: 275
Harvard University Press.

Laugier, Marc-Antoine, 1977, *An Essay on Architecture*, Los Angeles:
Hennessey & Ingalls Inc.

Lawrence, Andrew, 1999, The Skyscraper Index: Faulty Towers!, Property
Report, Dresdner Kleinwort Benson Research, 15 January.

Lazzarato, M., 1996, Immaterial labour, in P. Virno and M. Hardt, eds,
Radial Thought in Italy, Minneapolis, MN: University of Minnesota
Press.

Le Corbusier, 1978, *Towards A New Architecture*, London: Architectural
Press.

Le Corbusier, 1987, *The City of Tomorrow and Its Planning*, London:
Architectural Press.

Lee, J.Y., Dongwoo Seo, Byung Youn Song and Rajit Gadh, 2010, Visual
and tangible interactions with physical and virtual objects using context-
aware RFID, *Expert Systems with Applications*, Vol. 37, No. 5, pp.
3835–3845.

Lees, L, T. Slater and E. Wyly, 2008, eds, *Gentrification*, London:
Routledge.

Lefebvre, Henri, 1991, *The Production of Space*, Oxford: Blackwell.

Leibniz, Gottfried, 1979, The relational theory of space and time, in J.J.C.
Smart, ed., *Problems of Space and Time*, New York: Macmillan, pp.
89–98.

Lennertz, William, 1991, Town-making fundamentals, in Alex Krieger and
William Lennertz, eds, *Towns and Town-Making Principles*, Cambridge,
MA: Harvard University Graduate School of Design, pp. 21–24.

Levine, M. V., 1987, Downtown redevelopment as an urban growth strat-
egy: a critical appraisal of the Baltimore renaissance, *Journal of Urban
Affairs*, Vol. 9, No. 2, pp. 103–123.

Levitas, R., 1990, *The Concept of Utopia*, Hemel Hempstead: Philip Allan.

Ley. David, 1996, *The New Middle Class and the Remaking of the Central
City*, Oxford: Oxford University Press.

Liberty, 2010, Privacy, www.liberty-human-rights.org.uk/issues/3-privacy/
index.shtml, accessed 30 March 2010.

Livi-Bacci, Massimo, 1997, *A Concise History of World Population*, 2nd
edn, Oxford: Blackwell.

Locke, John, 1979, Place, extension and duration, in J.J.C. Smart, ed.,
Problems of Space and Time, New York: Macmillan, pp. 99–103.

Logan, John and Harvey Molotch, 1987, *Urban Fortunes: The Political
Economy of Place*, Berkeley: University of California Press.

London Assembly, 2011, *Public Life in Private Hands: Managing London's
Public Space*, London: Greater London Authority.

Lynch, Kevin, 1960, *The Image of the City*, Cambridge, MA: MIT Press.

Lynch, Kevin, 1981, *Good City Form*, Cambridge, MA: MIT Press.

276 Madanipour, A., 1996, *Design of Urban Space: An Inquiry into a Socio-spatial Process*, Chichester: John Wiley.

Madanipour, A., 1997, Ambiguities of urban design, *Town Planning Review*, Vol. 68, No. 3, pp. 363–383.

Madanipour, A., 2003a, Design in the city: actors and contexts, in Sarah Menin, ed., *Constructing Place: Mind and Matter*, London: Routledge, pp. 121–128.

Madanipour, A., 2003b, *Public and Private Spaces of the City*, London: Routledge.

Madanipour, A., 2005, Value of place, in CABE, ed., *Physical Capital: How Great Places Boost Public Value*, London: Commission for Architecture and the Built Environment, pp. 48–71.

Madanipour, A., 2006, Roles and challenges of urban design, *Journal of Urban Design*, Vol.11, No.2, pp. 173–193.

Madanipour, A., 2007, *Designing the City of Reason*, London: Routledge.

Madanipour, A., 2009, City identity and management of change, in C. Vallat, F. Dufaux and S. Kehman-Frisch, eds, *Pérennité urbaine, ou la ville par delà ses métamorphoses, Vol. III*, Paris: L'Harmattan, pp. 217–234.

Madanipour, A., 2010a, Connectivity and contingency in planning, *Planning Theory*, Vol.9, No.4, November 2010, pp. 351–368.

Madanipour, A., ed., 2010b, *Whose Public Space? International Case Studies in Urban Design and Development*, London: Routledge.

Madanipour, A., 2011a, *Knowledge Economy and the City: Spaces of Knowledge*, London: Routledge.

Madanipour, A., 2011b, Social exclusion and space, in R. LeGates and F. Stout, eds, *The City Reader*, 5th edn, London: Routledge, pp.186–194.

Madanipour, A., 2012a, Ghetto, in Susan J. Smith, Marja Elsinga, Lorna Fox O'Mahony, Ong Seow Eng, Susan Wachter and Heather Lovell, eds, *International Encyclopedia of Housing and Home, Vol. 2*, Oxford: Elsevier, pp. 287–291.

Madanipour, A., 2012b, Neighbourhood Governance, in Susan J. Smith, Marja Elsinga, Lorna Fox O'Mahony, Ong Seow Eng, Susan Wachter and Montserrat Pareja Eastaway, eds, *International Encyclopedia of Housing and Home, Vol. 5*, Oxford: Elsevier, pp. 61–66.

Madanipour, A., 2012c, Public space and urban governance: public interests, private interests? *pnd online: Planung neu denken*, Vol. 2012, No. 2, pp. 1–6, www.planung-neu-denken.de/content/view/241/48.

Madanipour, A., 2012d, Reclaiming public space from rigid orders and narrow interests, in Rafaella Houlstan-Hasaerts, Biba Tominc, Matej Nikši and Barbara Goli nik Maruši , eds, *Civil Society Reclaims Public Space*, Brussels: Human Cities, pp. 137–142.

Madanipour, A., 2013a, Crossroads in space and time, in Gregory Smith and Jan Gadeyne, eds, *Perspectives on Public Space in Rome: From Antiquity to the Present Day*, Aldershot: Ashgate, pp.xvii-xxxiii.

Madanipour, A., 2013b, The identity of the city, in Silvia Serreli, ed., *City* 277 *Project and Public Space*, Dordrecht: Springer, pp. 49–63.

Madanipour, A., 2013c, Researching space, transgressing epistemic boundaries, *International Planning Studies*, Vol. 18, No. 3–4, pp. 372–388.

Madanipour, A., A. Hull and P. Healey, eds, 2001, *The Governance of Place: Space and Planning Processes*, Aldershot: Ashgate.

Madanipour. A., G. Cars and J. Allen, eds, 2003, *Social Exclusion in European Cities: Processes, Experiences, Responses*, London: Routledge.

Madanipour, A., S. Knierbein and A. Degros, 2014, *Public Space and the Challenges of Urban Transformation in Europe*, London: Routledge.

Maffesoli, M., 1996, *The Times of the Tribes*, London: Sage.

Malairajaa, Chandra and Girma Zawdie, 2008, Science parks and university–industry collaboration in Malaysia, *Technology Analysis & Strategic Management*, Vol. 20, No. 6, pp. 727–739.

Marshall, Richard, 2001, *Waterfronts in Post-Industrial Cities*, London: Spon Press.

Martindale, D., 1966, Prefatory remarks: the theory of the city, in Max Weber, *The City*, New York: The Free Press.

Marx, K., 1971, *Capital: A Critical Analysis of Capitalist Production*, London: George Allen & Unwin.

Marx, Karl and Friedrich Engels, 1968, *Selected Works*, London: Lawrence & Wishart.

Marx, Karl and Friedrich Engels, 1985, *The Communist Manifesto*, Harmondsworth: Penguin.

Massey, D., 2005, *For Space*, London: Sage.

Mayor of London, 2009, *Manifesto for Public Space: London's Great Outdoors*, London: Mayor of London.

McCloskey, D.W. and K. Leppel, 2010, The impact of age on electronic commerce participation: an exploratory model, *Journal of Electronic Commerce in Organizations*, Vol.8, No.1, pp. 41–60.

McKusick, James, 2000, *Green Writing: Romanticism and Ecology*, London: Macmillan.

Mill, J.S., 1974, *On Liberty*, Harmondsworth: Penguin.

Millham, R. and C. Eid, 2009, Digital cities: Nassau and bologna – a study in contrasts, *Proceedings of the 2009 IEEE Latin-American Conference on Communications, LATINCOM '09*, Medellin, Columbia, 10–11 September 2009, New York: IEEE (Institute of Electrical and Electronics Engineers), pp.104–109. Mintzberg, Henry, 1994, *The Rise and Fall of Strategic Planning*, New York: Prentice-Hall.

Moghaddam, Fathali, 1998, *Social psychology: Exploring Universals across Cultures*, New York: W.H. Freeman.

More, Thomas, 1964, *Utopia*, New Haven, CT: Yale University Press.

278 Morgan, Celeste, Cristian Bevington, David Levin, Peter Robinson, Paul Davis, Justin Abbott and Paul Simkins, 2013, *Water Sensitive Urban Design in the UK: Ideas for Built Environment Practitioners*, London: CIRIA.

Morris, A.E.J., 1994, *History of Urban Form: Before the Industrial Revolution*, 3rd edn, Harlow: Longman.

Morris, Brian, 1994, *Anthropology of the Self: The Individual in Cultural Perspective*, London: Pluto Press.

Moughtin, Cliff, 1999, *Urban Design: Method and Techniques*, London: Architectural Press.

Mumford, Lewis, 1954, The neighbourhood and the neighbourhood unit, *Town Planning Review*, Vol. 24, pp. 256–270.

Mumford, L., 1961, *The City in History*, London: Secker & Warburg.

Muncie, John and Roger Sapsford, 1995, Issues in the study of 'the family', in J. Muncie, M. Wetherell, R. Dallos and A. Cochrane, eds, *Understanding the Family*, London: Sage, pp. 7–37.

Muthesius, Stefan, 1982, *The English Terraced House*, New Haven, CT: Yale University Press.

Nagel, Thomas, 1995, Personal rights and public space, *Philosophy and Public Affairs*, Vol. 24, No. 2, pp. 83–107.

Nagel, Thomas, 1998, Concealment and exposure, *Philosophy and Public Affairs*, Vol. 27, No. 1, pp. 3–30.

Nayar, Pramod, 2010, *The New Media and Cybercultures Anthology*, Oxford: Blackwell.

Neill, Sir Brian, 1999, Privacy: a challenge for the next century, in Basil Markesinis, ed., *Protecting Privacy*, Oxford: Oxford University Press, pp. 1–28.

Ng, Edward, 2010, *Designing High-Density Cities*, London: Earthscan.

Nicholas, R., 1945, *City of Manchester Plan 1945*, Norwich and London: Jarrold & Sons.

Nickell, Stephen, Stephen Redding and Joanna Swaffield, 2002, Patterns of Growth, *Centre Piece*, Vol. 7, No. 3, pp. 2–9.

Nietzsche, F., 2007, *Ecce Homo*, Oxford: Oxford University Press.

Njenga, J.K. and L.C.H. Fourie, 2010, The myths about e-learning in higher education, *British Journal of Educational Technology*, Vol. 41, No. 2, pp. 199–212.

Nolan, Lord, 1995, *Standards in Public Life: Volume 1: Report*, London: HMSO.

Nozick, Robert, 1974, *Anarchy, State, and Utopia*, Oxford: Blackwell.

O'Brien, Terry and Helen Hayden, 2008, Flexible work practices and the LIS sector: balancing the needs of work and life? *Library Management*, Vol. 29 No. 3, pp. 199–228.

ODPM (Office of Deputy Prime Minister), 2005, *Planning Policy Statement 1: Delivering Sustainable Development*, London: Office of Deputy Prime Minister.

ODPM, 2006, *UK Presidency, EU Ministerial Informal on Sustainable* 279 *Communities, Policy Papers*, March 2006, London: Office of the Deputy Prime Minister.

OECD, 1996, *The Knowledge-Based Economy*, Paris: Organisation for Economic Co-operation and Development.

OECD, 2000, *Is There a New Economy?*, Paris: Organisation for Economic Co-operation and Development.

OECD, 2008, *Factbook 2008*, Paris: Organisation for Economic Co-operation and Development.

Oliver, Paul, 1981, Introduction, in Paul Oliver, Ian Davis, and Ian Bentley, eds, *Dunromain: the suburban semi and its enemies*, London: Barrie & Jenkins, pp. 9–26.

Olsen, Donald, 1986, *The City as a Work of Art: London, Paris, Vienna*, New Haven, CT: Yale University Press.

Ong, S.K., Y. Pang and A.Y.C. Nee, 2007, Augmented reality aided assembly design and planning, *CIRP Annals – Manufacturing Technology*, Vol. 56, No. 1, pp. 49–52.

ONS (Office for National Statistics), 2012, *Household Size*, Office for National Statistics, http://www.ons.gov.uk/ons/rel/family-demography/families-and-households/2011/stb-families-households.html#tab-Household-size, accessed 29 January 2013.

Osborn, F. and A. Whittick, 1963, *The New Towns: the answer to megalopolis*, London: Leonard Hill.

O'Sullivan, Arthur, 2003, *Urban Economics*, 5th edn, New York: McGraw-Hill.

O'Sullivan, Arthur, 2012, *Urban Economics*, 8th edn, New York: McGraw-Hill.

Palazzo, Danilo and Frederick Steiner, 2011, *Urban Ecological Design*, Washington, DC: Island Press.

Parent, W.A., 1983, A new definition of privacy for the law, *Law and Philosophy*, Vol. 2, pp. 305–338.

Park, Robert, 1950, *Race and Culture*, Glencoe, IL: The Free Press.

Park, Robert, Ernest Burgess and Roderick McKenzie, 1984, *The City*, Chicago, IL: University of Chicago Press.

Pastuszak, Z., 2010, Use of the E-business reception model to compare the level of advanced E-business solutions reception in service and manufacturing companies, *International Journal of Management and Enterprise Development*, Vol. 8, No. 1, pp. 1–21.

Pateman, C., 1983, Feminist critiques of the public/private dichotomy, in S.I. Benn and G.F Gaus, eds, *Public and Private in Social Life*, London: Croom Helm, St Martin's Press, pp. 281–303.

Perry, Clarence, 2011, The Neighbourhood Unit, in Richard LeGates and Frederic Stout, eds, *City Reader*, London: Routledge, pp. 486–498.

280 Perry, David, 2003, Making space: planning as a mode of thought, in Scott Campbell and Susan Fainstein, eds, *Readings in Planning Theory*, 2nd edn, Oxford: Blackwell, pp. 144–165.

Pettit, Philip, 2001, *A Theory of Freedom*, Cambridge: Polity Press.

Pevsner, Nikolaus, 1963, *An Outline of European Architecture*, 7th edn, Harmondsworth: Penguin.

Plato, 1993, *Republic*, Oxford: Oxford University Press.

Plato, 1998, *Gorgias*, Oxford: Oxford University Press.

Portalés, Cristina, José Luis Lerma and Santiago Navarro, 2010, Augmented reality and photogrammetry: a synergy to visualize physical and virtual city environments, *ISPRS Journal of Photogrammetry and Remote Sensing*, Vol. 65, pp. 134–142.

Post, Robert, 1989, The social foundations of privacy: community and the self in the common law tort, *California Law Review*, Vol. 77, No. 5, pp. 957–1010.

Poster, Mark, 2001, *Jean Baudrillard: Selected writings*, Stanford, CA: Stanford University Press.

Powell, Walter and Kaisa Snellman, 2004, The knowledge economy, *Annual Review of Sociology*, Vol. 30, pp. 199–220.

Pred, A., 1966, *The Spatial Dynamics of US Urban-Industrial Growth*, 1800–1914, Cambridge, MA: MIT Press.

Press, Mike and Rachel Cooper, 2003, *The Design Experience: The Role of Design and Designers in the Twenty-first Century*, Aldershot: Ashgate.

Punter, J., ed., 2010, *Urban Design and the British Urban Renaissance*, London: Routledge.

Quah, Danny, 2002, Matching demand and supply in a weightless economy: market-driven creativity with and without IPRS, *De Economist*, Vol. 150, No. 4, pp. 381–403.

QUT (Queensland University of Technology), 2010, Overview, www.ciprecinct.qut.edu.au/about/, accessed 21 April 2010.

Ratinho, T. and E. Henriques, 2010, The role of science parks and business incubators in converging countries: evidence from Portugal, *Technovation*, Vol. 30, No. 4, pp. 278–290.

Rawls, John, 2005, *Political Liberalism*, New York: Columbia University Press.

Reed, Peter, 1982, Form and context: a study of Georgian Edinburgh, in T. Markus, ed., *Order in Space and Society: Architectural Form and its Context in the Scottish Enlightenment*, Edinburgh: Mainstream, pp. 115–154.

RIBA (Royal Institute of British Architects), 2012, Strategic purpose and core aims, www.architecture.com/TheRIBA/AboutUs/Strategicpurpose andcoreaims.aspx , accessed 8 March 2012.

Rorissa, A. and D. Demissie, 2010, An analysis of African e-Government service websites, *Government Information Quarterly*, Vol. 27, No. 2, pp. 161–169.

Rosenau, H., 1974, *The Ideal City: Its Architectural Evolution*, London: 281
Studio Vista.

Rousseau, Jean-Jacques, 1968, *The Social Contract*, Harmondsworth:
Penguin.

Rowe, J.E., 2012, Auckland's urban containment dilemma: the case for
greenbelts, *Urban Policy and Research*, Vol. 30, No. 1, pp. 77–91.

Rowley, Alan, 1998, Private-property decision makers and the quality of
urban design, *Journal of Urban Design*, Vol. 3, No. 2, pp. 151–173.

RTPI (Royal Town Planning Institute), 2012, What Planning Does,
www.rtpi.org.uk/what_planning_does/, accessed 8 March 2012.

RWI (Rheinisch-Westfälisches Institut für Wirtschaftsforschung), DIFU
(German Institute of Urban Affairs), NEA (Transport research and train-
ing) and PRAC (Policy Research & Consultancy), 2010, *Second State of
European Cities Report*, Brussels: European Commission.

Saalman, Howard, 1968, *Medieval Cities*, London: Studio Vista.

Salem Partnership, The, 2007, *The Innovation Agenda: Growing the
Creative Economy in Massachusetts*, www.creativeeconomy.us/docu-
ments/Final_Report_and_Action_Plan.pdf , accessed 21 April 2010.

Sareika, M. and D. Schmalstieg, 2007, Urban sketcher: mixed reality on site
for urban planning and architecture, *Proceedings of the 6th IEEE and
ACM International Symposium on Mixed and Augmented Reality*, New
York: ACM (Association for Computing Machinery).

Sawyer, G.C., 1983, *Corporate Planning as a Creative Process*, Oxford,
OH: Planning Executive Institute.

Schorske, Carl, 1981, *Fin-de-Siécle Vienna: Politics and culture*, New York:
Vintage Books.

Schumpeter, Joseph, 2003, *Capitalism, Socialism and Democracy*, London:
Taylor & Francis.

Schutz, Alfred, 1962, *Collected Papers I: The problem of Social Reality*, The
Hague: Martinus Nijhoff.

Schutz, Alfred, 1970, *On Phenomenology and Social Relations, Selected
Writings*, Chicago, IL: The University of Chicago Press.

Searle, John, 1995, *The Construction of Social Reality*, Harmondsworth:
Penguin.

Searle, John, 1999, *Mind, Language and Society: Philosophy in the Real
World*, London: Weidenfeld & Nicolson.

Secchi, Bernardo and Paola Viganó, 2009, *Antwerp: Territory of a New
Modernity*, Antwerp: Sun.

Sellers, Jefferey, 2002, *Governing from Below: Urban Regions and the
Global Economy*, Cambridge: Cambridge University Press.

Sennett, Richard, 1976, *The Fall of Public Man*, Cambridge: Cambridge
University Press.

Sennett, R., 1993, *The Conscience of the Eye: The Design and Social Life of
Cities*, London: Faber & Faber.

282 Sennett, R., 1995, Something in the city: the spectre of uselessness and the search for a place in the world, *The Times Literary Supplement*, No. 4825, 22 September, pp. 13–15.

Sert, José Luis, 1944, *Can Our Cities Survive? An ABC of Urban Problems, their Analysis, their Solution*, Cambridge, MA: Harvard University Press.

Shatzman Steinhardt, Nancy, 1990, *Chinese Imperial City Planning*, Honolulu: University of Hawaii Press.

Sheffield City Council, 2008, *Sheffield City Centre Masterplan 2008*, Sheffield: Sheffield City Council.

Simmel, G., 1950, *The Sociology of Georg Simmel*, New York: The Free Press.

Simmel, Georg, 1978, *The Philosophy of Money*, London: Routledge & Kegan Paul.

Simmie, James, 2003, Innovation and urban regions as national and international nodes for the transfer and sharing of knowledge, *Regional Studies*, Vol. 37, No. 6–7, pp. 607–620.

Simmie, James and Simone Strambach, 2006, The contribution of KIBS to innovation in cities: an evolutionary and institutional perspective, *Journal of Knowledge Management*, Vol. 10, No. 5, pp. 26–40.

Sitte, Camillo, 1986, City planning according to artistic principles, in George Collins and Christiane Collins, eds, *Camillo Sitte: The Birth of Modern City Planning*, New York: Rizzoli.

Skinner, Quentin, 1981, *Machiavelli: A Very Short Introduction*, Oxford: Oxford University Press.

Smith, Adam, 1993, *An Inquiry into the Nature and Cause of the Wealth of Nations*, Oxford: Oxford University Press.

Smith, N., 1996, *The New Urban Frontier: Gentrification and the Revanchist City*, London: Routledge.

Smyth, Hedley, 1994, *Marketing the City: The Role of Flagship Developments in Urban Regeneration*, London: E&FN Spon.

Solomon, Robert, 1988, *Continental Philosophy since 1750: The Rise and Fall of the Self*, Oxford: Oxford University Press.

Sommer, Robert, 1969, *Personal Space: The Behavioural Basis of Design*, Englewood Cliffs, NJ: Prentice-Hall.

Southall, A., 1998, *The City in Time and Space*, Cambridge: Cambridge University Press.

Souza, Celina, 2001, Participatory budgeting in Brazilian cities: limits and possibilities in building democratic institutions, *Environment and Urbanization*, Vol. 13, No. 1, pp. 159–184.

Spear, Allan, 1967, *Black Chicago: The making of a Negro Ghetto, 1890–1920*, Chicago: University of Chicago Press.

Spinoza, Benedict de, 1996, *Ethics*, Harmondsworth: Penguin.

Squicciarini, M., 2008, Science parks' tenants versus out-of-park firms: who innovates more? A duration model, *Journal of Technology Transfer*, Vol. 33, No. 1, pp. 45–71.

Standing, S., C. Standing and P.E.D. Love, 2010, A review of research on e-　283
marketplaces 1997–2008, *Decision Support Systems*, Vol. 49, No. 1, pp.
41–51.

Stiglitz, Joseph, 1999, *Public Policy for a Knowledge Economy*,
Washington, DC: World Bank, www.worldbank.org/html/extdr/extme/
jssp012799a.htm, accessed 6 July 2009.

Stokols, D., K.L. Hall, B.K. Taylor and R.P. Moser, 2008, The
science of team science: overview of the field and introduction to the
supplement, *American Journal of Preventive Medicine*, 35(2S):
S77–S89.

Sturman, Hannah, 2012, *Planning for Green Space*, Warrington: The Land
Trust.

Sudjic, Deyan, 2009, *The Language of Things*, Harmondsworthn: Penguin.

Sylaiou, Stella, Katerina Mania, Athanasis Karoulis and Martin White,
2010, Exploring the relationship between presence and enjoyment in a
virtual museum, *International Journal of Human-Computer Studies*,
Vol. 68, No. 5, pp. 243–253.

Syms, Paul, 2002, *Land, Development and Design*, Oxford: Blackwell.

Taylor, Charles, 1979, *Hegel and Modern Society*, Cambridge: Cambridge
University Press.

Taylor, Charles, 1989, *Sources of the Self: The Making of the Modern
Identity*, Cambridge: Cambridge University Press.

Taylor, Charles, 1995, Liberal politics and the public sphere, in Amitai
Etzioni, ed., *New Communitarian Thinking: Persons, Virtues,
Institutions and Communities*, Charlottesville: University Press of
Virginia, pp. 183–217.

Taylor, Nicholas, 1973, *The Village in the City*, London: Temple
Smith.

Tedjokusumo, J., S.Z.Y. Zhou and S. Winkler, 2010, Immersive multiplayer
games with tangible and physical interaction, *IEEE Transactions on
Systems, Man and Cybernetics. Part A. Systems and Humans*, Vol. 40,
No. 1, pp. 147–157.

Thacker, Christopher, 1983, *The Wildness Pleases: The origins of
Romanticism*, London: Croom Helm.

Thomas, Maureen, 2008, Digitality and immaterial culture: what did
Viking women think? *International Journal of Digital Culture and
Electronic Tourism*, Vol. 1, No. 2/3, pp. 177–191.

Thomas, R. and P. Cresswell, 1973, *The New Town Idea*, Milton Keynes:
The Open University.

Thompson, F. M. L., 1982, *The Rise of Suburbia*, Leicester: Leicester
University Press/ St Martin's Press.

Thornton, Mark, 2005, Skyscrapers and business cycles, *The Quarterly
Journal of Austrian Economics*, Vol. 8., No. 1, pp. 51–74.

Tibbalds, F, 1988, Mind the gap, *The Planner*, March, pp. 11–15.

284 Tibbalds/Colbourne/Karski/Williams, 1990, *City Centre Design Strategy*, Birmingham Urban Design Studies, Stage 1, Birmingham: City of Birmingham.

Toffler, Alvin, 1981, *The Third Wave*, London: Pan Books.

Tönnies, Ferdinand, 1957, *Community and Society*, New York: Harper & Row.

Touraine, Alain, 1995, *Critique of Modernity*, Oxford: Blackwell.

Trancik, Roger, 1986, *Finding Lost Space: theories of urban design*, New York: Van Nostrand Reinhold.

Trout, Andrew, 1996, *City on the Seine: Paris in the Time of Richelieu and Louis XIV*, New York: St Martin's Press.

Trowbridge, Peter and Nina Bassuk, 2004, *Trees in the Urban Landscape: Site assessment, design, and installation*, Hoboken, NJ: John Wiley.

Tsai, W.-H., Y. Purbokusumo, M.-S. Julian and N.D. Tuan, 2009, E-government evaluation: the case of Vietnam's provincial websites, *Electronic Government*, Vol. 6, No. 1, pp. 41–53.

Tuan, Yi Fu, 1977, *Space and Place: The Perspective of Experience*, London: Edward Arnold.

Tuana, Nancy, 2013, Embedding philosophers in the practices of science: bringing humanities to the sciences, *Synthese*, Vol. 190, Issue 11, pp. 1955–1973.

UDG (Urban Design Group), 2012, What is urban design? www.udg.org.uk/about/what-is-urban-design, accessed 19 January 2012.

UN (United Nations), 1987, *Report of the World Commission on Environment and Development: Our Common Future*, http://www.un-documents.net/wced-ocf.htm, accessed 25 January 2013.

UN (United Nations),1992, *Rio Declaration on Environment and Development*, United Nations Environment Programme, http://www.unep.org/Documents.Multilingual/Default.asp?documentid=78&articleid=1163, accessed 25 January 2013.

UN (United Nations), 2012, *World Urbanization Prospects: The 2011 Revisions*, New York: United Nations.

UNESCO, 2005, *Towards Knowledge Societies*, UNESCO World Report, Paris: United Nations Educational, Scientific and Cultural Organization.

UNESCO, 2009, Creative industries, http://portal.unesco.org/culture/en/ev.php-URL_ID=35024&URL_DO=DO_TOPIC&URL_SECTION=201.html, accessed 27 November 2009.

UNESCO, 2010, *Science and Technology Park Governance*, www.unesco.org/science/psd/thm_innov/unispar/sc_parks/parks.shtml, accessed 8 April 2010.

UN-Habitat,2012, *Join the World Urban Campaign: Better City, Better Life*, Nairobi: UN-Habitat.

Urban Task Force, 1999, *Towards an Urban Renaissance*, London: E&FN Spon.

Urban Task Force, 2005, *Towards a Strong Urban Renaissance*, London: 285 Urban Task Force.

US Census Bureau, 2010a, *2002 Economic Census: Comparative Statistics for United States Summary Statistics by 1997 NAICS*, www.census. gov/econ/census02/data/comparative/USCS.HTM, accessed 18 July 2010.

US Census Bureau, 2010b, *Annual Value of Construction Put in Place 2002–2009*, www.census.gov/const/C30/total.pdf , accessed 18 July 2010.

Van Geenhuizen, M. and D.P. Soetanto, 2008, Science Parks: what they are and how they need to be evaluated, *International Journal of Foresight and Innovation Policy*, Vol. 4, No. 1–2, , pp. 90–111.

Vance, J. E., 1977, *This Scene of Man*, New York: Harper's College Press.

Vitruvius, 1999, *Ten Books on Architecture*, Cambridge: Cambridge University Press.

Wacks, Raymond, 1993, Introduction, in R. Wacks, ed., *Privacy, Vol. 1*, The International Library of Essays in Law and Legal Theory, Aldershot: Dartmouth, pp. xi–xx.

Wagner, Caroline, J.D. Roessner, K. Bobb, J. Thompson Klein, K.W. Boyack, J. Keyton, I. Rafols and K. Börner, 2011, Approaches to understanding and measuring interdisciplinary scientific research (IDR): a review of the literature, *Journal of Informetrics*, 165, pp. 14–26.

Walker, Frank Arneil, 1982, The Glasgow grid, in T. Markus, ed., *Order in Space and Society: Architectural Form and its Context in the Scottish Enlightenment*, Edinburgh: Mainstream, pp. 155–200.

Walter, Mike, 2013, Danes get smart to demonstrate sustainable travel, *Transportation Professional*, May, pp. 21–23.

Wang, X., R. Chen, Y. Gong and Y.-T. Hsieh, 2007, Experimental study on augmented reality potentials in urban design, *Proceedings of the International Conference on Information Visualization*, Washington, DC: IEEE Computer Society, pp. 567–572.

Watson, Robert and Steve Albon, eds, 2011, *UK National Ecosystem Assessment*, Cambridge: UNEP-WCMC.

Webber, M., 2003, The Post-City Age, in Richard LeGates and Frederic Stout, eds, *The City Reader*, 3rd edn, London: Routledge, pp. 470–474.

Weber, Max, 1966, *The City*, New York: The Free Press.

Weber, Max, 1970, Sociological analysis and research methodology, in J.E.T. Eldridge, ed., *Max Weber: The Interpretation of Social Reality*, London: Michael Joseph, pp. 73–155.

Weber, Max, 1978, *Economy and Society: An Outline of Interpretive Sociology*, Berkeley, CA: University of California Press.

Webster, Frank, 2006, *Theories of the Information Society*, 3rd edn, London: Routledge.

286   Whitehand, J. W. R., 1992, *The Making of the Urban Landscape*, Blackwell: Oxford.

Whyte, William, 1988, *City: Rediscovering the Centre*, New York: Doubleday, Anchor Books.

Willetts, David, 2010, *Science, Innovation and the Economy*, London: Department for Business, Innovation and Skills, www.bis.gov.uk/news/speeches/david-willetts-science-innovation-and-the-economy, accessed 21 July 2010.

Williams, Nadia, 2005, UK is limited on flexible working practices, *Personnel Today*, 7 June, www.personneltoday.com/articles/2005/06/07/30191/uk-is-limited-on-flexible-working-practices.html, accessed 23 May 2008.

Williams, Raymond, 1985, *Keywords a vocabulary of culture and society*, Oxford: Oxford University Press.

Wilson, A.N., 2002, *The Victorians*, London: Arrow Books.

Wirth, L., 1964, Urbanism as a way of life, in A. Reiss, ed., *Louis Wirth on Cities and Social Life: Selected Papers*, Chicago: The University of Chicago Press, pp. 60–83.

Wittkower, Rudolf, 1971, *Architectural Principles in the Age of Humanism*, New York: W.W. Norton & Co.

World Bank, 2008, *Knowledge for Development (K4D)*, http://go.worldbank.org/94MMDLIVF0, accessed 28 January 2008.

World Summit on Sustainable Development, 2002, *Johannesburg Declaration on Sustainable Development*, www.unescap.org/esd/environment/.../johannesburgdeclaration.pdf, accessed 25 January 2013.

Xu, Miao and Zhen Yang, 2009, Design history of China's gated cities and neighbourhoods: prototype and evolution, *Urban Design International*, Vol. 14, No. 2, pp. 99–117.

Yang, C.H., K. Motohashi and J.R. Chen, 2009, Are new technology-based firms located on science parks really more innovative? Evidence from Taiwan, *Research Policy*, Vol. 38, No. 1, pp. 77–85.

Zola, Emile, 2007, *The Belly of Paris*, Oxford: Oxford University Press.

索引

注：数字为斜体的页码对应的是图；加粗的数字对应的页码内包括表格。条目后的数字为原书页码，见本书边码。

译后记

　　阿里·迈达尼普尔（Ali Madanipour）是英国纽卡斯尔大学的城市设计教授，在建筑学、城市设计与城市规划领域享有盛誉。他致力于对城市公共空间的研究，关注公共空间的社会价值和文化意义，注重对城市空间计中社会–空间过程的研究；他把对城市设计思想和方法演进的梳理与全球化、技术进步和社会变迁过程中的城市治理语境相衔接，建构了城市设计理论实践内涵与特征的分析框架；在对城市设计纷繁多样的讨论中，他的见解独到而清晰。他的著作一直关注以下几个领域：对城市公共空间的探究与思考——《城市的公共和私人空间》（2003）、《重新思考公共空间》（2023）；空间的塑造与空间设计中的社会–空间过程研究——《城市空间设计：对社会–空间过程的探究》（1996）、《城市设计、空间与社会》（2014）；以及对城市更新、城市设计的探索——《时间中的城市：临时城市主义和城市的未来》（2017）等。

　　2017年在波士顿访学期间，麻省理工学院和哈佛大学校园之间的几家书店是我最喜欢去的地方。带回的几本书中，就包括英国学者阿里·迈达尼普尔教授的著作《城市设计、空间与社会》。从组织小组的研究生共同研读学习开始，我们不断被书中的内容所吸引，于是大家便一起把全书翻译了出来，期待与同行们分享。

　　《城市设计、空间与社会》于2014年在英国出版，虽然距今已经过去超过了10年，但是书中所探讨的问题仍旧是当今世界城市设计领域面临的重要问题，比如城市设计如何应对全球化，如何在应对社会不平等和生态危机上发挥作用，等等。每一个问题都是当前乃至未来相当长一段时期内城市设计领域无法回避且迫切需要解决的。阿里·迈达尼普尔在书中为这些问题提出了可资借鉴的理论和实践分析框架。全书脉络清晰，视角独特，见解深刻。作者将城市设计的实践置于其社会、政治、经济和文化背景下，从分析城市设计的本质入手，揭示了城市设计不仅要追求空间秩序的建构、关注城市空间设计美学和实用性，还需要不断强化城市的连接性、再生性和生态可持续性，这些对实现社会包容性、都市的民主性，进而塑造有文化意义的城市，都有着举足轻重的价值。尤其是对当代城市在加剧社会、环境、经济、文化的进一步复杂化上所做的批判性分析，充分展现了城市设计在社会-空间塑造过程中的重要地位。

本书涵盖了城市设计语境下广泛又相互关联的主题，揭示了公共空间和城市治理对于推进城市设计所起到的越来越重要的作用，对城市设计面向未来的潜力提出了清晰而积极的愿景，从而引导读者了解城市设计从业者在满足 21 世纪城市、社会的多样化需求时必须应对的复杂挑战。特别要指出的是，本书所涉及的诸多主题，也是当前中国城市发展和城市设计正面临的关键问题和多重挑战。随着中国城市化进程进入新的阶段，大规模建设已步入尾声，存量更新时代面临的社会环境更加复杂，城市设计中社会-空间的联系愈加密切，中国城市设计亟需突破过去过于偏重物质空间规划，忽略或者轻视城市空间的社会属性的局限性。本书借助典型、丰富的国际性案例，对城市设计做出的透彻分析，不仅为我们开阔了视野，而且，其从文本、技术、关系、功能、环境和诊断分析六个层次，历史演变、理论基础和社会实践多个维度，提出了颇具个性化的发展脉络梳理和解决问题路径。在当下中国城市转型发展，以及走向高质量发展的城市更新进程中，本书对我国城市设计实践转型也提供了可资借鉴的重要参照。

当然，《城市设计、空间与社会》一书所讨论的问题远不止这些。全书从历史和现实、全球和地方、理论和实践等多维度、多层次的相互观照、互为镜鉴中，揭示了城市设计的复杂性、多样性、社会性和时代性；全书研究视野开阔、提出的理论全面、系统，为城市设计研究提供了一个完整的社会-空间视角下的认识体系。

第一章作为绪论，概述了城市发展的背景与挑战、城市设计的本质及其在建成环境中的核心作用，并提出本书写作的两个目标：分析城市设计的本质以及探索其如何应对城市、社会变迁的挑战。

围绕第一个目标，第二章从六个维度（文本、技术、关系、功能、环境和诊断分析）讨论了城市设计的性质、作用及其与其他学科的互动关系，指出城市设计的复杂性和多层次内涵构成了建成环境营造和空间生产的核心部分。

为探索城市设计在历史上组织空间秩序的方式，第三章回顾了四个历史阶段：文艺复兴时期对中世纪城市无序的变革，维多利亚时代对工业城市混乱的反思，现代主义以理性主义设计应对资本主义工业城市问题，以及当代全球化和工业化及后工业化背景下对可持续发展的关注。每个阶段的城市设计既回应了各自的时代问题，也推动了城市设计理念的演变。

第四章到第九章围绕第二个目标，讨论了城市社会在经济、社会、政治、文化和环境等领域面临的挑战，并提出相应的设计理念与应对策略。

第四章提出"连结的都市主义"，强调交通和通信联系对现代城市的重要性，同时指出过度依赖可能加剧空间脱节与不平等。在这里，街道被视为黏合社会-空间碎片、塑造良好城市体验的关键。

第五章在去工业化和全球化带来的城市形态和功能转变的背景下，提出了以城市公民利益为核心的"再生的都市主义"，反思了城市设计在经济复兴中的角色，及其是否过度服务于全球经济而忽略了地方经济与其他社会要素。

第六章以"包容的都市主义"为主题，主张城市设计应以包容与民主共存为原则，打破区域分隔，整合社会结构，以应对不平等、社会排斥和绅士化等问题。

第七章探讨"生态的都市主义"，强调生态思维在促进城市与自然环境和谐共生中的作用，提出通过采用紧凑的城市形态、建设绿色基础设施等措施实现可持续发展。

第八章聚焦公共空间的社会意义，分析公共与私人领域的边界，提出应在法律层面进行明确划分，同时在社会层面保持灵活性，以实现"民主的都市主义"。

第九章围绕"有意义的都市主义"，分析现代社会中"自由"带来的疏离与消极空间，强调通过符号化和赋予文化意义塑造场所价值，促进群体间的有意义的联系，构建公共理解和社会凝聚力。

第十章总结了全书主要议题，提出通过社会-空间方法整合碎片化的社会与空间，来应对城市在社会、经济和环境领域的多重挑战。

对本书的翻译工作首先是一次学习和讨论的过程，在本书即将出版之际，再一次向原书的作者阿里·迈达尼普尔教授致以崇高的敬意和诚挚的感谢！

还要向清华大学出版社的张阳老师表达由衷的感谢。作为这本书的责任编辑，张阳老师一丝不苟的专业态度和敬业精神，保障了这本书的翻译出版工作得以持续推进和最终完成。

参加本书翻译工作的人员包括：

边兰春（第一章），秦铭煊（第二章、第三章），李楷（第四章），张舒怡（第五章），段一行（第六章），陈明玉（第七章），王笑晨（第八章），甘草（第九章），余凌玲（第十章）。边兰春、秦铭煊共同完成了全书的翻译校对，陈明玉参加了全书的翻译组织，卓康夫对于最后翻译工作的完成了也作出了贡献。

翻译中出现的错误在所难免，敬请读者提出改进建议。

边兰春

2024 年 12 月于清华园